重庆市社科规划一般项目《长江经济带建设中生态
（2016YBFX101）最终研究成果

长江经济带建设中
生态环境协同治理研究

郭美含　著

群言出版社

图书在版编目（CIP）数据

长江经济带建设中生态环境协同治理研究/郭美含
著.--北京：群众出版社，2025.6.--ISBN 978-7
-5014-6372-5

Ⅰ.X321.25

中国国家版本馆 CIP 数据核字第 2024NL7322 号

长江经济带建设中生态环境协同治理研究

郭美含　著

责任编辑：杜向军
责任印制：周振东

出版发行：群众出版社
地　　址：北京市丰台区方庄芳星园三区 15 号楼
邮政编码：100078
经　　销：新华书店
印　　刷：涿州市新华印刷有限公司

版　　次：2025 年 6 月第 1 版
印　　次：2025 年 6 月第 1 次
印　　张：13.75
开　　本：787 毫米×1092 毫米　1/16
字　　数：240 千字

书　　号：ISBN 978-7-5014-6372-5
定　　价：60.00 元

网　　址：www.qzcbs.com
电子邮箱：qzcbs@ sohu.com

营销中心电话：010-83903991
读者服务部电话（门市）：010-83903257
警官读者俱乐部电话（网购、邮购）：010-83901775
法律图书分社电话：010-83905745

目　录

第一章　长江经济带建设中生态环境协同治理构建的必要性 ……………… 1

　第一节　相关概念的厘清 ……………………………………………… 1

　　一、生态屏障建设协同机制 …………………………………………… 1

　　二、生态产品和公共产品 ……………………………………………… 7

　　三、生态公共产品 ……………………………………………………… 14

　第二节　长江经济带建设中生态环境协同治理法律调整的必要性 …… 17

　　一、目前国内形势新需求 ……………………………………………… 17

　　二、法律约束的独特性 ………………………………………………… 21

　　三、环境相关法律法规制定的必然要求 ……………………………… 24

　　四、可持续发展需求 …………………………………………………… 29

第二章　长江经济带建设中生态环境协同治理构建的理论基础 ………… 34

　第一节　新时代流域生态环境治理的中国特色理论 ………………… 34

　　一、流域生态环境治理制度的历史沿革 ……………………………… 35

　　二、整体性治理理论 …………………………………………………… 37

　　三、协同治理理论 ……………………………………………………… 39

　第二节　可持续发展理论 ……………………………………………… 41

　　一、可持续发展理论概述 ……………………………………………… 43

　　二、可持续发展理论与环境法的关系 ………………………………… 45

　　三、可持续发展理论与经济发展的关系 ……………………………… 49

　　四、可持续发展理论与生态环境治理的关系 ………………………… 52

第三节　环境公共产品理论 …………………………………… 54

一、环境公共产品的概念 ………………………………… 55

二、环境公共产品和生态公共产品的关系 ……………… 56

三、环境公共产品在生态环境治理中的作用 …………… 57

第四节　流域生态环境治理司法协同机制 ……………… 61

一、流域生态环境治理司法协同机制提出的背景 ……… 61

二、流域生态环境治理司法协同机制概述 ……………… 62

三、流域生态环境治理司法协同机制现状分析 ………… 65

四、流域生态环境治理司法协同机制面临的困境 ……… 68

五、流域生态环境治理司法协同机制的制度优化 ……… 71

六、流域生态环境治理司法协同机制的未来展望 ……… 72

第三章　长江经济带建设中生态环境协同治理构建的现实问题 ………… 74

第一节　区域环境准入和污染物排放标准不统一 ……… 77

一、区域环境准入 ………………………………………… 78

二、污染物排放标准 ……………………………………… 79

第二节　区域环境信息共享与发布机制有待完善 ……… 81

一、区域环境信息共享与发布机制的建设 ……………… 81

二、区域环境信息共享与发布机制存在的问题 ………… 85

第三节　区域环境监管与应急联动机制尚需完善 ……… 87

一、区域环境监管 ………………………………………… 87

二、应急联动机制 ………………………………………… 89

第四节　统一协调机构及相应契约约束力不足 ………… 91

一、协调机构的设置 ……………………………………… 91

二、相应法律制度的确立 ………………………………… 98

三、职权运作方式 ……………………………………… 103

第四章　国外流域生态环境协同治理建构模式评析及对我国的启示 …… 105

第一节　美国流域生态环境协同治理建设经验 ……… 105

一、科罗拉多河流域政府间的协调机制 ……………… 105

二、法律规制 …………………………………………… 107

第二节　澳大利亚流域生态环境协同治理建设经验 ┈┈┈┈┈ 111

一、墨累—达令河流域生态环境协同治理与我国流域
协同治理的不同 ┈┈┈┈┈ 111

二、澳大利亚墨累—达令河流域的跨界治理经验 ┈┈┈┈ 112

第三节　欧洲流域生态环境协同治理建设经验 ┈┈┈┈┈┈ 114

一、莱茵河流域跨界管理机构 ┈┈┈┈┈ 115

二、莱茵河流域跨界治理的经验总结 ┈┈┈┈┈ 117

第四节　日本流域生态环境协同治理建设经验 ┈┈┈┈┈┈ 119

一、鸭川河流域生态环境协同治理概况 ┈┈┈┈┈ 119

二、鸭川河流域生态环境协同治理法制的主要特点 ┈┈┈ 120

第五节　与流域治理相关的其他法律制度评鉴 ┈┈┈┈┈┈ 122

一、国外土壤防治法律评析 ┈┈┈┈┈ 122

二、国外流域水污染防治法律评析 ┈┈┈┈┈ 131

第六节　国外流域治理相关法律制度的总结以及对我国的启示 ┈ 133

一、国外流域治理相关法律制度改革 ┈┈┈┈┈ 133

二、国外流域治理相关法律制度改革的导向性绩效 ┈┈┈ 135

三、国外流域立法对我国的启示 ┈┈┈┈┈ 137

第五章　长江经济带建设中生态环境协同治理优化要点分析 ┈┈┈┈ 144

第一节　长江经济带建设中生态环境协同治理构建路径
选择的价值目标 ┈┈┈┈┈ 144

一、实现服务型政府 ┈┈┈┈┈ 144

二、体现公权性特征 ┈┈┈┈┈ 147

三、两大价值目标在现行框架内的可行性 ┈┈┈┈┈ 150

四、两大价值目标在现行框架内的合法性 ┈┈┈┈┈ 153

第二节　解决长江经济带建设中生态环境协同治理构建的关键 ┈ 156

一、加强流域间的配合，完善协调机制 ┈┈┈┈┈ 156

二、重点建立流域管理机构，明确管理机构的法律地位 ┈ 157

三、把握长江经济带开发战略机遇，着重打造长江黄金航道 ┈ 157

四、重点加强区域产业合作，推进区域市场一体化建设 ┈ 158

五、开展生态环保建设与合作，引导公众树立环保意识 ┈ 158

第三节　长江经济带建设中生态环境协同治理构建的优化路径 ……… 158

一、以保护国家利益为价值目标 ……………………………… 158

二、强化国家对生态环境保护的协调与监督功能 ………… 161

三、适合中国国情 ……………………………………………… 164

第六章　长江经济带建设中生态环境协同治理构建的未来设计 ………… 168

第一节　长江经济带建设中生态环境协同治理的理念与原则设计 ……… 168

一、生态公共产品理论 ………………………………………… 168

二、加强政府调控与合作 ……………………………………… 171

三、兼顾环境保护和经济发展平衡 …………………………… 175

四、加强政府监管四项指导思想 ……………………………… 179

第二节　长江经济带建设中生态环境协同治理之具体制度的构建 ……… 180

一、大气污染防治协同机制 …………………………………… 180

二、水污染防治协同机制 ……………………………………… 181

三、土壤污染防治协同机制 …………………………………… 182

第三节　长江经济带建设中生态环境协同治理之政府机制的构建 ……… 188

一、建立高层议事协调机构 …………………………………… 188

二、建立流域环境保护和资源开采的所有权制度和许可制度 … 192

三、强化行政执法 ……………………………………………… 196

四、制定相应的法律责任机制 ………………………………… 198

主要参考文献 ……………………………………………………… 206

‖ 第一章 ‖

长江经济带建设中生态环境
协同治理构建的必要性

第一节　相关概念的厘清

一、生态屏障建设协同机制

"绿水青山就是金山银山"和"保护生态环境就是保护生产力"是近些年来全社会的共识。同时，生态环境问题也引起了社会各界的普遍关注，如何在经济发展新常态下实现经济发展与生态环境保护的双赢，已然是环境法学界广泛思考的问题。学术界关于生态屏障建设协同机制的研究，对于解决我国当前的环境污染与生态破坏问题具有重要的参考价值。

就目前来说，关于生态屏障建设协同机制的研究著作甚少，几乎是一个全新的研究领域，界定生态屏障建设协同机制的内涵与外延，需要综合各方面的知识。以下将首先论述什么是生态屏障，再结合生态屏障与协同机制来定义生态屏障建设协同机制。

（一）生态屏障的内涵

本书以长江经济带为例。长江是我国第一大河流，也是世界第三大河流，全长 6300 余千米，流域面积为 180 多万平方千米，几乎占我国国土面积的 1/5。该河流还拥有我国近一半的内河航运里程，[①] 加上长江流域悠久的开发历史、四通八达的水系，以及高度发达的沿岸经济文明，使得长江水系在改

---

① 国家统计局：《中国统计年鉴 2022》，中国统计出版社 2022 年版，第 3 页。

革开放后成为全球最繁忙、货物吞吐量最大的贸易河流，被誉为"黄金水道"和"西南出海通道"。特别是近年来，我国积极推进"一带一路"建设，促成了"渝新欧"铁路线的建成通车，极大地提高了长江通航河道的战略地位，释放出我国西部内陆的经济活力与发展潜力。

长江经济带覆盖上海、江苏、浙江、安徽、江西、湖北、湖南、重庆、四川、云南、贵州11个省市，面积大约为205万平方千米，人口和生产总值均占全国的40%以上。由于长江经济带跨越我国东、中、西三大区域，有效地将我国西部内陆与东部沿海地区紧密衔接起来，使得我国东、中、西部实现高度的经济联结，因此长江经济带在我国乃至世界都具有得天独厚的发展优势与经济潜力。长江经济带襟南带北、连接东西，是人民生活和经济发展的重要空间载体。① 它作为我国经济供给侧结构性改革与产业结构转型的战略高地，同时也是我国现代生态文明建设的重点试验田，不仅在我国乃至全世界都有巨大的影响力。

但是，考察人类活动对长江流域生态环境的影响以及对生态环境质量状况的调研表明，人类活动对该流域生态环境有着正负两方面的深刻影响，② 考虑到长江流域经济发展所面临的生态容量和生态承载力的现状，有必要构建高效的长江经济带生态屏障建设协同机制，从而为长江经济带的转型升级提供生态保障。

与长江流域地位不相称的是，长江流域开发中仍存在发展不足、发展不平衡和发展不协调等问题，开发与保护生态的问题日益明显，这些必须依赖法律制度加以解决。③ 就目前来看，虽然我国在保护和改善生态环境方面制定了大量的法律法规，从中央层面到地方层面都在大力倡导生态文明理念，确保经济发展质量与公众生活质量的可持续性，但通过检索有关生态屏障方面的法律法规发现，我国尚缺少专门的法律法规对生态屏障问题进行细致的规定，大都是原则性的宏观要求，这对于长江流域生态屏障建设纷繁复杂的治理任务而言是不够的。

我国过去一段时间里经济的高速发展引发了经济发达地区人口急剧膨胀、

---

① 李强、张宇航：《"双碳"目标下生态补偿的减排效应》，载《电子科技大学学报》（社会科学版）2023年第5期。

② 俞树毅、柴晓宇：《西部内陆河流域管理法律制度研究》，科学出版社2012年版，第67页。

③ 晁根芳、王国永、张希琳：《流域管理法律制度建设研究》，中国水利水电出版社2011年版，第130页。

水资源需求持续增长、农业经济对流域生态环境负面压力加大、① 城乡空气污染严重、土壤重金属污染日益突出、② 水土流失、土地荒漠化加剧等生态环境问题。在经济转型期，我国正在努力解决这些生态问题，以便为我国绿色经济的发展提供更为广阔的纵深空间，保障社会公众对舒适生态空间具有实实在在的获得感，保障每一位公民在获取优质生态产品时拥有平等的权利，实现人与自然的和谐共处，保护好人类赖以生存的生态环境。

现代生态文明要求人类在进行其社会活动时，能够以恰当的方式改变"人类中心主义"的发展理念，逐步转向人与自然和谐共生的发展方向，这体现了人类文明不断发展和进步的基本标志和本质特征。③ 生态文明不仅服务于经济文明，而且具有自身的存在价值，因此在发展经济时还应做到保护和改善经济发展所依存的生态环境，实行"文明发展""绿色发展"和"可持续发展"，树立尊重自然、顺应自然和保护自然的生态文明理念。1962 年美国海洋生物学家蕾切尔·卡逊所著的《寂静的春天》一书揭示了农药对生态环境的危害，引发国际社会热切关注并导致发生生态环境保护运动，激发了全世界的环境保护事业，并直接促成了 1972 年在斯德哥尔摩成功召开的"人类环境会议"，在这场由世界各国参加的国际会议上通过了《人类环境宣言》，郑重开启人类环境保护事业的新篇章。④

建设生态屏障是城市文明发展的前提条件，也是农业生产的基础，更关系到"三农"问题的顺利解决，因此建设生态屏障的重要性和迫切性应当被充分认识。中国 21 世纪议程林业行动计划已经吸纳生态屏障建设的合理内核，建设生态屏障对整个长江流域而言不仅意味着生态效益、社会效益、经济效益的实现，也意味着每个个体生存环境的改善，社会公众生态文明素质的极大提高，更能体现国家综合素质的上升，以及综合竞争力的提高。

"生态屏障"并非一个逻辑严密的科学概念，与之具有相同或近似含义的

---

① 俞树毅、柴晓宇：《西部内陆河流域管理法律制度研究》，科学出版社 2012 年版，第 71 页。

② 梁宗正、胡碧峰、谢模典等：《长江经济带土壤重金属污染分布特征及影响因素》，载《经济地理》2023 年第 9 期。

③ 乔刚：《生态文明视野下的循环经济立法研究》，浙江大学出版社 2011 年版，第 19 页。

④ ［美］蕾切尔·卡逊：《寂静的春天》，吕瑞兰、李长生译，吉林人民出版社 1997 年版，前言。

表述为"绿色屏障""生态环境保护屏障"和"生态保护工程"等。① 到目前为止，学术界对"生态屏障"概念的落脚点大部分是对生态环境的保护。关于生态屏障的定义比较有参考价值的是陈国阶的观点，本书采纳的也是他对生态屏障所下的定义。他将生态屏障界定为满足人类生产、生活及生态安全的生态系统功能的空间格局，并认为生态屏障具有保障生态安全和为经济服务的功能。② 从生态屏障建设的出发点以及生态屏障的"天然过滤性"特征考虑可以发现，生态屏障最直接的功能是恢复经济发展所依存的生态系统，以及为公众提供舒适的生活环境等。因此，生态屏障的建设必须与长江流域的经济发展相对接，把经济发展作为生态屏障建设的应有之义，也只有这样才可以激发沿江地区的生态保护动力，在促进生态屏障建设的同时让沿江流域获得可得利益。

随着十二五规划中"构建生态安全屏障"要求的落实，现实中的生态安全屏障逐渐建立。由于各个区域对生态环境的开发程度不同，导致不同区域面临程度不同的生态开发困境，使得各地区都在探索建立适合本地区的"生态屏障工程"，典型的是近些年非常热门的"长江上游生态屏障建设""甘肃生态屏障建设"以及黄河流域的"生态屏障工程"等，这就导致各个区域实行不同的生态屏障建设政策。没有一部系统明确而又细致的法律法规来予以规范，从而出现了一些法律上的"真空地带"，如何规范生态屏障工程的建设是全国许多地区面临的共同问题。

（二）生态屏障建设协同机制的内涵

由于长江经济带覆盖 11 个省市，经济发展与生态屏障建设相冲突以及长江上中下游生态环境与经济实力的相异，导致长江经济带生态屏障建设的难度增加，我们必须寻求一种能够协调整个长江流域建设生态屏障的办法。如果不能解决这种矛盾，那么长江经济带建设生态屏障将会成为无花之果。这就使探索生态屏障建设协同机制成为必然，通过该机制有力整合整个长江经济带的资源，协调好经济发展与建设生态屏障的矛盾、长江上中下游的发展需求矛盾、该流域各行政区域的政策冲突、中央宏观规划与地方规划发展的矛盾、经济发展同资源承载力的矛盾以及公众或个人对生态品质的要求同政

① 孙海燕、王泽华、罗靖：《国内外生态安全屏障建设的经验与启示》，载《昆明理工大学学报》2016 年第 5 期。
② 陈国阶：《长江上游生态屏障建设若干理论与战略思考》，载《决策咨询》2016 年第 3 期。

府治理环境污染的矛盾等，通过建立流域管理的权威机构，增强地方政府共建共享的积极性，改善政府绩效考评机制、激励约束机制、决策管理与补偿机制，实现全流域的互动式发展，着重提升长江经济带生态屏障的共建研究。当然，共建的核心是建立长效协同机制。

生态屏障建设协同机制不同于单纯的生态屏障建设，其主要区分点在于生态屏障建设协同机制讲究各要素之间的密切配合，是多个要素之间的联动，涉及不同行政区域之间的协调沟通、不同政策措施的互补、城乡发展的预先规划、产业结构的替换、法律法规的协调一致等。因此，生态屏障建设协同机制要求在保障经济发展的同时协调好对生态环境的保护，实现全流域、各区域、城乡、各功能规划区的密切配合联结，在做好环境保护工作的同时让城乡居民有实实在在的获得感，让良好的生态环境成为"普惠的民生福祉"，实现"绿水青山就是金山银山"的发展愿景。

此外，考虑到我们正处于信息时代和第四次工业革命的发展期，应当在生态屏障建设协同机制中引入信息共享机制——建立环境信息共享与发布平台，利用大数据、云计算等技术手段提升区域环境信息报告、监测和处理的有效性，为区域环境资源保护法律法规提供数据支撑，提升政府监管环境资源问题的效能，为生态屏障建设区的各个政府机关的调控与合作提供数据服务，妥善处理各行政区域之间的税收等利益问题，为新型SGDP（可持续国内生产总值）核算体系提供科技支持。生态屏障建设协同机制应当与现行的自然保护区、风景名胜区、自然遗迹、人文遗迹、森林公园以及地质公园等相对接，利用好现有的生态保护区并以之为基础，真正实现生态屏障建设协同机制的融合、共享、互联和共建。

具体而言，生态屏障建设协同机制的内涵应该包含以下几个方面的要素：第一，建立生态屏障建设协同机制的目的是在实现经济发展与保护生态环境的同时，能够让社会公众从中获取优质的生态产品，改变传统工业革命式的经济发展范式，促使有条件的贫困地区实现生态脱贫，建设生态文明。生态屏障建设协同机制首先面对的就是破除城乡居民返贫的障碍，如果不能解决城乡居民的生存问题，那么在特定区域建设生态屏障将会是天方夜谭。只有解决建设生态屏障地区的居民经济困难问题，才能顺利开展工作并取得成效。同时，建设生态屏障还应满足社会公众对生态产品的需求，为城乡居民提供舒适的绿色生活环境。

第二，建设生态屏障应为经济发展提供生态空间与生态承载力，满足经济发展的潜在空间，尤其是为我国"一带一路"倡议提供生态基底，为"渝新欧"铁路线提供生态保障。同时，环境基本公共服务是生态安全屏障区生态环境治理及人居环境品质提升的关键环节。[①] 因而在促进绿色经济发展、城乡居民生活水平提高的同时，生态安全屏障的构建应起到改善生态环境以及提升生态品质的效果，让社会公众对生态屏障建设协同机制具有信任感与幸福感。

第三，生态屏障建设协同机制的具体实施方式是政府统筹规划、社会资本协作、公众参与以及各产业带合作共建。生态屏障建设协同机制需要政府在宏观层面作出顶层设计，设计出生态屏障建设的蓝图，并协调各行政区域之间的政策、法规冲突，调处好各利益攸关方的经济利益关系，建立跨流域、跨地区的政府协调机制等。此外，生态屏障建设协同机制应当积极引进社会资本，并建立绿色信贷资金，提供优惠信贷，盘活社会资本在解决生态补偿机制中的作用，利用社会资本进行生态修复并发展绿色产业、生态农业以及生态旅游等产业带，提高生态屏障建设地区的土地产值。[②] 在此过程中，应当积极地加强不同地区、不同部门的合作与交流，着重利用科技手段建立生态屏障，积极发挥市场调节与政府干预的作用，因地制宜实行多渠道筹资，建立绿色发展基金等，并跟进法律法规等政策措施，依法依规推进生态屏障建设协同机制的有效落地。

第四，在生态屏障建设协同机制建立的过程中，应当综合运用生态补偿制度、环境影响评价制度、自然资源权属制度、环境规划制度、环境行政许可制度等，确保生态屏障建设不出现二次生态破坏与环境污染。通过运用自然资源权属制度，可以调动农村集体经济组织建设生态屏障的积极性，通过自然资源的有偿使用，进而增加农村集体经济组织的收益；通过运用生态补偿制度，可以协调各个生态功能区规划的持续推进，从源头遏制肆意的环境污染和生态破坏行为，从而增加违法成本。环境影响评价制度可以有效地防治在经济活动中对生态环境的破坏，真正实现生态屏障建设协同机制的初衷，使得生态屏障建设协同机制为经济发展保驾护航。环境规划制度与环境行政许可制度的益处在于：防止政府以权谋私、权钱交易以及制止利益集团假借建设生态屏障输送利益，维护生态屏障建设协同机制的正常运行，为生态正义提供制度保障。

---

① 周侃、张健、宋金平等：《青藏高原生态屏障区环境基本公共服务的非均衡性及其成因——基于青海村镇居民点的实证分析》，载《生态学报》2023年第10期。

② 刘志文：《长江上游生态屏障建设的投入机制研究》，载《林业经济问题》2003年第2期。

第五，生态屏障建设协同机制应实行合理规划与利益平衡原则，经济效益、生态效益与社会效益相结合以及自然资源有偿使用原则等。合理规划与利益平衡原则解决的是公平问题，只有从全局的角度出发，对围绕自然资源展开的各种活动进行合理规划并作出总体上的安排，才能克服自然资源自然赋存与社会性开发利用之间的矛盾，协调利益冲突。① 生态屏障建设协同机制应兼顾人类社会经济发展效益、现代生态文明效益与社会和谐可持续发展效益，实现该协同机制的永续利用，发挥生态屏障建设协同机制的高效能，防止引发社会利益集团的对抗、分化，摆正生态屏障建设协同机制的功用与方向。自然资源有偿使用原则对于国有资产流失具有重要的遏制作用，推进自然资源权属制度具有纲领指导性，对于生态屏障建设区居民增收脱贫，防止自然资源的低效浪费，增加社会各界对资源的有效利用有积极的现实意义。这也是生态屏障建设协同机制的应有之义。同时，还应当利用税收关系调节好建设生态屏障的各行政区域之间的利益关系，解决地方政府的税收公平问题，为生态屏障建设协同机制提供持续运行动力，加大对生态屏障建设区的财政补贴与转移支付力度，保障该区域居民的生计问题，并为之提供有效的社会保障以解决当地居民的后顾之忧，同时也能减少原住居民对推行生态屏障建设的阻力。

总之，生态屏障建设协同机制的内涵在于：运用法律法规和政策、财政税收等手段协调各方潜在或现存的利益冲突，并以现有的生态保护区为基础，利用技术手段提高与生态屏障的对接力度，促使各区域与各部门等互联互通，在实现社会各界共建共享生态屏障建设利益的同时，为社会各界提供优质的生态产品，共同实现经济发展与环境保护。

二、生态产品和公共产品

生态产品与公共产品皆具公益性的特征，都是人类经济发展到一定阶段的产物。人类对生态产品的关注肇始于经济发展与生态环境的冲突与矛盾，而公共产品似乎自有政府以来就开始进入统治阶级的视野，两者都更多地关注公众的权益，更符合现代人类文明发展进程的要求，体现集体权益维护的发展趋势。

学术界对公共产品的研究远早于对生态产品的研究，并且把生态产品作为公共产品的下位概念来对待，笔者也持这种逻辑进路，通过运用分述与综

---

①　张梓太：《自然资源法学》，北京大学出版社 2007 年版，第 60 页。

述的方法，阐释生态产品与公共产品的内涵与特征等内容。

（一）生态产品的内涵与特征

习近平总书记在 2018 年 5 月召开的全国生态环境保护大会上指出，我国"已进入提供更多优质生态产品以满足人民日益增长的优美生态环境需要的攻坚期"。但是何谓生态产品？目前学术界和官方给出的定义都不尽如人意，而且国内外对什么是生态产品给出的答案也不一致，但有一点获得大家普遍认同的是：将生态产品、文化产品和物质产品共称为支撑现代人类共同生存与发展的基本产品。

由于学术界对生态产品的内涵在认识上存在较大的分歧，这就导致学者乃至官方对生态产品都有着自己的定义。一种观点是将生态产品视为一种纯粹的自然生态系统的产物，因此将生态产品定义为维护生态安全，保障自然界各项生态调节功能的顺利发挥，并为人类生存发展提供舒适、健康的生活环境的自然要素，尤其是《全国国土规划纲要（2016-2030）》将生态产品看作纯粹的生态环境；另一种观点是将生态产品视为完全的人类劳动——生产活动的产品，认为生态产品是经过人类劳动生产具有劳动价值的产品，也是一种可以用于交换的商品；还有一种观点是将生态产品视为含有自然生态系统产出的具有使用价值的产品，也包含人类劳动生产出来的具有价值的可交换的商品。对此，笔者认为，生态产品是由生态系统自然产生的或者经过人类劳动生产出来的，用于满足生态环境以及人类生存发展所需的物质、文化与精神享受的可持续发展的产物。如此定义生态产品的优势在于：树立正确的生态文明理念，改变过去人类中心主义的生态观念，对于加快解决生态产品供给不足问题大有裨益，有利于解决我国当前生态产品短缺的弊端，将过去工农业生产过程的环境控制转变为过程与产品的双层环境控制。①

生态产品关系到我国的生态文明建设，也关乎人类生存发展的可持续性。要充分有效地利用生态产品为我国经济发展注入活力，为居民提供舒适优良的生活环境，需要我们深入分析生态产品的特质。根据上述对生态产品的定义，可以将之分为劳动产品和自然产物两类。这就使得生态产品具有明显的地域性、局限性以及时效性。② 杨庆育对生态产品的分类持相同观点，他认为生态产品可以分为纯粹自然要素的生态产品和凝聚人类劳动要素的生态产品，

---

① 谢花林、陈倩茹：《生态产品价值实现的内涵、目标与模式》，载《经济地理》2022 年第 9 期。

② 朱清、牛茂林：《试论生态产品价值实现的三重关系和若干路径》，载《中国国土资源经济》2023 年第 1 期。

并借助马克思关于价值分析方法的观点进行有力的佐证。按照这种逻辑往下推理就会发现，生态产品具有明显的地域性、难以计量分割和无形化等特性，进而促使生态产品不那么容易像其他商品那样可以在市场经济中进行交易。① 此外，曾贤刚等学者将生态产品视为纯粹的自然要素，因此其从地域性的角度将生态产品进行分类，具体表现为以下几种：全国性的生态产品、区域或流域性的生态产品和社区性的生态产品。② 这种分类实际上是对生态产品中生态环境自然产出部分的产物的分类，并没有涵盖生态产品的全部内容，略有局限性。以张瑶为代表的学者从生态产品的产出形式以及利用马克思的价值分析逻辑，将生态产品分为有形产品和无形产品。③ 这种分类方法利用生态产品的价值与使用价值理念，实际上仍然没有跳出本书对生态产品的定义，因为生态产品包括自然产出的具有使用价值的产物，也包括经过人类劳动生产凝聚人类无差别劳动的产品。可见，张瑶的这种分析逻辑与本书对生态产品的定义是一致的，因此不能将生态产品简单地分为有形产品与无形产品。

从生态产品的价值角度来看，生态产品具有立体性、多层次的复杂价值等特征；从人类生产需求方面来看，生态产品具有鲜明的使用价值，同时还具有生态文明项下的非使用价值；从经济社会的物质观角度来看，生态产品不仅具有经济价值，同时也具有生态文明视野下的非经济价值。④ 生态产品不仅为人类提供舒适的生活环境，还为经济发展保驾护航，促进人与自然的可持续发展，发挥生态功能的效用价值，同时促进部分生态产品进入市场交易，为市场经济发展注入源源不断的活力。

（二）公共产品的内涵与特征

公共产品是相对于私人产品而言的。⑤ 公共产品概念的提出与西方社会的公共福利理论具有较深的理论渊源，导源于现代西方福利经济学体系在公共产品领域的发展方向，被作为现代公共财政学的核心理论予以研究。随着公

---

① 杨庆育：《论生态产品》，载《探索》2014年第3期。
② 曾贤刚、虞慧怡、谢芳：《生态产品的概念、分类及其市场化供给机制》，载《中国人口·资源与环境》2014年第7期。
③ 张瑶：《生态产品概念、功能和意义及其生产能力增强途径》，载《沈阳农业大学学报》（社会科学版）2013年第6期。
④ 黄如良：《生态产品价值评估问题探讨》，载《中国人口·资源与环境》2015年第3期。
⑤ ［英］亚当·斯密：《国民财富的性质和原因的研究》，郭大力等译，商务印书馆1981年版，第14页。

共产品理论向理论制度的纵深方向发展，其被视为现代社会公共利益的集合概念，象征着公众对社会公共利益的诉求与表达方式，体现为对现代社会福利增进与改善的要求，被誉为公众索取公益的重要平台。与此同时，公共产品的充分、有效和公平供给是人类社会和谐可持续发展的重要理念与价值追求。[①] 导源于我国对"三农问题"的重视以及解决城乡发展差距的考虑，当前对公共产品研究比较多的是关于农村公共产品的供给问题，公共产品不仅是公共管理学科的研究对象，也是经济学乃至法学的研究对象，在今后的公共产品理论研究当中，如何适用法律调整更显重要，也是依法治国的应有之义。

公共产品的思想理论最早来源于西方世界的古希腊文明时期，亚里士多德将其描述为："凡是属于最大多数人的公共事物常常是最少受人关心的事物。人们主要考虑的是自己所有，而很少顾及公共的事物，对于公共的一切，如果顾及那也至多只留心到其中对他个人利益相关的事物。"[②] 这是关于公共产品理论思想的最早阐释。此后英国学者霍布斯在其《利维坦》中提出的"社会契约论"、18世纪时期的休谟在其《人性论》中提出的"公地的悲剧"与"搭便车"行为，以及亚当·斯密在其《国民财富的性质和原因的研究》中提出的政府职能问题，都涉及关于公共产品的理论研究。进入19世纪，西方经济学家与公共管理学者更大范围地拓展了公共产品理论的内涵与外延。最早使用公共产品概念的学者是瑞典经济学者林达尔，但是对公共产品形成更加现代化的系统研究则发端于萨缪尔森，其在《经济学与统计学评论》中将产品分为"私人消费品"和"集体消费品"，并将公共产品定义为："不论公众是否有意愿购买之，那些产品所产生的利益与好处都将公平地提供给每一个人，这种不可分割的公益产品将会被给予整个社区"，[③] 并且将非排他性和非竞争性归纳为公共产品的特征。[④] 此后，仍然有大量的学者尝试对公共产品下定义，而且对公共产品理论研究的学术作品颇丰，有的学者认为公共产品即公共品或者集体物品等，但大多数学者仍然没有突破或者超越萨缪尔森

---

① 钟雯彬：《公共产品法律调整研究》，法律出版社2008年版，序言。

② ［古希腊］亚里士多德：《政治学》，颜一、秦典华译，中国人民大学出版社2003年版，第33页。

③ ［美］保罗·萨缪尔森、威廉·诺德豪斯：《经济学（第14版）》，胡代光等译，北京经济学院出版社1996年版，第571页。

④ Samuelson P. The Pure Theory of Public Expenditure, Review of Economics and Statistics, 1954, pp. 387-389.

对公共产品概念与内涵的理解。

萨缪尔森关于公共产品的理论研究直到现在依然备受学术界的认可，我国研究公共产品的学者基本上也使用这一定义，并且习惯性地运用非竞争性和非排他性这两个特征来剖析公共产品理论。以萨缪尔森为代表的学者，从个人的消费和收益两个角度解析公共产品的特征，认为公共产品具有消费的非排他性与非竞争性。[①] 但是马克思对公共产品的特征分析则是从供给和整体角度把握其供给关系，强调在一定的生产关系下考察公共产品现象，不是围绕着市场需求而实现公共产品的供给，而是强调以满足社会存在、发展的共同利益需要为指标和衡量标准，从而科学精准地为社会提供公共产品。

根据当前学术界对公共产品理论的研究不难发现，学术界对公共产品的特征分析具有两个方向维度，分别是公共产品的非竞争性和非排他性。具体来讲，公共产品的非竞争性是指为社会供给的某些产品和服务可以被众多消费者共同或单独使用、可以分时或同时使用，这种产品和服务不因时间、地域和人数多少等因素的改变而变化，同时不会减少公共产品的数量，其质量也不会受到贬损；也即一个人的使用不会减少另一个人使用的数量与质量，即效用不减少，如国防等公共工程。非排他性是指无法将特定的个体排除在产品的消费或使用之外，或者把个体排除在消费之外，将会花费很大的成本。[②] 另外，从公共产品的特征及其在现实经济生活中的独特性考虑，还可以归纳为以下几个特征：满足社会公共利益的需要、市场无法提供有效供给、为社会存在和发展必需、政府应当发挥职能弥补市场缺陷。[③] 虽然学术界对公共产品理论研究很多，但到目前为止也没有形成权威的定论，这就使得公共产品理论一直处于相对不稳定的状态，各学者对其内涵、外延以及特征等都是各说其理、各证其词，因此对公共产品的分类也就各不相同。同时，公共产品理论分类的标准受制于社会经济发展水平和科学技术，在不同时期和不同技术条件下，人们对同一公共产品的认识程度也不同。而且考虑到公共产品的受用范围、受用程度和受用条件的不同，也很难对公共产品进行精确划分。具体来讲，以某种公共产品是否具有非竞争性与非公共性，可以将公共产品分为纯公共产品、准公共产品、俱乐部产品和非纯粹公共产品；根据公共产品的使用范围，可以将其分为区域性公共产品和全国性公共产品；根据

---

① 阳斌：《当代中国公共产品供给机制研究——基于公共治理模式的视角》，中央编译出版社 2012 年版，第 23 页。

② 顾晓炎：《农村公共品供给模式研究》，武汉出版社 2012 年版，第 26 页。

③ 胡改蓉：《论公共企业的法律属性》，载《中国法学》2017 年第 3 期。

公共产品是否具有国际性，可以将其分为国际公共产品和国家公共产品；根据公共产品的抽象理论分析，可以将其分为公共管理类产品、公共服务类产品和实物类产品。① 限于篇幅，此处不再赘述。

（三）生态产品和公共产品的关系

就生态产品和公共产品的关系来说，学术界的研究并不是很多，因此可供研究参考的资料有限，以下尝试从生态产品和公共产品的联系和区别等角度对其进行研究。众所周知，生态产品强调人与自然的关系。② 从本书关于生态产品的定义可知，生态产品包含人类劳动生产的产品以及自然生态环境系统的产物，无论是自然生态环境系统的产物还是人类劳动生产的产品，两者都具有正外部性，而这种外溢的公益性具有公共产品的属性。

事物的联系往往需要从其本质特征出发进行研究，研究生态产品和公共产品也需要以这种逻辑思路展开。从生态产品的分类角度来看，一方面，生态产品可以分为私人生态产品和公共生态产品：私人生态产品主要用于满足个体的消费需求，私主体对私人生态产品具有绝对的所有权；而公共生态产品的受益主体显然是不特定的，往往不能成为每一个受益者的私产，公共生态产品的这种正向的价值外溢性带来的是整个社会的获益，这正好满足公共产品价值特性的要求。并且公共生态产品作为公共产品的下位概念，理应具有公共产品的基本属性。另一方面，生态产品又可以分为全国性生态产品、区域性生态产品和社区性生态产品。③ 无论是全国性生态产品、区域性生态产品还是社区性生态产品，其受益主体都是不特定的多数人，往往具有消费上的非竞争性与非排他性，即某一主体在消费或者使用这种生态产品时，不会减少其他主体对该产品的使用，增加主体消费该产品，并不会增加提供生态产品的成本或者增加的成本接近于零，这同样符合当前社会对公共产品的特性要求。因此，生态产品具有公共产品的基本属性，进一步说，生态产品属于公共产品。从生态产品的经济学属性来看，生态产品具有公共产品的属

① 卢瑶：《生态环境损害赔偿研究：以马克思主义公共产品理论为视角》，中国社会科学出版社 2019 年版，第 12 页。

② 张瑶：《生态产品概念、功能和意义及其生产能力增强途径》，载《沈阳农业大学学报》（社会科学版）2013 年第 6 期。

③ 宋效峰：《印度国际公共产品供给政策及其限度》，载《学术探索》2022 年第 11 期。

性,① 生态产品具有整体性特征,在消费上具有不可分割性,以及非竞争性与非排他性。此外,也有学者将生态产品视为一种公共服务品,而生态产品包含生态服务产品和生态管理产品,从这种逻辑结构来讲,生态产品属于公共产品的一部分。

生态产品与公共产品的概念在当前学术界尚未形成定论,学术界对两者内涵与本质的认识还存在很大的分歧。就生态产品和公共产品的共性而言,笔者认为,生态产品和公共产品同时具有正外部性。具体来讲,生态产品为个体或群体等不特定的多数人提供新鲜空气、清洁水源以及舒适的生活环境,并且能够为经济发展和社会进步提供可持续的外部生态环境;而公共产品以其为个人或者多数人提供的非竞争性和非排他性的产品或服务来填补私主体在追逐个人利益时留下的群体利益的空白,通过发挥政府或者社会组织等的社会公益性的优势,满足社会公众对公共利益的需求,实现社会利益的最大化。生态产品和公共产品同时具有区域分布的差别性,无论是生态产品还是公共产品,两者都受地域上的不可分割性限制,不可能脱离原本的地域限制满足所有人的需求,这种先天性的地域分布的差别几乎是不可更改的;而且由于生态产品和公共产品的公益程度不同,可以将生态产品分为纯公共生态产品、准公共生态产品和私人生态产品;同理,公共产品也可以分为纯公共产品、准公共产品、俱乐部产品以及非纯粹的公共产品。这种公益程度的区别使得两者追求的价值属性具有相似性。

就生态产品和公共产品的区别而言,虽然部分生态产品来源于附有人类劳动的产品,但更多地体现为自然生态系统所提供的产物,且生态产品的地域不可分割性更强,生态产品主要表现为环保产品或者可持续的绿色产品,其价值属性更多地体现为为人类提供适宜的生产发展条件,其强调人与自然的和谐共生,反对利己的人类中心主义,是 19 世纪生态保护运动以来出现的诉求,同时也是现代人类经济发展不可或缺的外部条件等;而公共产品更多地来源于附有人类劳动价值的产品,公共产品的社会生产性使得其更容易打破传统的地域限制,更多地表现为现代社会的各种物质性的基础设施建设,而且公共产品比生态产品提供的产品和服务的范围更大,更能满足社会本位下的人类社会利益需求,其价值属性更多地体现为政府的社会公益职能或者公共管理服务职能,强调社会本位属性,能够有效弥补利己主义下的社会公

---

① 孙庆刚、郭菊娥等:《生态产品供求机理一般性分析———兼论生态涵养区"富绿"同步的路径》,载《中国人口·资源与环境》2015 年第 3 期。

共利益缺失。同时，人类自有政府组织以来对公共产品的研究比对生态产品的研究历史更长，这就使得公共产品比生态产品具有更多的可显现的功能与内涵，但这并不代表生态产品不如公共产品，只是对两者的研究需要更进一步深入发掘与探讨才能晓之其理。

三、生态公共产品

自党的二十大明确指出"中国式现代化是人与自然和谐共生的现代化"，中共中央办公厅、国务院办公厅印发《关于建立健全生态产品价值实现机制的意见》以来，社会各界对生态环境的关注度越来越高，同时将生态公共产品纳入学术界的研究视野中。生态公共产品由"生态产品"和"公共产品"组成，但其内涵却不是两者的简单累加，生态公共产品应是在生态的视野下研究公共产品，探讨公共产品中具有公益性的生态产品。

（一）生态公共产品的内涵

由于生态产品和公共产品理论研究的不成熟，使得生态公共产品理论发展得并不完善，甚至连基本的概念内涵都存在争议。比如，就生态公共产品的理解而言，华章琳把生态环境公共产品等同于生态公共产品，认为生态公共产品是生态环境提供的具有非竞争性和非排他性的公共产品，并依据公共产品的非竞争性和非排他性对生态公共产品进行分类;[①] 以樊继达为代表的学者将生态公共产品理解为生态型公共产品，并从公共性和外部性两个角度解释生态型的公共产品,[②] 对生态公共产品的解读并没有把握其本质，只是站在公共产品的生态角度对其进行分析;以高丹桂为代表的学者将生态公共产品理解为公共生态产品，但是其对生态公共产品的定义与樊继达对生态公共产品的定义基本一致，都将生态公共产品看作公共产品中具有非竞争性和非排他性的纯公共产品的生态环境,[③] 其依然是从公共产品特征的角度对生态公共产品进行定义;以王建莲为代表的学者将生态公共产品定义为满足人类生存发展需求的具有非竞争性和非排他性的自然、物质和制度性公共产品，其中自然生态公共产品主要是指关乎人类需求的生态环境，物质生态公共产品主

---

① 华章琳：《生态环境公共产品供给中的政府角色及其模式优化》，载《甘肃社会科学》2016 年第 2 期。

② 樊继达：《城镇化进程中的生态型公共产品供给研究》，载《经济研究参考》2013年第 1 期。

③ 高丹桂：《公共生态产品探究——从内在规定性和经济特性的视角》，载《重庆第二师范学院学报》2014 年第 2 期。

要是由人类生产生活等活动形成的基础设施等，制度性生态公共产品主要是指生态法律和生态文明理念等。① 学术界对生态公共产品的内涵研究主要表现为以上几种，笔者认为生态公共产品是指生态环境系统提供的用于满足人类生存发展和需求的生态要素，这种生态要素能够为人类提供清洁空气、水源和舒适的生态环境等，包括自然的生态系统产出和人类的生产物。这个定义可以最大限度地说明生态公共产品的来源问题，解释生态公共产品的目的问题等，避免直接套用公共产品的模糊特征进行界定。

（二）生态公共产品的特征

就生态公共产品的特征而言，主要包括以下几个方面：

首先，生态公共产品具有公益性或者外部性。生态公共产品具有明显的价值外溢性，这种公益性反映为外部的福利性或者称为正外部性，公共产品能够满足权利本位下的社会利益需求，填补个人追逐自身利益最大化时留下的社会公益的空缺，公共产品适应了高度发展下的现代社会对社会群体公益的要求，能够满足社会集体对公共基础设施等的需求。同时，生态公共产品作为公共产品的一部分，同样反映了社会发展过程中对生态文明理念的重视，单纯满足私人利益要求的生态产品不适应权利本位的社会，无法满足基本的人权要求。因此，生态公共产品便快速进入人们的研究视野，通过一种几乎无偿或者廉价手段获取的生态公共产品能够最大限度地保障社会利益的均衡化，弥补公益的不足，最大限度地为社会公众提供福利，为经济发展提供稳定的助推剂，成为社会稳定的压舱石。

其次，生态公共产品具有区域相对性。② 无论是生态产品还是公共产品都具有明显的区域性，生态公共产品同样受到区域性的限制。按照国家主权区域的不同，可以把生态公共产品分为国际性的生态公共产品和国家性的生态公共产品；按照一国内部的地理区域的不同，可以把生态公共产品分为社区生态公共产品、区域生态公共产品和全国性的生态公共产品。在不同地理位置的条件下，生态环境提供可供公众享用的生态产品也不同，这种明显的地理条件的限制使得生态公共产品可供公众获取的使用价值差异很大。

再次，生态公共产品的供给主体具有单一性。生态公共产品属于全民皆可享有，但是其供给成本却很高，很多企业或者社会组织没有兴趣也没有能

① 王建莲：《地方政府生态职能履行：困境与出路》，载《中共南京市委党校学报》2015 年第 2 期。

② 杨筠：《生态公共产品价格构成及其实现机制》，载《经济体制改革》2005 年第 3 期。

力去提供这种全民性的福利产品，投入和产出不成比例，严重制约了社会资本进入生态公共产品领域。就目前来说，生态公共产品的维护者主要是政府一方，这严重加重了政府的财政负担，不利于形成长效的生态公共产品的可持续供给机制，最终损害的仍是社会公众的切身利益。本书建议借用马克思的价值分析方法，发挥生态产品使用价值的公益性，利用生态产品的有用性，制定适宜的价格政策，发挥生态产品的价值属性，实施公益性的有偿投入机制，积极引进社会力量，从而实现生态公共产品的有效投入和产出机制。

最后，生态公共产品还具有明显的生态性和公共性。生态公共产品的直接客体是生态环境，其所有权属于社会公众。[①] 生态环境为人类提供的有效公共产品，无论是来源于自然的生态系统还是来源于人类创建的生态环境系统，都是直接产生于生态环境，并且始终依赖生态环境——生态公共产品的供给来源。生态公共产品不具有明显的竞争性和排他性，其供给对象是不特定的多数人。个体在独立享受美好环境的同时，无法将生态环境这一公共物品或权益完全私有化，也体现了生态公共产品的公共性，或者说非排他性。[②]

（三）生态公共产品的分类

生态公共产品由生态产品和公共产品这两个概念组成，但又不是这两个概念的简单累加。生态公共产品的分类可以适当借鉴生态产品和公共产品的分类方法，但又不能局限于此。

按照区域的不同，可以将生态公共产品分为社区性生态公共产品、区域性生态公共产品和全国性生态公共产品，甚至可以划分为国家性生态公共产品和国际性生态公共产品，前文对生态公共产品的区域性已经有所论述，此处不再赘述。

按照生态公共产品的非竞争性和非排他性的程度不同，可以把生态公共产品区分为纯生态公共产品、准生态公共产品、俱乐部生态公共产品和非纯粹生态公共产品。满足类似于公共产品的高度非竞争性和非排他性，即成为纯生态公共产品，非纯粹生态公共产品则与之相反；准生态公共产品在非竞争性和非排他性上部分适用；俱乐部生态公共产品则是在一定范围内免费提供，超过某种限度就会转变为私人产品。按照这种生态公共产品分类方法可以把生态公共产品的本质特征表现出来，能够显示出生态公共产品的供给来

---

① 郭冬梅：《生态公共产品供给保障的政府责任机制研究》，法律出版社 2016 年版，第 34 页。

② 韩康宁、卢韵宇：《环境健康风险的行政规制：生成逻辑和完善路径》，载《行政科学论坛》2023 年第 5 期。

源的差别。

按照生态公共产品形成机制的不同，可以将其分为原生性生态公共产品和制度性生态公共产品。原生性生态公共产品符合公共产品非竞争性和非排他性的严格要求，具有效用上的不可分割性。制度性生态公共产品也即介于纯生态公共产品和准生态公共产品之间的俱乐部产品，而且它在不同的历史条件下会发生转化，毕竟生态公共产品在当前的科技条件下不能完全发挥其效用。因此，制度性生态公共产品——这种个人消费模式的生态公共产品，在技术条件改变的情况下有可能转化为私人产品，也可能转化为纯粹的生态公共产品。

第二节　长江经济带建设中生态环境协同治理法律调整的必要性

一、目前国内形势新需求

当前，我国经济发展持续放缓、经济下行压力加大，环境保护却并没有因此受到忽视。在顶层设计中，习近平总书记在全国生态环境保护大会上强调，要"牢固树立和践行绿水青山就是金山银山的理念""加快推进人与自然和谐共生的现代化"。在学术探讨上，国内大多数学者对环境法典的研究渐趋深入，研究焦点从应否法典化转向如何法典化。[①] 这表明即使经济增速放缓，生态环境保护的脚步也从未停止。但是，保护环境必然会延缓经济发展的速度，这又会引起经济利益和环境利益的冲突，如何寻求经济发展和环境保护之间的平衡是我国乃至世界都将面临的一道难题。如何转变环境法律法规的这种"软法"地位、如何发挥环境法的有效性、如何创新环境政策以及如何转变环境保护的模式等都将迫使我们进行新的思考。

（一）实现生态环境治理法治化

我国面临的生态环境困境与西方发达国家具有历史的相似性，同样陷入经济发展与生态环境保护之间冲突的怪圈，环境污染和生态破坏严重制约着我国各方面的可持续发展。

例如，美国大波特兰地区是一个经济一体化、生态共同的单一都市区。

---

① 方印、刘秀清：《我国环境法法典化研究述评：进展、争鸣和展望》，载《中国地质大学学报》（社会科学版）2023 年第 3 期。

该地区的环境治理过程中遇到了一系列的现实挑战：城市人口的快速增长、如何有效保护濒危物种（尤其是鲑鱼）、如何保护水资源的数量及质量和如何在雨水径流和沿岸区对之进行有效的保护和管理。但是，在这两个地区的治理中，人口分布不均匀以及实行着差异化和多样化的行政管理，此状况源于俄勒冈州和华盛顿州法律和监管机构的差异，虽然两个地区都采取了积极的政策措施，但是并未对大都市区的蔓延和其他增长负债的分布产生积极影响，使得对该地区的生态环境产生难以消除的严峻影响。① 在此之后，华盛顿州和俄勒冈州都开始加强对土地的管理与保护，限制人口的不合理分布，通过一系列的法律措施实现对土地的综合开发和长远规划，从而达到限制城市的无限增长，起到保护该地区生态环境的作用，为经济社会的长远发展奠定了基础。

在生态环境的治理过程中，应当深刻认识到生态保护与经济发展的关系，尤其是在生态环境的保护过程中，应该把生态科学作为环境决策的基础因素，同时注意到生态系统与城市规划系统之间的相互作用，借助法律手段促进生态环境治理的规范化与科学化。因此，我国在城市化的进程中，必须始终做好"预防为主，保护优先"，并且提前做好城市的规划设计，防止城市化的无序蔓延，为城市发展划定界限，为生态环境的保护划定红线，正确处理城市发展与环境保护的关系。

与此同时，生态环境治理与环境保护必须由法律保驾护航。法治实践表明，正确处理资源与经济建设之间的关系，在发展中落实保护，在保护中促进发展，坚持节约、安全发展、清洁发展，实现可持续的发展观，是实现保护环境资源法治化的正确道路。② 这就要求在立法过程中遵循生态规律，在资源环境利用中遵循生态科学，在生态环境与自然资源的保护过程中严格遵循法律要求。

多年来，我国一直在根据社会经济发展和环境状况的变化，努力创新自然资源的适用方式，恢复被破坏的生态环境。尤其是在我国开展"依法治国"的大背景下，环境资源法治化的道路逐渐走向深度保护，实现"绿水青山就是金山银山的发展理念"，总结我国在法治建设中分析经济发展与环境保护的关系问题，注重以遵循生态规律的方式开展社会经济建设，满足公众对生态

---

① Paul Thiers & Mark Stephan . Differences in Regime and Structure within an Ecological Region：Comparing Environmental，2011，pp. 10-12.

② 孙佑海等：《可持续发展法治保障研究（上）》，中国社会科学出版社 2015 年版，第 75 页。

环境——这种公共产品的需求，满足新时期社会公众的发展要求，提高立法质量，加强执法监督工作。

（二）　生态环境保护范式的转变

现代社会下的环境危机频发，使得人们开始思考环境法是否起到其应有的作用。在倡导社会经济可持续发展的同时，人类社会又面临温室气体排放的失控和资源枯竭。一些地方政府为了发展经济，采取各种手段变相利用其自身的"自由裁量权"，继续损害大气和自然资源。在社会面临灾害性的气候变暖和生态崩溃时，我们更应该转变环境法的某些基本原则——保护社会公众的公众福利和生存所必需的自然资源，使得现代以及将来的一代人能够从中受益。①

今天的生态危机在很大程度上是政府未能代表公民保护自然资源的结果。以美国为例，在美国过去的环境法规中，每个司法管辖权下的机构都获取了无限的管理自然资源的权力，并采取许可制等制度允许私人对自然环境或者自然资源进行破坏，使得美国环境法规保护自然资源的目的几乎落空。

美国为应对国内的生态环境危机提出了"公共信托原则"，并强调公共信托原则是保障社会公众对自然资源的公共福利的要求和生存所必需的原始法律机制，该原则的核心是"环境保护"先行，将政府对自然资源的保护视为一种"信任"，将政府对生态环境的保护视为一种权力，更视为一种义务。对自然资源管理的深刻和持久的范式转变有相当的必要，因为当今世界各国都面临着前所未有的环境威胁以及各种环境风险，我国同样如此。

无论是我国的农村还是城市，无论是东部沿海地区还是中西部内陆地区，都面临着生态破坏、环境污染。中外环境保护的历史表明法律对各类环保主体之间良性互动的保障是一个国家环保事业顺利发展的必要条件。② 当前，在环境法领域，存在若干消极因素，从而造成生态环境治理全系统的功能紊乱。首先表现为现代行政机构的功能不断强大，并且众多的行政机构管辖重叠严重，造成管理上的混乱以及选择性执法，以至于各个行政机构在进行生态环境治理方面难以发挥其应有的领导作用与责任，随之而来的就是监管上的复杂性。其次表现为行政许可制度对生态保护的例外规定，该种许可制度允许有限的资源利用与环境污染，然而这种许可制度在实践当中往往会为私人利

---

① Mary C. Wood, Ecological Realism and the Need for a Paradigm Shift, Environmental Law, 2012, pp. 14–15.

② 袁周等：《绿色化与立法保障》，社会科学文献出版社2016年版，第69页。

益围猎社会公众福利制造机会，造成牺牲生态环境换取经济利益的结果。① 导致社会公众对生态环境治理漠不关心，使得生态环境在遭受严重破坏的情况下才引起社会各界对生态环境治理的重视，此种环境政策极易引发环境风险和生态灾难。最后，纷繁复杂的法律规定在实践当中缺少实效性，并且经常出现行政机构屈从于政治功绩与政治压力，再次使得生态环境治理让位于经济发展与私人利益。

长江经济带的生态环境治理迫切需要转变传统的生态环境治理理念，需要一种新的概念、新的思维方式、新的变革范式。在今后的生态环境治理过程中应当调整环境治理的政策，消除行政机构自由裁量权产生的行政腐败，以更加权威可操作的环境保护法律法规规避生态危机的出现，建立一种生态环境治理的协同机制，以明确的法律调整方式取代原有的行政机构的环境保护机制，尤其是改革生态环境治理领域的环境行政许可制度，避免以许可制为理由破坏生态环境。

长江经济带在我国经济社会发展中具有举足轻重的地位，尤其是作为我国经济发展的"黄金水道"，直接打通了内陆与沿海经济联结的"大动脉"，并且长江经济带存在严峻的环境资源承载力，资源的有限性、生态的脆弱性、人口分布的密集性与经济布局的集中等因素极大地考验着我国生态环境治理的能力。在经济结构调整和经济体制转型升级的大背景下，必须建立以法律调整为主的生态环境治理的协同机制，消除潜在的环境风险，破除环境治理的危机。

明确环境参与的权利基石主要是通过权利的保障来疏通协商民主的沟通渠道，以解决环境决策环节的合法性不足。② 生态环境协同治理的有效运行需要实行环境民主，加强生态环境治理的公众参与，限制政府在环境资源领域的自由裁量权，制定的环境政策能够以保护社会公众对生态环境的利益要求为目的，使政府的环境权力转变为一种环境义务，同时加强对政府环境权力和环境义务的监管，使得环境伦理反映社会公众对环境资源的公共福利要求，以环境法为核心协调生态环境治理各方的利益诉求，使环境法规成为生态环境治理的重要引擎，同时限制私人排放污染物和破坏自然资源的权利，改变生态环境治理结构的理念，力争实现社会公众对生态环境治理的公共利益需

---

① Mary C. Wood, Ecological Realism and the Need for a Paradigm Shift, Environmental Law, 2012, pp. 23–33.

② 刘小冰、张毓华：《生态法治评论》，法律出版社 2016 年版，第 34 页。

求，借助公众的力量加强对生态环境治理的监管，建立生态福利的共享主义，实现生态环境协同治理的长效化与实效化。

二、法律约束的独特性

环境法治是近现代以来，随着人们运用现代科技手段和工业技术对环境的开发利用，从而导致环境问题不断恶化的背景下，人类开始重新思考其自身与地球的关系；这不得不引起人们的关注并由此产生了解决环境问题的急切心理，以及实现人与环境和谐可持续发展的现实需要的情况下作出的理性选择。[1]

（一）环境法的特性

环境法的目的是通过改变人类行为来减少人类对环境的危害，环境法可能涉及所有领域的人类活动，了解环境法的独特性，需要从环境法的基本内容着手。从环境法的立法目的与宗旨来说，通常表现为对本国环境保护的基本政策与环境保护目标的规定，以及明确国家环境政策的法律地位，并指向经济社会的可持续发展，维护人类的生存发展利益；从环境法的基本原则来看，表现为保护优先和预防为主原则、公众参与原则以及权利义务均衡原则，这种原则性的规定直接指向环境保护与生态环境治理，能够有效地约束私主体为追逐私人利益而对公众环境权益的侵害；环境保护的具体制度表现为：民众参与环境治理制度、信息公开制度、环境影响评价制度、检查监督制度等，通过吸收社会公众参与到生态环境治理与环境保护过程中，利用社会公众对生态环境这种福利产品的需求力量，可以有效防止造成新的环境风险与生态危机。

（二）与国际环境法的比较

不同国家的环境法有着不同的发展路径，在生态环境治理上也有着明显的差别，通过熟悉国际环境法的发展进程，能够有效梳理我国环境法在生态环境治理上的缺陷与不足。第一，从国际环境法角度来看，各国应采取合理的预防措施，防止环境损害，若一国未能采取合理规范的措施保护其国民，则认为政府的行为是不法行为。[2] 由此可知，国际法在保护生态环境与生态环境治理过程中实行严格责任原则。此外，国际环境法还规定一国不得为了本

---

① 张贵玲、张兆成等：《环境法治问题研究》，人民出版社 2015 年版，第 29 页。

② Alex Kiss，Dinah L．Strict Liability in International Environmental Law，Brill，Academic Publishers，2007，pp. 22-25.

国利益违反国际法而损害他国环境权益，本国在进行社会经济活动过程中，不得跨越国境损害其他国家的环境，更不得为了本国的主权利益损害他国利益。显然，在国际环境的保护程度上已经将生态环境治理与环境保护提升为一种环境主权看待。以 20 世纪的切尔诺贝利事件为例，环境风险与生态危机可能是跨国界的，这种由于过失产生的生态危机往往造成大范围的甚至是不可修复的环境破坏，使得被污染的其他国家得不到应有的生态补偿，并且国际环境法对此种过失造成的生态灾难并未有良好的法律规定。

第二，从各主权国家的环境法角度来看，不同国家环境法的发展变化与本国经济发展与环境关系恶化程度、政府重视程度、文化背景和历史传统等方面的因素具有直接的相关性。以欧美等西方国家为例，环境法增强了跨机构式的行政管理模式与管辖权多样性的可能，强调环境保护与生态环境治理的国际性合作。一方面，美国利用国内法影响国际环境法的发展；另一方面，利用国际环境法影响本国的环境政策的制定和实施，并在本国的环境治理中发挥着日益重要的作用。[①] 实行联邦制的美国，其国内的环境法也呈现出不同的样式，既有"软法"也有强制性法律规范，既有成文的环境法典也有散见于案例中的不成文规则，这种多样式的环境法在生态环境治理与环境保护中发挥着极强的约束性，能够有效规避经济发展过程中对生态破坏的可能。此外，法国的环境法趋于成文法典化，德国的环境法也有其自身的内容和特色，尤其是德国的环境法在生态环境保护上实行绝对的保护优先原则。走在环境立法前沿的欧美国家，在环境影响评价与污染防治等方面有许多值得我国借鉴的地方，对于我国长江经济带生态环境治理有着明显的借鉴意义。

欧盟具有较为完善的环境法律制度体系，拥有较为完善的环境公益诉讼制度，充分考虑环境纠纷的特性，合理配置审判资源，为环境司法提供良好的机制保障，是欧盟及其成员国的普遍做法。[②] 有的欧盟成员国，如瑞典等国家通过设置环境法庭专门审理环境司法案件，可以通过专业的人员集中审理，提高办案效率。我国环境公益诉讼制度和环境法庭的设立已在实践当中收到较为良好的效果，而且环境公益诉讼制度也达到了立法机关预期的立法目的，为有效保护我国的生态环境和防治污染起到重大作用。

当然，环境保护与生态环境治理离不开国家之间的合作，在国际环境法

---

① Alex Kiss, Dinah L. Guide to International Environmental Law, Shelton, Martinus Nijhoff Publishers, 2007, pp. 8-11.

② 李集合、李军波：《环境司法适用的理论、实践与欧盟经验》，人民法院出版社 2015 年版，第 273 页。

领域，不同国家之间往往存在共享资源的合作，并且这种国际合作俨然已经成为一种国际义务。这种国际合作保护生态环境的方式同样可以在我国适用，尤其是跨越行政区域实行生态环境治理往往不能由单个地方政府顺利实施，保护生态环境涉及不同行政区域的共同利益，或者对生态福利产品的需求的满足是社会共同的利益要求。这种跨行政区域合作治理生态环境的方式正好可以用于我国长江流域生态环境的协同治理，为长江经济带建设中的生态环境协同治理提供经验。

（三）对环境法的思考

从整个法学领域的基本理念变迁的过程来看，在"从身份到契约"的运动中，现代意义的法律逐渐形成，而环境法的形成和出现则在原有的基础上进一步推动着现代法律"从契约到伦理"的前进，使得环境伦理成为环境法的基本依托和内核，更加强调人与自然的道德关系以及人与自然的和谐共生。[①] 对于我国长江经济带建设中生态环境协同治理的构建，可以借鉴国外环境法以及国际环境法在生态环境治理上的某些理念或者措施。考虑到长江经济带的跨行政区性和密集的产业分布的情况，该地区的生态环境治理必须考虑到各地区的经济效益，需要运用经济学的观点对环境政策和环境法规进行评价。同时，笔者认为长江流域的生态环境治理应着重从两个方面着手：其一是重点防止污染和控制污染物，而把自然资源管理放在其次；其二是重点放在环境保护过程中，加强国家或者地方乃至国际方面利用审计等手段加强环境保护和生态环境治理的监管。将环境监管作为重点之一得益于经济学的国家干预市场理论。众所周知，市场具有盲目性、自发性和趋利性等特点，如果不对市场经济进行国家干预，市场经济可能会处于无序竞争中，为防止市场活动的非预期后果，对之进行必要的干预已成为国际通识；同样，在环境治理和生态保护方面，为防止生态环境治理和环境保护领域的经济人的趋利性而产生的非预期后果，防止生态危机和环境风险这一负外部性后果，加强政府对环境保护领域的监管是有必要的。

另外，政府以改善环境质量，提高社会公共产品福利为目的，加强对生态环境治理的监管，在这一过程中可能同时存在政府监管没有实效的情况，这种情况源于政府的过度监管或者政府监管没有遵从成本的方式。[②] 在我国长

---

① 吕忠梅：《环境法原理》，复旦大学出版社 2007 年版，第 143 页。

② Richard L. Revesz , Robert N. Stavins. Environmental Law and Policy, NYU Law & Econ Research Paper，2004，pp. 4-15.

江经济带的生态环境治理中，必须考虑到该地区经济发展与生态环境治理的关系，还要着重考虑生态环境治理过程中政府监管环境保护的实际效果问题，既要考虑到农村与城市的发展差别，还要注意城乡环境污染和生态破坏的差异。按照合理成本理论分配环境监管机构的监管职责，配置环境保护的资源，解决跨区域生态环境治理的难题。

在长江经济带的生态环境治理过程中对环境政策的运用——具体政策工具的选择——从规范性问题开始，审查评估传统环境政策的效果，并以成本收益分析的手段对传统的环境政策进行替代，减少政府在该区域生态环境治理中的补贴，全面推行排污收费制度，并且实行可交易的行政许可制度；明确各地方政府的环境治理和生态保护的监管责任，明晰政府对环境监管的规范标准，解决跨区域的环境问题，避免政府管辖区内的生态环境治理收费的竞争；加强政府对该区域环境保护和生态环境治理的参与力度，并且鼓励社会公众发挥环境民主从而激发公众参与环境保护的热情；在该地区的环境保护与生态环境治理中应当明确公平与效率的关系，对生态环境治理的部分地区实行生态补偿制度，利用环境合同制度或者环境物权制度防止因环保返贫的现象，同时为社会提供更多的生态公共产品福利，实现成本收益的对等化，促进生态环境治理机制的长效可持续化。

三、环境相关法律法规制定的必然要求

法治的基础是有法可依，环境法治需要健全完善的法律制度与规范体系予以保障。与西方发达国家相比，我国的法律数量和标准数量不可谓不多。在环境法典化深入推动的背景下，我国仍存在立法碎片化和空白的问题，[①] 对切实解决环境问题还未能发挥良好效用。但同时我们也应该看到过去这些年我国在环境立法方面所取得的努力，特别是《长江保护法》的颁布实施以及生态环境法典的研究编纂都对长江流域生态环境法治的研究和发展提出了新的要求。

习近平总书记强调："要总结编纂《民法典》的经验，适时推动条件成熟的立法领域法典编纂工作。"党的二十届三中全会作出的《中共中央关于进一步全面深化改革 推进中国式现代化的决定》对深化生态文明体制改革作出战略部署，明确提出"编纂生态环境法典"。编纂生态环境法典是在法治轨道上全面推进美丽中国建设、实现人与自然和谐共生的现代化的重大举措，具有

---

① 罗丽：《论我国环境法法典化中的若干问题》，载《清华法学》2023 年第 4 期。

重大的时代意义、理论意义、实践意义和世界意义。自进入新时代以来，习近平总书记高度重视生态文明建设，强调"只有实行最严格的制度、最严密的法治，才能为生态文明建设提供可靠保障"。在习近平法治思想和习近平生态文明思想的科学指引下，"生态文明建设""把我国建设成为富强民主文明和谐美丽的社会主义现代化强国"写入宪法，成为党和人民的共同意志，以法律为支撑的生态文明制度体系不断健全。习近平法治思想和习近平生态文明思想凝聚着我们党对社会主义法治建设、人类法治文明发展的规律性认识和对生态文明建设的规律性认识，蕴含着强大的真理力量和实践伟力，为编纂生态环境法典提供了根本遵循和行动指南。①

2021年3月1日施行的《长江保护法》第3条规定，长江流域经济社会发展，应当坚持生态优先、绿色发展，共抓大保护、不搞大开发；长江保护应当坚持统筹协调、科学规划、创新驱动、系统治理。第4条规定，国家建立长江流域协调机制，统一指导、统筹协调长江保护工作，审议长江保护重大政策、重大规划，协调跨地区跨部门重大事项，督促检查长江保护重要工作的落实情况。第5条规定，国务院有关部门和长江流域省级人民政府负责落实国家长江流域协调机制的决策，按照职责分工负责长江保护相关工作。长江流域地方各级人民政府应当落实本行政区域的生态环境保护和修复、促进资源合理高效利用、优化产业结构和布局、维护长江流域生态安全的责任。长江流域各级河湖长负责长江保护相关工作。第6条规定，长江流域相关地方根据需要在地方性法规和政府规章制定、规划编制、监督执法等方面建立协作机制，协同推进长江流域生态环境保护和修复。

以上立法为我们研究长江流域生态环境协同机制提供了新的指引和新的思路。实际上各国都是通过环境领域的不断立法来解决经济和环境领域出现的新问题和新矛盾。

（一）欧盟环境法治的发展

欧盟环境法受世界环保潮流的影响，对环境法律制度和原则的规定往往处于世界领先水平，并且欧盟法院利用司法手段解决环境问题，实施严厉的环保法规，从而使"纸上的法变为活法"，发挥了环境法的实质作用。欧盟在环境法领域实行"一体化原则"，并在20世纪90年代掀起"环境法法典化运动"，以立法整合为指向，打破单行法壁垒，从整体保护的高度统筹处理和一

---

① 吕忠梅：《深入研究生态环境法典编纂的基本问题》，载《人民日报》2025年3月29日第1版。

体化安排环境保护事务。① 实现各成员国在经济发展中增加环境影响评价制度，权衡经济发展与生态保护的利益关系，施行环境法治理念以及环境保护优先于经济发展的政策，使生态环境治理和环境保护不被社会经济活动以各种理由侵害。

欧洲法院通过裁决欧盟机构和成员国的环境纠纷达到跨区域解决环境风险和生态问题的效果。与此同时，欧盟成员国也有着自己的环境保护措施，如芬兰通过设立环境法庭、水法庭和环境许可办公室等举措应对环境资源领域的专业技术性问题，发挥专业机构的优势，能够集中处理因环境污染和生态破坏引起的环境风险。此外，芬兰的法院特别重视"环境民主理念"，重视社会公众参与到环境保护和生态环境治理过程中，起到监督政府和社会组织在环境保护领域的不作为和破坏行为。

与芬兰在环境保护和生态环境治理方面实施类似措施的还有瑞典。自颁布环境法典后，瑞典国内改水法庭为环境法庭，为环境保护提供集中的司法裁决，为环境保护与生态环境治理提供司法保障。但是，瑞典还存在环境法律重叠、冲突和矛盾，行政机构在环境保护管理领域职能交叉等问题。在瑞典加入欧盟之后，为了实现成员国与欧盟的法律体系的协调，瑞典在环境法领域取得较快的进步，极大地解决了该国环境法的冲突与矛盾。

德国环境保护立法以循环利用为核心，建立了层级分明、功能互补的环境保护立法体系，以预防原则和责任原则作为环境保护的基本原则，同时保持着与欧盟环境法律的同步。此外，德国对环境违法行为规定了严厉的刑事处罚措施和巨额罚金，通过强化环境刑事责任和环境民事责任达到环境保护主义的彻底贯彻；德国在环境执法领域采取执行权与决策权相分离的模式，从而保障"相对集中的行政处罚"，实现环境执法的公平；必须强调的是德国设立的环境保护警察制度，该制度在世界范围内都是一种大胆的改革与尝试，走在世界环境保护与生态环境治理领域的前列，实现了环境执法的专业化、规模化与高效化；德国更加强调发挥公众对环境保护执法的协同配合与监督作用，在生态环境治理和环境保护领域贯彻公众参与原则，推动政府与公众的合作，达到在最低成本下保护好生态环境，为公众提供优质的"绿色产

---

① 巩固：《生态系统方法视野下的环境法典编纂：方向与思路》，载《法治研究》2023 年第 3 期。

品"。① 欧盟以其完善的环境法律制度体系，走在世界环境保护事业的前列，以其健全的审判保障机制，为环境司法配置审判资源，保障环境案件审理的专业化，促进环境纠纷的及时解决。尤其是德国的"服务理念"在环境保护领域的适用，极大地激发了社会公众对环境保护的热情与信心，这为我国环境法律的改革提供了重要的价值理念。

（二）日本的环境保护法治

经济发展到一定程度就会引发环境问题的发展规律对日本来说也不例外。20世纪六七十年代的日本处于经济高速发展的阶段，但同时日本也处于污染极其严重的境地，曾被称为"公害列岛"和"世界公害先进国"。② 随着日本国内的环保主义和环境行动主义的影响扩大，政府开始重视生态环境治理和环境的污染防治工作，这种自下而上的环保运动增加了国家和社会对环境问题的普遍重视，尤其是在西方现代民主国家环保主义思潮的影响下，唤醒了社会公众对环境治理的意识，促进了保护环境的非政府组织大量出现，同时激起了民众的环境民主观念，促进了公众环境意识的提高，在这一时期出现的环保活动家被称为激进的环保主义者。

第二次世界大战后的日本是东亚地区率先进入工业化的国家，日本的经济也开始进入"爆发式"增长期，大规模的工业园区以及铺天盖地的基础设施的建设造成各种各样的生态灾难和环境危机，环境污染引起的人身伤害和财产损失激起社会公众的强烈不满，于是从20世纪60年代到70年代，从社会公众环境保护意识的觉醒到开展环境保护运动持续了十年，这其中包括四次大的环境保护运动，产生了一大批由环境保护主义者组成的非政府环境保护组织。③ 从上述情况来看，日本的环境保护运动和公众环境保护意识的觉醒和美国几乎处于同一时期，这与日本当时的政治领导和国际经济发展的状况有极大的契合性。

地方性的环境污染往往造成跨国界的环境问题，控制环境污染的努力可能同时会限制经济的增长速度，鉴于环境污染的跨国界性质，日本开始考虑利用现代科学技术手段防治环境污染和生态破坏。同时，日本在治理环境污

---

① 孙佑海等：《可持续发展法治保障研究（上）》，中国社会科学出版社2015年版，第179页。

② 马骧聪：《环境法治：参与和见证》，中国社会科学出版社2012年版，第16页。

③ Fengshi Wu, Nongovernmental Organizations and Environmental Protests: Impacts in China, Japan and South Korea, Routledge Handbook of Environment and Society in Asia. 2016, pp. 25−33.

染方面的成功还得益于实行严格的执法手段和给予受害人便捷的救助措施，这对于 20 世纪 60 年代的日本公害事件具有很强的治理效果。此外，日本以体系化的环境法、重视受害人的人身保护和财产权利的维护，以及严厉的制裁措施使日本的环境污染得以有效缓解，并解决了社会公众对环境产品需求的满足。

（三）我国环境法律法规制定的内在需求

通过梳理发达国家在生态环境治理和环境保护方面的经验可知，我们应该调整对环境的理解和管理方法，将环境风险纳入环境决策机制中，在发展经济过程中注意考虑经济活动对环境的影响，尤其是在基础设施建设过程中，应当避免造成不必要的环境污染和生态破坏；对于跨区域的环境污染和生态破坏应当建立专门的机构加强管理，梳理各行政区域之间的环境利益，对生态保护区实施必要的生态补偿，对有条件的地方实行环境物权化的管理模式，允许社会资本参与到长江经济带的生态环境治理中去，借助强大的社会资本对生态环境和自然资源实行环境合同制度，利用合同机制维护社会资本对环境资源的利益；加强对生态环境治理的监督，这种监督一方面是对政府机构在长江经济带进行生态环境治理时的监督，另一方面要加强对非政府组织或者社会团体在维护生态环境时的监督。

在环境法律的建设上，应当加快建设行之有效的生态环境法典，使环境政策和环境法规相互衔接与配套。同时，良好的环境法应包含环境伦理的价值理念，这不仅是出于良法的考虑，也是与国际环境法接轨的内在要求，毕竟现在的地方环境问题往往具有国际性，加强国际合作与交流应成为我国环境法制建设今后的努力方向。我国长江经济带的生态环境治理应当契合国际环境领域的交流与合作的价值理念，并且能够实行环境民主和生态伦理的价值理念，明确环境法的内涵与表征，为长江流域复杂的生态环境治理提供国际智识的支持；改变传统环境法规与当前生态环境治理和环境保护不相符合的制度和原则，尤其是真正贯彻实施环境保护优先的价值理念，真正实现环境执法的规范化和专业化，形成环境司法的模式化和专业化，理顺环境管理机制，以最低的成本发挥政府在生态环境治理中的效果，做到预先规划长江流域的生态环境治理方案，协调各行政机构在生态环境治理方面的关系，发挥各机构专业性的优势，打破各机构之间的信息不对称。

另外，建立成熟的环境公益诉讼制度，通过专门的司法途径集中处理环境问题也是我国目前在环境领域作出的有益探索。目前我国在环境公益诉讼制度方面已有成熟的经验和做法。充分发挥公众参与制度的优势，逐渐形成普遍的环境民主，唤醒社会公众的环境保护意识，清晰界定社会公共利益的边界和内涵，从而为协调长江经济带各行政区域的利益关系提供支持。明晰自然资源的产权制度，为社会公众提供更多的生态产品，规范政府的征收征用行为，提高政府生态环境治理的透明度，及时公布生态环境治理和环境保护的信息，建立畅通的利益表达机制和司法救济机制等。

四、可持续发展需求

无论作为个体、团体还是国家，我们的一切处境都与地球和环境密切相关。[1] 可持续发展理论的出现是人类对传统发展观进行反思的结果，是人类为应对工业文明下经济发展的不可持续性提出的，更是对保护人类的生态环境与资源的可持续利用提出的。可持续发展理论作为现代环境法伦理道德的内在要求，为环境法提供了新的世界观和法律观，对于维护环境公平和环境正义具有重要价值。可持续发展观作为环境法的目的之一，要求实现人类社会经济的可持续进行和自然资源的可持续利用。这种可持续发展观的提出对于解决贫困、贫富差距的扩大、经济发展秩序和理念的转变具有重要意义，同时也有利于环境民主和环境伦理理念的深入发展。

（一）可持续发展的经济要求

可持续发展是在过去几十年的环境保护运动中发展起来的，其含义通常被认为是发展既满足当前的需要也不损害后代满足自身需要的能力。这有助于解释可持续发展包含的若干领域，并强调可持续性是环境、经济、社会进步和公平的理念。

马克思对资本的积累曾有过深刻的论述，对人类经济发展的进程有着精细的解析。对于经济落后的国家尤其是发展中国家来说，实现本国经济发展最直接和最快速的方法就是对自然资源的开发利用，而贫穷落后的国家或者地区在资源开采利用方面往往是以掠夺性的方式进行的，这种扭曲的"资源—经济"模式往往忽视保护生态环境和资源的可持续利用，对资源进行枯竭式开采往往会破坏经济发展的持久动能，造成生态破坏、环境污染乃至生态危机，直至陷入生态环境治理的"贫困模式"。

可持续发展的经济政策内含环境政策和生态环境治理的有序推进，并且逐步以生态法治的方式治理环境风险，坚守经济发展的生态底线。第三次工

---

① 万劲波、赖章盛：《生态文明时代的环境法法治与伦理》，化学工业出版社 2007年版，第 60 页。

业革命催生了现代财富的新形式——利用自然资源积累财富，而目前人类正在进入新一轮的科技革命当中，对经济发展的质量要求更高，不可能仍像过去采用粗放模式利用资源，新科技的产生助推高科技在环境资源利用领域的进步，清洁、高效和可再生资源获得社会各界的认可，实现在利用自然资源时避免造成资源的浪费和对环境的破坏。此外，在贸易国际化和资本快速积聚的过程中，提高资源利用率和减少对自然界污染物的排放也是企业获得持久性发展的社会基础，让生态伦理价值理念渗入企业发展的血液中是现代企业在市场经济中立于不败之地的必然要求。

良性的资源循环利用是市场经济竞争的重要条件，是应对我国快速城市化和大量人口的必然要求。竞争性的工业化良性经济发展模式往往植根于资源贫乏的工业化初期，而资源贫乏是制约企业经济发展的瓶颈，一旦现代企业掌握关于资源综合性的开发、科学利用等领域的各项技术手段，往往迫切要求实现，从而达到可持续利用的经济利益目的，并且实现企业生态环境治理的社会责任。长江经济带占据我国较大比重的经济体量，在该流域有着密集的人口分布、工业重镇和经济中心城市，但是该流域的资源环境承载力不可能承载无序的经济发展，要想使长江经济带走上长期稳定与可持续发展的道路，就必须改变传统落后的粗放型经济发展模式，提高资源利用率，加快该地区的生态环境治理进程，形成各地区协同治理各种环境风险的体制，防止长江经济带因生态资源匮乏和生态环境被破坏而陷入系统性的经济风险或者经济危机之中。

（二）可持续发展的环境法要求

自人类于 20 世纪进入工业社会以来，在毫无节制的经济利益驱动下，大量的温室气体和各种化学污染物的肆意排放引发全球气候变化，这种由气候变化引起的极端天气对全世界有着普遍的影响，全球变暖会引发一系列的环境风险和生态灾难：造成海平面上升导致淹没沿海陆地以及农业受损。因此，我们应该清醒地看到，在我国生态环境法治的道路上必须选择可持续的治理机制。

当前我国面临着环境污染和气候变化等诸多问题，如何改进环境立法、执法和司法的质量是我国目前亟须解决的重大问题，尤其是发挥环境法的实际作用，避免环境法面对经济发展成为"软法"，维护环境法的刚性约束作用，提高环境法的执法手段和司法保障能力。

可持续发展需要协同人与自然的关系，协同人际关系的利益机制，而这种机制需要遵循公平的行为准则和改善调控策略来协同有限资源和社会财富的合理分配，负起保护环境和社会文明的职责和义务。① 预防原则和环境影响作为环境法的基本原则和基本制度，在我国环境法中处于极其重要的地位，被认为是环境法对可持续发展的贡献。

可持续发展意味着环境保护和经济发展，可持续发展理念有助于人类在追求经济发展的过程中实现生态环境保护的内在协调。由此可见，可持续发展与经济发展和环境保护相互依存、相辅相成。此外，环境法应考虑到代际公平原则在经济社会可持续发展中的作用，经济发展的成果不仅要惠及本代人，还要惠及后代。国际环境法中含有大量的可持续发展的理念，如要求环境保护与经济发展之间的平衡，以及主权国家在利用本国生物资源和生态环境时不得造成邻国的生态破坏和环境污染等，国际环境法将可持续发展视为一项规范化的基本原则，也视为对经济发展的一种"干预原则"，强调在经济发展中保护生态环境，不能造成生态破坏和资源的掠夺式使用，要求在经济发展过程中不能引发环境风险和生态破坏。这种严格责任原则的规范化有利于生态环境的持久保护和人类社会的持久发展。同时，环境法的修改应当考虑到环境风险的隐藏性和技术的评估难度，发挥环境法预防原则的灵活性，加强对环境执法的监督检察力度，提升环境影响评估在工程项目中审批的地位，防止造成生态破坏的事后补救违规操作等问题。

（三）经济、社会和环境平衡的需要

可持续发展往往涉及全球的贫困、不平等和环境退化等问题，而且人们往往认为，我们必须在经济发展和环境保护之间作出选择，实际上经济发展并非必然造成生态破坏和环境污染等问题。更重要的是，实现可持续发展，需要将经济、社会和环境这三大支柱以平衡的方式结合起来，应该认识到环境与发展之间没有矛盾。

2005 年联合国发布的《千年生态系统评估报告》指出，世界上每个人都依赖生态系统提供给人类的食物、水和能源等服务，但是人类的活动把地球带到了大量物种灭绝的边缘，并进一步威胁到人类自身的生存和发展。我们应该认识到，人类对生态系统的破坏会阻碍实现人类千年发展目标，除非人类改变态度，否则对生态系统造成的损害将在未来继续恶化。同时我们应该认识到，保护生态环境和自然资源需要政府、企业和环保机构的共同协作努力。

---

① 万劲波、赖章盛：《生态文明时代的环境法法治与伦理》，化学工业出版社 2007
年版，第 77 页。

生态环境恶化关系到每个人的生存问题，不对环境进行必要的管理不可能发展好经济，更不可能促进社会的长期稳定发展。发展不能成为人类生存的代价，如果地球上人类的生存变得艰难，那么发展就变得毫无意义。联合国《里约环境与发展宣言》指出了生态环境与现代经济社会发展的相互关系，强调经济和社会的发展不能以牺牲人类共同的生活环境为代价，这对于我国长江经济带的生态环境治理具有重要的借鉴意义。要求该流域在推进城市化的进程中以保护生态环境为前提，不能以短期的社会发展而牺牲该流域的生态环境和自然资源。

环境影响评价不仅是国际环境法的一项基本原则，也是我国环境法的基本原则，并在我国生态环境治理中发挥着重要的指导作用。防止和减少环境污染和生态破坏，促进经济社会的可持续发展，需要通过环境影响评价机制为普通民众提供参与公共决策和公共安全的机会，借助环境影响评价制度的独立性和公正性达到保护环境和发展经济的平衡。[1]

《人类环境宣言》对平衡环境和经济社会发展的关系同样作出重要论述：防止环境污染和生态破坏对人类的生存发展造成不利影响，维护人体健康和生物多样性等。事实证明，维护生态环境和经济社会发展的平衡是人类经济发展的持久动力，也是使人类通过生态系统获取更多发展资源的必要条件。

环境伦理与环境道德要求社会各界认识到维护生态安全的意义与价值，深刻理解人与自然和谐共生的重要性，做到尊重生态环境与经济发展的内在规律，按照生态规律办事。可以说要解决现代人类面临的各种环境危机和生态风险，就必然要求改变原有的经济发展模式和传统的生态伦理观，在尊重环境伦理的基础上调整人的相关行为。

长江经济带建设中生态环境协同治理是我国经济社会可持续发展的要求，也是实现我国环境保护和防治污染的重要契机，借此机会可以促进我国环境法吸纳新的环境伦理道德观以及环境民主的价值理念。长江流域作为沟通我国东、中、西部的"黄金水道"，其密集的工业重镇和人口分布对该地区的环境资源承载力造成巨大的压力，并且随着我国科技的进步和智慧科技在公众生活中的普及，我国公民对生态环境的质量要求越来越高，加上长江流域的自然资源越来越不能满足经济发展的需要，于是提高资源的利用率和改进传统的生产工艺等改革措施势在必行。

---

① Parveen Ara Pathan, Concept of Environmental Impact Assessment and Idea of Sustainable Development, Madhya Pradesh Samajic Shodh Samagrah, 2012, pp. 1–56.

　　跨区域的长江经济带的生态环境治理不可能像单一行政区域内的生态环境治理那样简单，需要综合各个行政区域的利益关系，并处理好各个区域在经济发展过程中环境保护和资源利用的复杂利益关系，并能够以足够的智慧妥善平衡社会、环境和经济发展之间的关系。经济社会的可持续发展需要生态环境治理协同机构处理好生态损害赔偿的问题，并且做好生态福利产品的保障或者说是供给工作。

　　长江经济带的经济动能需要源源不断的能源资源的供应，但各个区域之间的行政分割容易使各个地区形成同一的能源供给大市场，并且大规模的工业生产需要强有力的行政管理机构加强监督和管理，通过建立生态环境治理协同机构不仅可以弥补管理上的不足，而且能够为该经济带的环境保护工作提供强有力的指导，促进环境保护机构环境影响评价、生态补偿和生态环境预防的统一，为该经济带提供完善的生态保障措施，促进经济社会发展和环境保护的协调与平衡。

　　强大统一的生态环境治理机构可以把控该流域经济社会可持续发展的成本效益，促进该地区产出优质的生态福利产品，同时促进该地区形成公平竞争的大市场，为经济发展注入源动力，为社会的和谐可持续发展提供内在动力，为生态环境的保护和治理提供统一的行政规划，实现生态环境治理的高效化。

‖ 第二章 ‖

长江经济带建设中生态环境
协同治理构建的理论基础

第一节　新时代流域生态环境治理的中国特色理论

自党的十八大以来，党中央在习近平总书记的正确领导下，将生态文明建设提升至前所未有的战略高度，统筹推进生态环境保护的全面性、整体性和系统性。我国生态环境保护工作实现了历史性跨越：从局部治理转向整体推进，从被动响应转为主动谋划，从国际环境事务的参与方成长为引领者，从实践积累发展为理论指导与实践创新相互促进。这一系列深刻变革有力推动了美丽中国建设的跨越式发展。①

党的十九大报告对生态文明建设作出重要战略安排，强调要深化生态文明体制改革，加快推进美丽中国建设。报告明确了生态文明建设的时间表和路线图：到 2035 年，我国生态环境质量实现质的提升，美丽中国建设取得重大进展；到本世纪中叶，全面建成社会主义现代化强国，使我国成为综合国力领先、生态环境优美、社会全面进步的现代化国家。

在推进美丽中国建设的进程中，我们要以习近平生态文明思想为根本遵循，认真贯彻落实党的二十大精神和全国生态环境保护大会要求，坚定不移地践行"绿水青山就是金山银山"的发展理念。要统筹把握五对重要关系：高质量发展和高水平保护、重点攻坚和协同治理、自然修复和人工修复、外

---

① 参见 2023 年 12 月 27 日发布的《中共中央、国务院关于全面推进美丽中国建设的意见》。

部约束和内生动力、"双碳"承诺和自主行动；系统推进产业结构优化、污染防治、生态保护与气候治理；协同实施碳减排、污染治理、生态扩容和经济增长。通过完善生态文明制度体系，切实保障国家生态安全，以优质的生态环境促进高质量发展，着力构建人与自然和谐共生的现代化新格局，为中华民族伟大复兴夯实生态基础。[①]

一、流域生态环境治理制度的历史沿革

我国流域生态环境治理制度的发展过程大体可以分为以下几个阶段：一是起步构建阶段（1949-1977 年）；二是走上正轨阶段（1978-2000 年）；三是完善加强阶段（2001-2011 年）；四是战略规划阶段（2012 年至今）。[②]

在起步构建阶段，我国流域治理的重心在于流域内的旱涝灾害的防治以及水利基础设施的建设方面，对于生态环境治理并没有投入太大的精力。此时流域治理的相关制度是靠通知、命令、决定、讲话等形式逐渐形成的，比较简略并且碎片化，不成体系。例如，1952 年 1 月政务院财政经济委员会发布的《基本建设工作暂行办法》，1952 年中央防汛总指挥部发布的《关于1953 年防汛工作的指示》，1963 年国务院发布的《关于黄河中游地区水土保持工作的决定》等。在这一阶段的末期，也就是 70 年代末，伴随着改革开放的进行，我们逐渐意识到污染防治的重要性，对于污染的防治作出了一定的要求，但是并没有形成有力的防控制度，代表性的文件有 1973 年全国第一次环境保护会议的情况报告和《关于保护和改善环境的若干规定（试行草案）》等。

在走上正轨阶段，我国流域生态环境治理制度建设进入迅速发展阶段。其原因是从 20 世纪 70 年代末到 21 世纪初，我国经历了经济的迅速发展以及工业化程度的飞速提升，伴随而来的是工业污染物以及生活污染物排放量的急剧增加，由于缺乏相应的处理经验和管理制度，此阶段全国各个流域生态环境质量均遭受了程度不同的损害。为了遏制这一恶化趋势，我国陆续出台一系列流域治理相关法律法规以及政策，初步形成了流域生态环境治理的制度雏形。此时具有代表性的制度文件包括：（1）1978 年 12 月 31 日，国务院环境保护领导小组第四次会议通过《环境保护工作汇报要点》，并得到中共中

---

① 参见 2023 年 12 月 27 日发布的《中共中央、国务院关于全面推进美丽中国建设的意见》。

② 周继钊：《中国流域治理的制度变迁研究》，重庆大学 2022 年硕士论文。

央批准转发至全国。它集中反映了中共工作重点转移时期对环境保护工作的战略部署。《环境保护工作汇报要点》的发布标志着环境保护开始被纳入国家的重要议事日程，并为后续的环境保护工作提供了政策指导。（2）1978年《宪法》对于环境保护的直接规定，将生态环境保护的重要性提高到国家层面，体现出党和国家对于生态环境治理的决心和信心。同时，这也为流域生态环境治理提供了最根本的法律依据。（3）1989年，第七届全国人大常委会第十一次会议对《环境保护法（试行）》进行了重新修订，正式颁布了《环境保护法》。这是生态环境保护制度建设的里程碑，标志着国家层面的统一的环境保护法律制度的出现。（4）1979年实施的《水产资源繁殖保护条例》，1984年实施的《水污染防治法》，1986年实施的《渔业法》，1988年实施的《水法》，1989年实施的《水污染防治法实施细则》，1991年实施的《水土保持法》等。这一阶段的流域生态环境法律制度的建设有力地遏制了水资源污染和破坏的趋势，对全国范围内的流域生态环境质量提升起到了重要作用。但是，此时的流域生态环境治理尚且存在着制度破碎、规定冲突、规定空白等一系列问题，有待于进行进一步的精细化改进。

在完善加强阶段，伴随着我国改革开放速度的进一步加快，我国的工业化体系进一步完善，城市化进程迅猛推进，经济增长速度连年创下新高。但是，取得这些成绩的背后是付出生态环境的沉重代价——水资源消耗和浪费现象严重，流域水污染严重，大量水生动植物种群数量减少或者是种类消失。为了应对这一问题，中央提出了科学发展观、促进人与自然协调发展等一系列号召和具体政策。同时国家颁布实施了多个重要的法律文件，如2003年实施的《清洁生产促进法》《环境影响评价法》，2010年12月25日修订的《水土保持法》等。这一时期更为重要的里程碑事件是"可持续发展"在《中共中央关于完善社会主义市场经济体制若干问题的决定》中被正式提出，作为我国发展的重要战略，为之后的发展方式和治理提供了方向和方式的指引。在这一时期，流域综合治理工作持续深化，相关制度体系不断细化完善。随着一系列流域生态环境保护与开发利用法律法规的相继出台，环境法治体系得到进一步健全。

在战略规划阶段，也就是2012年至今，以习近平总书记为核心的党中央结合以往生态环境治理的实践经验以及科学理论，创造性地提出了"人与自然和谐共生""绿水青山就是金山银山"，即"两山理论"等一系列重要战略和政策，使整个流域生态环境治理工作进入了新的时代和新的阶段。这一时期的流域生态环境治理体系发展迅速并且更加科学合理，更具有针对性：

2014 年修订的《环境保护法》开始实施，2016 年修正的《水法》中作了加强对流域水环境法治建设的规定，2017 年修正的《水污染防治法》主要调整了流域生态环境治理部分条款。另外，我国还于 2020 年通过了《黄河流域生态保护和高质量发展规划纲要》和《长江保护法》等。

总结而言，我国流域生态环境治理制度的变革始终坚持以实践需求为指引，以中央政策为领导，以人民福祉为核心目的的发展方针，在党中央的正确领导下，一步一步地将流域生态环境治理制度进行完善。所以，可以这样说这几个阶段的国家重要指导思想就是我国流域生态环境治理的重要理论基础，尤其是习近平新时代中国特色社会主义思想是我国现在以及将来进行流域生态环境治理的重要指导思想和理论基础，必须正确理解、积极学习并且高效地运用于实践之中。

二、整体性治理理论

党中央在习近平总书记的正确领导下明确要求，必须全力打好碧水保卫战，系统推进"三水"（水资源、水环境、水生态）协同治理。要重点抓好长江、黄河等主要江河湖泊生态保护，完善水功能区划管理机制。切实加强饮用水源地标准化建设，推进应急备用水源工程。坚持整体施策，对山水林田湖草沙实施系统性保护与综合治理。加快推进重大生态保护修复工程，落实草原、森林、河流、湖泊、湿地等生态系统的自然休养制度。持续深化山水林田湖草沙一体化保护修复工作。[①] 这一思想是极为正确的，蕴含着整体性治理理论。

整体性治理理论是一种基于问题导向、功能整合和公众需求的综合性治理模式。该理论通过系统协调与整合机制，着力解决治理过程中存在的层级分割、职能分散以及公私部门协作不畅等碎片化问题，推动治理体系从分散走向统一、从局部走向全局、从割裂走向融合，最终实现为社会提供无缝隙整体服务的目标。[②]

习近平总书记指出："山水林田湖草沙是相互依存、密切联系的生命

---

① 参见 2023 年 12 月 27 日出台的中共中央、国务院《关于全面推进美丽中国建设的意见》。

② 吴勇、刘娉：《流域生态环境协同治理法律机制研究》，载《环境科学与管理》2024 年第 6 期。

体。"① 实际上是要求我们从整体性的角度对流域的全域进行系统性的治理，走出以往以行政区划进行责任划分的小圈子，进入以流域范围进行互相配合、互相支持的流域保护的大圈子。

首先，我们应该认识到整个流域是一个有机的生命体，是由各个环境要素相互结合和相互作用而产生的一个完整的、有机的系统。因此，对单一环境要素的损害通常会引发连锁生态效应，导致流域生态环境整体恶化。由于水资源具有流动性特征，局部水域的污染物会随水流扩散至整个流域，形成"点源污染、全域影响"的负面环境效应。面对这样的客观实际，应当以习近平新时代中国特色社会主义思想指导我们的工作，坚持理论联系实际，尊重客观规律，根据流域生态环境的实际情况来调整我们的工作方式和工作重心。因此，基于流域生态环境的整体性，我们必须以整体性治理理论来指导我们的流域生态环境治理工作，只有如此才能将整个流域生态环境各要素的保护抓好。

其次，基于流域生态环境的整体性导致的损害扩散性，我们的环境保护部门以及环境司法部门也不能仅仅局限于自己行政区划内部一小部分单独的、割裂的流域生态环境的治理，而是应当坚持整体性治理理论，不仅仅局限于单独的行政执法或者司法审判的环节，而是将行政、检察、审判等部门进行跨行政区域的全流域生态环境治理分工与合作的制度设计，设置突破传统行政职能限制和司法职能限制的专门的流域治理机关，提高流域生态环境治理的专门化、科学化和整体化。

最后，基于生态环境的整体性，我们对于破坏生态环境的行为人的责任承担方式也应当坚持多元化和整体化，而不能仅仅局限于传统的民事、行政或者刑事责任。我们的最终目的是预防可能发生的生态环境损害，并且在损害不可避免时尽可能地修复受损的生态环境。因此，对于流域生态环境损害所承担的责任方式也应当是整体的、综合的。不仅要施以必要的财产罚，更应当附加一定的行为罚，即责任人在一定时间内采取恢复生态环境的行为，补救其造成的生态环境损害。② 2019 年，昆明市盘龙区人民法院在滇池沿岸公开审理了一起非法捕捞水产品案并当庭宣判。经审理，法院认定两名被告人构成非法捕捞水产品罪，依法判处每人 2000 元罚金，并没收公安机关扣

---

① 《习近平谈治国理政（第四卷）》，外文出版社 2022 年版。
② 刘志仁：《黄河流域生态环境协同治理司法协作机制的构建》，载《法学论坛》2023 年第 3 期。

押的作案工具。同时，判决要求两名被告人分别向滇池投放价值 4000 元的高背鲫鱼、花白鲢鱼和鳙鱼鱼苗进行生态修复补偿，还须通过新闻媒体向社会公众公开致歉。①

三、协同治理理论

协同治理理论（亦称协同学）着眼于探究多元系统间的共性与特性关系。该理论通过识别系统间的共通要素，促使这些要素从混沌状态向有序状态转化，从而在统一框架下形成协同发展的运行机制。值得注意的是，这一理论不仅能够阐释自然界的物理规律，同样适用于分析社会人文领域的复杂现象。② 协同理论由德国物理学家赫尔曼·哈肯首次提出，该理论的核心在于探究系统如何通过内在的协同机制，自主演化出具有时序性、空间性和功能性的有序结构。③ 随着国家治理体系和治理能力现代化的深入推进，协同治理作为一种创新性的治理模式应运而生。这种治理模式通过整合多元主体资源、优化治理结构、创新运行机制，在实践中展现出显著成效，已被证明是适应复杂治理环境的有效路径。其核心要义在于打破传统治理的条块分割，构建政府、市场、社会等多方协同共治的新格局，为实现治理现代化提供了重要的实践方案。④

以习近平总书记为核心的党中央指出，为推进生态文明建设，需要系统推进体制机制改革创新。重点在于深化生态环境保护领域制度变革，实现制度整合与机制创新的协同推进。在法治保障方面，要加快完善生态环境保护法律体系，推动生态环境、资源能源等领域的立法修法工作，推动生态环境法典编纂进程。同时健全环境公益诉讼制度，加大生态环境司法保护力度，系统实施生态环境损害赔偿制度。要着力构建行政执法与司法联动机制，在信息共享、形势研判、证据收集、纠纷调解、生态恢复等环节强化协作配合。建立覆盖山水林田湖草沙的一体化保护治理体系，实行最严格的生态环境保

---

① 《昆明宣判一起非法捕捞水产品案：判被告投放 8 万尾鱼苗入滇池》，https://www.gov.cn/xinwen/2019-06/04/content_ 5397399. htm，最后访问时间：2019 年 6 月 4 日。

② 吴勇、刘娉：《流域生态环境协同治理法律机制研究》，载《环境科学与管理》2024 年第 6 期。

③ 蒲春平、李毅：《黄河流域环境司法协同机制：出场逻辑、现状检视与推进路径》，载《东华理工大学学报》（社会科学版）2022 年第 6 期。

④ 刘建伟：《习近平的协同治理思想》，载《武汉理工大学学报》（社会科学版）2018 年第 1 期。

护制度，形成从源头到终端的全过程监管格局。[①]

从流域生态环境治理的角度来看协同治理理论，实际上是要求流域范围内的各个行政区域打破传统的"一亩三分地"的思维定式，由过去的要求对方能为自己做什么变成大家抱成团朝着顶层设计的目标一起做。[②] 这并不是说传统的行政区划制度一无是处，对于流域生态环境保护只起到了阻碍作用，而是说应当重新定位行政区划的功能划分以及管理理念。将各个行政区划作为整体的流域生态环境治理的最小单位、最小分子。只有每一个行政区划都最大限度地尽到自己的生态环境保护职责，并且相互配合、互通信息，才能达到流域生态环境治理的整体化、系统化改革的理想效果。

除了行政机关与检察机关、审判机关的协同，协同治理理论还应该包括整个社会不同主体之间的协同合作，如企业、新闻媒体、公民等主体。从最基本的方面说，只有作为社会最小单位的公民个人以及作为整个经济体系最小细胞的企业能够自觉地保护流域生态环境和制止破坏流域生态环境的行为，整个流域生态环境保护才能从依靠外力的强制监督转变为依靠社会主体的自觉来维持的自发性行为。所以，协同治理理论除了要求司法机关内部进行协同合作，还要求整个社会的各类主体相互协同合作，构建"政府主导—公众监督—专家智库—市场调节"四位一体的流域多元共治体系，实现流域环境治理效能的整体提升。为此，目前需要解决的问题主要集中于三个方面：第一，部门间协同不足。目前大部分的流域治理模式依然存在各行其是、各自为政的情况，虽然建立联席会议或者协同机制已经成为一种"潮流"，但是实际上实施细则依旧不足，能够实际落地的具体机制依然很少。第二，主体间协同不足。就目前来说，对于流域生态环境治理主要依靠政府主导，以司法力量作为强制性保障，但是对于其他主体的参与空间、积极性、参与保障程度等都没有明确的规定。对于非公权力主体来说，参与流域生态环境治理的空间依然狭窄，如此情况一方面导致其他社会主体认为流域生态环境的治理与自己无关，属于政府的事；另一方面又加大了政府生态环境治理的难度和成本，实际上不利于高效地进行流域的生态环境治理。第三，法律体系不健全。目前的流域生态环境治理存在着许多地方法规或者地方政策，但是能够

[①] 参见 2023 年 12 月 27 日出台的中共中央、国务院《关于全面推进美丽中国建设的意见》。

[②] 中共中央文献研究室编：《习近平关于社会主义经济建设论述摘编》，中央文献出版社 2017 年版，第 248-250 页。

组合成为一个完整严谨的流域生态环境治理的法律法规体系的却极少存在。这就导致了虽然顶层的流域生态环境治理的文件和框架性法规很多，但是实施起来效果却并不显著，因为原则性、倡导性的框架性约定实际上没有办法指导具体的实际工作。

第二节　可持续发展理论

工业文明催生了 20 世纪的巨大生产力，使人类对资源环境的利用达到"登峰造极"的地步，在带来巨大经济利益和改善民众生活水平的同时也引发了巨大的生态危机和环境风险。20 世纪几乎所有的发达国家都经历过环境污染和各种生态危机事件，如日本的"公害"事件、美国洛杉矶光化学烟雾事件和伦敦雾霾等，迫使各国开始关注环境资源的保护问题，尤其是如何实现人类社会经济和环境的可持续发展等问题逐渐成为各国关注的焦点，于是国际社会迫切需要一场"人类可持续发展会议"来研究经济、社会和环境的可持续发展问题。

中国的可持续发展理念经历了从国际引入到本土化实践、再到全球引领的渐进发展过程，其历程可概括为以下几个关键阶段：第一个阶段，国际理念引入与本土化探索（20 世纪 80 年代-1994 年）。1980 年国际自然保护同盟提出"可持续发展"概念。1987 年联合国《我们共同的未来》报告明确定义"满足当代需求而不损害后代利益"的发展模式。1992 年联合国环境与发展大会通过《21 世纪议程》和《里约宣言》，中国积极响应并开始制定本土化方案。1994 年 3 月，国务院通过《中国 21 世纪议程——中国 21 世纪人口、环境与发展白皮书》，成为全球首个编制国家级可持续发展行动方案的国家，标志着中国从理论走向实践。[①] 第二个阶段，战略上升为国家意志（1995-2000 年）。1995 年党的十四届五中全会将可持续发展战略写入"九五"计划建议，首次在党的文件中提出"实现经济与社会协调和可持续发展"。1996 年"九五"计划纲要将其纳入国家意志，1997 年党的十五大进一步明确为经济发展核心战略之一。第三个阶段，深化与制度创新（2001-2010 年）科学发展观指导下的体系完善。2003 年提出"科学发展观"，强调"全面、协调、可持续"发展。2005 年国务院发布《关于落实科学发展观加强环境保护的决

---

① 周楚卿：《新中国峥嵘岁月、可持续发展》，载新华网，http://www. xinhuanet. com/politics/2019-10/29/c_1125165645. htm，访问日期：2025 年 3 月 13 日。

定》，将环保提升至战略高度。2006 年第六次全国环境保护大会提出"三个转变"，推动环境治理从末端治理向全过程控制转型，环保理念进一步制度化。[①] 2007 年《国家环境保护"十一五"规划》明确减排目标，逐步建立碳排放权交易等市场机制。2010 年后，中国在联合国气候峰会上承诺碳减排目标，展现国际责任。第四个阶段，全面转型与全球引领（2011 年至今）。2020 年 9 月 22 日，国家主席习近平在第七十五届联合国大会上宣布，中国力争在 2030 年前二氧化碳排放达到峰值，努力争取 2060 年前实现碳中和目标。

习近平生态文明思想的鲜明主题是努力实现人与自然和谐共生。人与自然是生命共同体，生态兴衰关系到文明兴衰，如何实现人与自然和谐共生是人类文明发展的基本问题。习近平总书记站在中华民族和人类文明永续发展的高度，深刻把握人类社会历史经验和发展规律，汲取中华优秀传统生态文化的思想智慧，直面中国之问、世界之问、人民之问、时代之问，坚持用马克思主义之"矢"去射新时代生态文明建设之"的"，以马克思主义政治家、思想家、战略家的深刻洞察力、敏锐判断力、理论创造力，围绕人与自然和谐共生这一主题，深刻阐释了人与自然和谐共生的内在规律和本质要求，深刻揭示并系统回答了为什么建设生态文明、建设什么样的生态文明、怎样建设生态文明等重大理论和实践问题，为中华民族伟大复兴和永续发展提供了强大的思想武器，为人类社会可持续发展提供了科学的思想指引。坚持人与自然和谐共生。这是我国生态文明建设的基本原则。习近平总书记指出："自然是生命之母，人与自然是生命共同体"。中国式现代化具有许多重要特征，其中之一就是我国现代化是人与自然和谐共生的现代化，注重同步推进物质文明建设和生态文明建设。必须敬畏自然、尊重自然、顺应自然、保护自然，始终站在人与自然和谐共生的高度来谋划经济社会发展，坚持节约资源和保护环境的基本国策，坚持节约优先、保护优先、自然恢复为主的方针，努力建设人与自然和谐共生的现代化。坚持绿水青山就是金山银山，这是我国生态文明建设的核心理念。习近平总书记强调："绿水青山既是自然财富、生态财富，又是社会财富、经济财富。"实践证明，经济发展不能以破坏生态为代价，生态本身就是经济，保护生态就是发展生产力。必须处理好绿水青山和

---

① 程恩富、王新建：《中国可持续发展：回顾与展望》，载中华人民共和国国史网，http://www.hprc.org.cn/gsyj/yjjg/zggsyjxh_1/gsnhlw_1/jjgslw/201110/t20111019_4004419_2.html，访问日期：2015 年 3 月 13 日。

金山银山的关系，坚定不移保护绿水青山，努力把绿水青山蕴含的生态产品价值转化为金山银山，让良好生态环境成为经济社会持续健康发展的支撑点，促进经济发展和环境保护双赢。①

一、可持续发展理论概述

在目前人类科学技术水平下，经济全球化附带产生了生态危机的全球化，这种生态危机与全球生态系统运作的方式有关，即人类同时处在两个环境中——社会和文化。为了克服生态危机对人类的消极影响，需要我们实施可持续发展，从而为人类自己和自然环境提供最佳的发展条件。② 我国在可持续发展方面的研究很多，并且我国已经把可持续发展理念上升为国家发展战略，在建设生态文明的同时实现经济社会和环境的友好型发展，摆脱传统的经济发展模式，逐渐把目光转向生态经济和绿色经济，通过建设生态园区等实现生产发展目标，也为社会公众提供更多的生态公共产品等生态福利，满足公众对生态环境这种公共产品的需求。

（一）可持续发展理论的内涵

可持续发展理论于 20 世纪 80 年代开始兴起，"可持续发展"一词最早见于《世界自然保护战略》，之后在美国世界观察研究所发布的《建设一个可持续发展的社会》中提出了可持续发展观，而该理论的正式成型则发端于《我们共同的未来》一书，使得可持续发展思想得以被系统解释和概括。此后在多种国际环境会议中都将可持续发展理论作为重要内容，这与当时粗放的工业文明的发展理念形态有着重要关系。

通常而言，可持续发展指的是既满足当代人需要的发展，又不损害后代人满足其需求的发展。学术界的研究远不止于此，学术界试图从多个角度更加详细地阐释该理论的本质内涵，其中影响较为广泛的是吕忠梅从发展的若干属性的角度对该理论进行的分析。具体来讲，从发展的自然属性来说，经济社会的发展不应超出现有的资源承载力，在当前的技术水平范围内提高生态环境的质量，防止环境污染和生态破坏，践行"绿水青山就是金山银山"的发展理念，为经济社会发展提供持久的发展源泉；从发展的社会属性来看，

---

①　习近平生态文明思想研究中心：《深入学习贯彻习近平生态文明思想》，载《人民日报》2022 年 8 月 18 日。

②　Stefan Konstańczak，Theory of Sustainable Development and Social Practice，PROBLE-MY EKOROZWOJU–PROBLEMS OF SUSTAINABLE DEVELOPMENT，2014，pp. 37–46.

经济社会的发展应该满足人类社会基本的生存发展需要，为社会公众提供更高质量的生活方式和生产环境，为社会公众提供更多高质量的生态产品或者生态公共产品，为公众的生活提供便利，在发展经济的过程中能够保障人类的生命健康；从发展的经济属性来看，不应当以牺牲环境资源为代价发展经济，更不能以环境资源换取经济的短期发展，生态环境的脆弱性、环境资源的有限承载力以及生态修复的难度等因素要求经济发展必须适应生态系统的自然规律；从发展的科技属性来说，可持续发展理论要求以最少的环境污染发展经济，减少污染大、排放多和污染大的生产企业，提高自然资源的利用效率，改进生产工艺等，为经济社会的可持续发展奠定基础，为人类的生存发展提供良好的生态环境。[①]

可持续发展理论发展到今天，更关注"环境民主"和"环境伦理道德"，强调社会公众共同参与到保护生态环境的行列中来，提高社会的环境保护意识，将生态环境的保护和治理提高到人类社会的伦理道德层面——环境道德，这是环境问题、资源能源危机和环境保护运动在现代社会经济下的一种产物，是环境保护运动的结晶，不仅强调人与人之间的伦理道德关系，也强调人与自然或者说是人与生态环境之间的道德关系，倡导人类在自然环境中负有的义务和责任。

（二）可持续发展理论的特征

经济发展和环境污染往往受到学术界的关心，同时也受到利益群体的关注。因为经济社会发展到一定地步，利益群体便开始更多地关心生态环境的保护问题——此时的高收入者需要高质量的生活方式和持久的经济发展动力和发展环境，他们往往有经济实力发起环境保护运动，能够影响国家的经济发展理念和模式。

对于可持续发展理论来说，无论是出于"人类中心主义"还是"生态中心主义"抑或是"人与自然和谐共生主义"，都要求实施环境保护和生态环境治理。对于可持续发展理论的特征而言，主要有以下几点：可持续性、公平性、共同性和发展性等。

对于可持续性来说，国际社会在共同努力下制定了一系列规定。《京都议定书》的发布与实施象征着人类社会开始进入生态环境治理的实际运行阶段，该议定书要求发达国家率先进入生态环境保护的行列，减轻发展中国家的发展压力，同时秉持共同但有区别的原则承担减排任务；《巴黎协定》对全球生

---

① 吕忠梅：《环境法原理》，复旦大学出版社 2007 年版，第 84 页。

态环境治理确定了具体的减排目标和时间表，这对于今后人类经济社会的可持续发展而言具有里程碑式的意义——意味着可持续发展理念的胜利。此外，可持续性强调经济发展必须在环境资源的承载力内，不能以牺牲环境资源为代价换取经济的短时发展，必须重视生态系统在人类社会发展中的重要作用，在实现生态资源的永续利用的同时做好生态系统的可持续性维护等。

可持续发展理论的公平性，一方面，不仅要求实现经济社会发展的代内公平，还要实现代际公平；另一方面，为同时期的公众提供公平的发展机遇或者说平等的发展机会，为公众提供公平的分配权和发展权，将"环境民主"提升为"环境公平"，让公众在参与生态环境保护过程中能够获取公平的生态产品，为社会公众提供公平的发展机遇，矫正生产和分配的不公平。

可持续发展的共同性，是指在经济社会的发展过程中实现最大多数人经济利益的最大化增加和社会公益的最大化普及，使得最大多数人能够在可持续发展理念支撑下的共享经济模式中拥有实实在在的成果，让社会公众共享生态公共产品和生态环境产生的生态福利；可持续发展的共同性还要求实现人与自然的共同进步与发展，在实现经济社会良性运转的同时，使得自然资源、生态环境能够得到妥善的防护，真正有效地组织好防止环境污染、生态破坏与改善生态环境的工作，推动在经济发展过程中有效实施各项生态环境治理工程。

如果说可持续性是可持续发展理论的手段，那么发展性就是可持续发展理论的目标。发展性体现了人类社会经济发展的本质特征，是经济发展的直接体现，是人类社会获取更多物质生活资料的基本体现。可持续发展理论不仅要求实现经济社会的持续性，还要在可持续性的道路上实现经济发展，如果仅以可持续性作为该理论的目标，那么这种理论注定是失败的，并且在实践当中也行不通。因此，人类社会需要生态环境的可持续、经济利益的可持续，更需要在可持续性的过程中实现人类自身经济利益的发展、生态文明理念的改进与生态环境的保护。

二、可持续发展理论与环境法的关系

可持续发展理论和环境法相互联系，两者都旨在造福人类。从可持续发展的角度来看，环境法的目的和功能在于为人类社会的发展提供可持续的资源环境，通过法律这种强制性的国家权威来纠正不当的资源利用和损害环境的行为，从而为经济发展创造有利的资源环境条件，抑制资源的消耗和浪费，控制污染环境的肆意排污行为等。从环境法的角度看，可持续发展理论能够正确引导环境立法，提高环境立法的有效性，以法律的形式确保可持续发展理论在经济社会和资源环境保护中得以落实，促进经济发展和环境保护的平衡，保护公众的环境权益，使生态伦理价值和环境道德在保护环境中得以实现。

（一）可持续发展理论对环境法的影响

随着可持续发展理念成为《21世纪议程》和《中国21世纪议程》的指导思想，可持续发展理论开始进入规范化的实施过程当中，并要求重新审视原有的环境法律法规与可持续发展的关系，制定与可持续发展理念相互衔接的配套法律法规，为环境法的基本理念注入新的观念。要求环境法以明确系统的法律规范制度保障生态环境，保障自然资源的有序开发利用，为生态环境治理和生态环境的保护提供法律支持，改进环境法的司法服务保障功能，提升环境法在保护环境过程中的执法监督检查能力，为公众参与到生态环境治理中提供法律支持。

一方面，可持续发展理论可以为环境法提供理论支撑。

许多国家或者地区都面临着发展经济附随的环境危机问题，而且这种环境危机影响人类社会的规模和范围往往是巨大的，如何处理好经济社会发展和环境保护的关系是许多国家面临的难题，并且对自然资源的控制、民主化使用以及政府如何实现各种利益团体的协调等问题，通常需要以法律的方式来规制。本书从环境法的角度分析如何实现经济与社会的可持续发展，并从可持续发展理论中汲取环境法的理论支撑。

人类中心主义的发展观使得人与环境、社会和自然的关系对立化，这种重视经济利益的人类利己主义往往是短时的，无法使人类社会在生态系统中实现长久的持续发展。这就需要我们重塑人与自然的关系，以环境道德、生态伦理和绿色发展理念为指导，倡导以生态革命和可持续发展的方式促进人类的生存发展。[1] 但是，单纯依靠观念去规范人的行为是行不通的，需要借助法律的强制作用，在环境法中注入生态公平和环境民主等理念，使得环境伦理上升为强制性的法律规范以约束人的趋利行为。

此外，现行环境法律之所以无法实现有效的环境保护和生态环境治理，就是因为环境法经常在生态保护领域让位于经济发展，环境法的权威遭到政治压力和经济利益驱动的挑战，从而无法发挥其本来的功能。可持续发展理论有利于增强公民的环境权意识，明确污染排放者的环境义务和环境责任，

---

[1] 吕忠梅：《环境法原理》，复旦大学出版社2007年版，第91页。

促进环境法合理平衡经济效益和生态效益的关系，改变法律效益的评价标准等。同时，环境法中的可持续发展理论有助于改善人居环境、提高公众的环境意识，实施经济发展和环境保护的综合管理和监管，需要借助可持续发展理论为环境法提供理论支撑，提高环境的可持续性，为环境法的修改和实施提供技术指导，树立环境正义的价值理念，促进生态文明的建设。对于我国长江经济带的生态环境治理问题而言，借助可持续发展理论为环境法提供理论指导，在实现长江经济带繁荣发展的同时保护好该地区的生态环境，实现环境保护和生态环境治理的有效开展，为该流域的经济发展提供持久的动力和发展空间，在处理好长江流域的跨区域生态环境治理的同时，为公众提供宜居的生态环境和优质的生态产品。

另一方面，可持续发展理论可以为环境法提供制度构建功能。

可持续发展理论强调人与自然的和谐共生，要求人类社会在发展经济的过程中，减少能源和资源的消耗，提高资源利用率，减少向自然环境排放污染物，以一种持久的经济发展理念实现人类社会的发展和自然的和谐共处。

20世纪的工业革命催生了人类社会巨大的生产力，使得对能源和资源的消耗量呈现指数式的增长，同时也带来了巨大的生态危机和环境风险，激发大量的环境保护主义者发起了四次大规模的环境保护运动。正是这四次伟大的环境保护运动使得公众的环境意识开始觉醒，公众的环境参与力度得到前所未有的迅猛发展，国际社会的环境民主开始进入各种国际公约当中，并被大多数人所认可。国际上四次大规模的环境保护运动促使可持续发展理论得到较大的发展，并对环境法产生了深远的影响。

可持续发展理论要求环境法平衡经济发展和环境保护之间的关系，要求做到发展经济的同时能够兼顾人与人之间的环境公平和环境正义，为社会公众提供公平的发展机会；同时为代际之间的公平发展指明了方向——既能满足当代人的需求，又不损害后代人满足其需求发展的能力，这种代际之间的公平发展机会能够在推动经济发展的同时为经济发展提供持久的内生动力。因此，环境法的制定不能完全以保护生态环境、防治污染和生态环境治理为目的，还应该实现在保护好生态环境和资源的前提下取得经济发展，没有经济发展的环境法不可能在现实当中得以真正贯彻，不可能成为"良法"，也难以获得公众的普遍支持，所以可持续发展不是环境法的唯一目的。

可持续发展要求环境立法应该改变传统的法律形式，并提出系统性的生态法律观念，建立公众参与的立法形式，加强环境影响评价制度的建设，提升环境法中预防原则的法律效力，这是因为预防原则和环境影响评价制度是可持续发展理论的贡献手段。此外，在改进立法形式的同时还应该加强环境执法监督检查形式，建立专门的环境警察形成专业的执法队伍，在环境监督检查中利用专业化和规模化的力量保障生态环境。另外，通过建立专门的环境法庭等形成专业的司法审判机构，利用高度专业化的司法机关保障经济社会的可持续发展，使环境司法能够为资源环境的保护提供司法保障，使环境法从"纸上的法"变为"行动中的法"，改变环境法"软法"的尴尬境地，使环境法在保护生态环境和生态环境治理当中能够发挥实实在在的效果。

可持续发展观为城市的发展提出了新的目标且注入了新的动力，成为世界各国普遍遵循的一条基本原则和导向。[①] 长江经济带是我国经济的生命线，而跨越若干区域的长江更被誉为"黄金水道"，该流域有着巨大的经济发展潜力，同时隐藏着环境风险和生态危机。长江经济带密布的工业重镇和产业群，再加上大量的人口聚集在该地区，使该流域环境资源承载力形势严峻，如何解决该地区的经济发展障碍和生态环境的治理问题是我国当前面临的突出问题，于是可持续发展理论便进入决策层和学术界的视野。环境法中的可持续发展原则涵盖了经济发展和资源环境的保护问题，能够有力地平衡该地区的经济发展和环境保护的关系，以强有力的法律形式促使该地区的生态环境治理得以有效开展。

（二）环境法对可持续发展理论的影响

近年来，环境问题备受关注，一些国际公约和国际机构等都强调要保护资源环境和治理生态环境，于是可持续发展原则、预防原则和环境影响评价制度成为环境法的重中之重，可持续发展作为环境法的目的之一，是预防原则和环境影响评价制度的理论来源，而预防原则和环境影响评价制度则是可持续发展原则的贡献手段。[②] 国际环境法和多个国际环境公约都已经将可持续发展作为一项极其重要的原则，认为只有可持续发展原则才能实现经济社会发展和环境保护之间的平衡，从而实现经济社会利益的最大化，可见环境保护在经济发展中的重要性——此即经济社会发展中核心的环境保护原则。环境法将可持续发展原则作为核心原则和立法目的，能够有效地应对经济发展中不断出现的环境风险和生态危机。与此同时，环境法给予可持续发展原则规范化的法律原则地位，当经济社会中出现发展权与环境权相冲突时，可借

---

① 付晓东：《中国城市化与可持续发展》，新华出版社 2005 年版，第 15 页。

② Aggarin Viriyo, Principle of Sustainable Development in International Environmental Law, 2012, pp. 18-23.

助可持续发展原则对该矛盾进行利益衡量后的取舍，此时环境法中的可持续发展原则犹如一种"干预原则"，能够及时、高效地处理环境权和发展权之间的矛盾。作为环境法中具有正当法律地位的可持续发展原则，在"干预"环境权和发展权时，还需要借助环境法的预防原则和环境影响评价制度来实施，以防范经济发展中的环境风险和生态危机。

从生态经济学的角度分析，环境风险和生态危机的环境后果往往是严重的和不可逆的，这种情况的出现通常是没有深刻意识到环境的独立性和不可替代性。因此，在经济发展中应当做好环境资源的监管工作，提前做好经济发展和环境保护之间的平衡。生态经济学还要求环境监管转向以效率为导向，进而为环境决策提供理论支持，同时以成本效益分析理论为生态保护和生态环境治理提供最佳选择。[①] 更重要的是，环境法通过设置排污费和许可证等制度为经济发展制定框架，通过排污权交易制度这种环境政策的创新，改变传统的行政命令和控制技术实现低成本的环境监管。此外，环境法中的环境伦理和环境民主则有利于实现环境公平和环境正义，使环境道德成为社会公众的自觉要求。环境法的正外部性可以有效地推动公众对环境权的追求，实现公众参与到环境治理中来。同时，环境法对公众环境权利义务的分配方式有利于迫使污染企业增加社会成本、提高资源的利用率和提升保护资源环境的动力。

可持续发展法治建设，要适应生态文明法治建设，尊重自然生态规律、经济社会发展规律和法制建设规律，维护环境公平和环境正义，加强环境立法、环境执法、环境司法和环境监督检查工作，为实现经济社会的可持续发展提供有力的法治保障。[②]

三、可持续发展理论与经济发展的关系

可持续发展意味着环境保护和经济发展（或者说是经济扶贫）相协调，即在保护生态环境和自然资源的条件下发展经济，两者相互依存并相辅相成。可持续发展要求首先在经济发展中考虑人民的需要，尤其是贫困人口的需求；其次是处理好代际公平问题，既要满足当代人的发展需求，又不损害后代人

---

① Douglas A. Kysar, Law, Environment and Vision, Northwestern University Law Review, 2002, pp. 5-14.

② 孙佑海等：《可持续发展法治保障研究（上）》，中国社会科学出版社 2015 年版，第 45 页。

的发展需求，即当代人在追求经济发展和扶贫的过程中不能损害后代人对未来发展的需求。换句话说，尽管可持续发展的目的是实现脱贫，它可能限制本代人或者以后的几代人在保护环境的前提下发展经济，但这并不意味着经济发展必然受到不合理的限制，尤其是发展中国家，没有环保式的发展可能导致返贫现象多发。① 可持续发展为人类经济社会提供了新的发展方式，有助于实现经济发展和资源环境保护的双赢。

传统的经济学家经常认为人类经济生产受到自然资源条件的限制，他们把人类的经济活动作为一个开放的系统，把向生态系统排放的生产废物与自然环境作为对立的关系对待。相反，生态经济学家则认为，人类经济生产面对着不可再生资源和可再生资源的稀缺性限制，以及生态系统利用有限的生态修复机制来吸收人类经济生产排放的废物。因此，现代社会应该认识到资源存量的质量和数量以及大自然的生态修复能力，现有的资源存量不可能在传统的工艺生产条件下得到无限制的满足，也不可能实现各国经济的持久发展。地球作为一个封闭的系统，能够为人类经济生产提供的资源是有限的，并且生态环境的自我修复功能也是有限的，无限制地追求经济增长，必然会增加生态负担和环境风险，而要想实现人类经济发展的可持续性，就必须改进生产技术条件，推动政府加大对生态环境的保护力度，合理控制经济生产规模，实现资源的循环使用等。②

可持续发展的生态标准是实现经济社会可持续发展的生态指标，该标准包含生态伦理、环境正义和环境公平等内容，实现经济社会的可持续发展需要运用宏观经济政策工具，避免"集体行动逻辑"的缺陷，建议适用"许可证交易制度"，在减少政府成本的情况下，实现经济活动的可持续发展、经济权利的公平分配和经济资源的有效配置。在生态经济学家看来，社会总是面临着经济规模的大小问题，以及如何有效进行经济活动和分配经济效益，在可再生资源有限的情况下，实现生产的最大化被定义为可持续发展的规模，而决策者和公众往往关心"把馅饼做大"，至于经济生产的环境成本和分配不公等问题可以通过经济增长来解决。但是，生态经济学家并不这么认为——从某种程度上讲，经济规模的增长将会进一步增加环境成本而非收益。因此，经济生产的增长将不是解决收入分配不公的权宜之计。相反，社会需要面对

---

① Douglas A. Kysar, Law, Environment and Vision, Northwestern University Law Review, 2002, pp. 21-25.

② Aggarin Viriyo, Principle of Sustainable Development in International Environmental Law, 2012, pp. 24-39.

以下棘手的问题：人口规模及经济生产的增长方式等。

迄今为止，人类解决资源有限这一问题的经验往往是对资源进行定价，通过市场价格手段控制资源的大量无序使用和浪费等，但是生态环境和资源的外部性有时会在市场经济的价格操控下失灵，这是由于未能充分认识生态系统中的产品和服务，从而导致人类不可预见的环境危害和生态风险。环境税作为现代市场经济条件下的产物，试图将生产污染的成本内部化——环境负外部性内部化，但是这种方式并不能实现环境影响评价的目的，因为环境税并未考虑到后代人对生态环境的权利，这种对后代环境造成危害的后果并未真正体现在价格机制中，因此环境税这种价格机制在促进经济社会可持续发展中的作用是有限的。

可持续发展理念作用于环境保护的另一种机制是"绿色经济"，这种绿色经济增长要求在实现经济发展的同时减少污染物的排放，通过财政支持、技术转让和业绩审查等手段推动绿色商机对市场经济更有吸引力，同时发挥创造精神克服可持续发展的障碍，转向可持续发展的生产和消费模式，稳定国际金融体系为可持续发展提供资金保障。[①] 在接受外国投资时优先考虑最有潜力的项目，促进生产方式和消费模式的可持续性转型，在投资环节考虑到环境保护、防范环境风险和生态危机等问题，为可持续发展制定总目标并分解具体的工作步骤，尤其是加强开发区生态保护和生态环境治理工作的协调，为经济社会和生态环境的可持续发展奠定基础。

环境上可持续的经济发展是为了维持和改善公众健康、创造就业、维护代内和代际公平，不能为了追求短期内的经济利益而忽视人类社会的长远发展。可持续发展的理念要求经济发展应该遵循向环保的方向发展，该理念的核心是环境保护和经济发展的一体化，为了追求更高质量的生产方式和生活方式，实现消费的可持续性，不是为了保护环境而发展，而是为了保护环境和经济发展的统一。

生态破坏、环境污染和人口的无序增长都会阻碍经济社会的可持续发展。环境和发展具有不可分割的关系，环境和发展不是独立的挑战，可持续的经济发展不可能建立在日益恶化的环境资源的基础之上，当资源环境得不到有效保护时，经济发展的成本就会增加，因为可持续发展是综合经济因素和生

---

① Jorge E. Vinuales, Foreign Investment and the Environment in International Law: The Current State of Play, Research Handbook on Environment and Investment Law, 2015, pp. 33-37.

态因素的共同发展。①

当然，可持续发展理论要想更好地作用于经济发展必须借助法律手段来实现，尤其是在环境法中体现可持续发展理论，将该理论转化为可持续发展的法律原则，通过这种法律地位的体现能够形成配套的环境保护法律法规，借助环境法的强制力实现经济发展的可持续性，从而达到改善环境、保护资源和治理生态环境的目的，并且通过法治的形式治理生态环境更能推动环境保护的向前发展，实现环境公平和环境正义，形成环境友好型的经济增长方式。当前阶段，无论是发达国家还是发展中国家都把可持续发展理论作为经济发展的重要理论指导，在国际上已然形成可持续发展的潮流，但是实现可持续发展在实际经济运行中的做法各有不同。《巴黎协定》作为《京都议定书》的落实方案，在国际社会上形成广泛共识，为减缓气候变化和大气变暖作出了巨大贡献，但是受新冠疫情的影响以及美国 2020 年金融危机的波及，各国开始大力输出"贸易保护主义倾向"，使得国际经济社会变得光辉不在，在此背景下有些发达国家打着"本国利益优先的口号"拒绝《巴黎协定》的实施并退出该协定。例如，美国总统特朗普在上一个任期曾反复公开发表要退出《巴黎协定》的言论，并于 2017 年 6 月 1 日在白宫正式宣布退出。尽管美国宣布将重新加入《巴黎协定》，但这种不负责任的行为严重损害了国际社会对环境保护所作出的努力，也是对本国经济发展不负责任的表现。

可持续发展理论不仅强调经济的发展，还要求实现环境保护和生态环境治理，该理论不是为了环境保护而发展，更不是将可持续发展作为经济发展的唯一目的，而是实现经济发展和环境保护的平衡，毕竟没有经济发展的环境保护注定是行不通的，也不会得到社会公众的支持。

四、可持续发展理论与生态环境治理的关系

我们把"资源环境"作为自己的独立领域，理所当然地用陈旧的经济学来治理生态，生态环境治理或者说"绿色治理"是对人类与资源环境关系范式转变的要求的直接回应，于是提出了新的综合的环境保护公共政策——可持续发展理论。

将经济社会的可持续发展理论应用到环境资源保护和生态环境治理领域可以归纳为生态可持续发展原则，该原则包括代际公平和预防原则，是环境

---

① John C. Dernbach, Creating the Law of Environmentally Sustainable Economic Development, Pace Environmental Law Review, 2011, pp. 3-5.

学和经济学相互作用的理论成果。生态可持续发展原则要求在经济发展的同时确保生态环境和资源的可持续性，因此在生态环境治理中负有主体责任的政府应当简化生态监管的层级，减少环境方面的审批环节，集中监管机构的力量，从而实现"一站式管理"，在实现有效应对环境风险的前提下减少或者简化环境管制，通过"环境许可交易制度"减少政府监管的成本，提高政府环境监管的质量和水平，促进污染物的减排和资源保护。

　　生态保护的先行国家往往走在经济社会可持续发展的前列，有的国家已经实现经济的生态化，使生态可持续发展原则渗入经济发展领域，为经济发展提供了持久的内生动力。环境政策的创新助力生态的现代化，并推动可持续发展战略进入环境领域，甚至有学者建议实施"生态税"，推动环境经济政策的一体化，使社会的生态系统朝着可持续发展方向转变，使生态系统能够提供更多的生态产品和生态服务。同时，还应该注意到不同地区的经济发展程度和方式的不同也会导致生态环境治理的差别，这是由于不同历史文化下的环境政策和行政机构的监管意识等方面形成的差异，因此在生态环境治理的开展方面，我们应该综合考虑本地区的经济发展和环境保护的政策法规的不同，寻找一条适合本地区的生态环境治理策略——可持续发展理论的应用。

　　生态环境治理还需要社会公众对环境治理的自动参与，使公众认识到生态环境对人类可持续发展的影响，扩大公众对生态环境的管理权，提高公众的环境保护意识，让公众体会到自身所有的环境权，实现公众对环境民主和环境公平的要求，以可持续发展理论指导公众在生态环境治理方面的工作。生态环境治理是一项艰巨且持久的任务，治理生态环境必定会限制经济发展的规模和速度，因此决策者可能会以各种理由牺牲生态环境和资源保护转而发展经济，以经济发展掩盖环保的短板，尤其是后疫情时期、俄乌与巴以冲突悬而未果，各国相继输出"贸易保护主义"，使国际经济自由贸易受到严重打击，各国为了尽快摆脱经济危机的阴影，相继谋求以各种手段发展经济，这种严峻的经济形势使得环保主义推行的生态环境保护变得更加艰难。

　　因此，解决经济困境下的资源环境保护和生态环境治理问题，必须采用可持续发展的环境政策，运用生态可持续发展原则实现经济发展和生态保护的平衡，① 制定环境可持续发展的框架，因为经济、社会和环境的可持续发展需要有效的社会治理和协调一致的行动，通过公众、社会团体和政府等主体

---

① Christoph Knill, European Environmental Governance in Transition, 2002, pp. 11-32.

形成集体决策和政府干预的模式，达到经济、社会和环境可持续发展的目标。发达国家的可持续发展运动通常关注资源环境保护和生态环境治理问题，强调以公平的发展机会解决环境影响的不平等，避免资源配置的不公平以及资源的过度使用，这些可持续发展的理念对于我国长江经济带具有重要的参考价值。

我国长江经济带在构建生态环境协同治理的过程中，应当时刻关注资源配置的公平性，使公众的环境权在资源领域能够得到公平对待，在生态环境治理领域能够发挥自己的环境民主价值，实现公众参与生态环境治理的环境法要求，真正体现公众的环境正义。在我国长江经济带的生态环境治理过程中还应发挥市场这只"看不见的手"与政府干预的作用，利用市场机制降低政府在生态环境治理方面的成本，同时提升政府对环境监管的水平和方法，改进该流域在资源环境方面的执法手段，运用环境司法为资源环境的保护提供司法保障。

可持续发展理论作为20世纪可持续发展运动的产物，为人们提供了一种新的经济发展方式，也是对传统经济学的挑战，该理论要求经济、社会和环境的协调可持续发展，并已经上升为我国的一项可持续发展战略，在国际社会上有着深远影响。可持续发展理论在环境法中被提升为生态的可持续发展原则，这种环境的可持续性要求在发展经济的同时保护好生态环境，同时该理论不是经济发展的唯一目的，也不是环境保护的唯一手段。可持续发展理论对生态伦理道德提出了更高的要求，对环境民主、环境公平和环境正义有着更为直接的要求，对于实现公民的环境权具有重要意义。此外，可持续发展理论为我国长江经济带建设中生态环境协同治理的构架提供了理论指导，通过观察国际社会经济领域可持续发展的现状，能够为我国长江经济带的生态环境治理机制搭建理论框架，促进该流域在生态环境保护方面取得积极进展，同时构建起人与自然和谐共生的价值理念。

第三节　环境公共产品理论

在过去的近1/4世纪里，公共产品的世界发生了许多变化，这种变化大多来源于人类对生态系统中资源的索取方式和手段的不同，特别是对诸如碳循环等重要生命支持系统和生物多样性等资源的影响，使公共产品的供给不断地发生演变。① 国内外对公共产品理论的研究有很多，形成了多种不同的流派，因此在公共产品的内涵界定上也有不同看法，当下比较认可的是萨缪尔森对公共产品的界定：公共产品通常是相对于私人产品而言具有非竞争性和非排他性的产品，该种产品用于满足不特定多数人的需求。

环境公共产品作为公共产品的一种表现形式，属于公共产品下属子概念的一种，具有公共产品的本质特征，这种与私人产品相对的环境公共产品同样具有非竞争性和非排他性等特征，用萨缪尔森的话来讲就是"某一人对该产品的消费不会减少其他人对该种产品的消费"。

一、环境公共产品的概念

目前，学术界对公共产品的理论研究并不成熟，对于环境公共产品的理论研究同样如此，但是总的来说，学术界对环境公共产品的内涵界定已经有了清晰的表述：环境公共产品是指影响人类生存和发展的环境产品和环境服务。② 此外，当前学者大多运用公共产品的研究方法来分析环境公共产品理论，因此将环境公共产品分为"具有自然属性的环境公共产品"和"具有社会属性的环境公共产品"，以及"纯环境公共产品"和"准环境公共产品"等类型，这种将类推分类的方法运用到环境公共产品的理论研究上显得格外不适。

环境公共产品体现为社会公众对生产、生活和学习等绿色生态环境的需求，这既包括生态环境自然产出的绿色环境产品，也包括人类为了追求优质的生态环境而提供的基础设施和服务产品等。环境公共产品的供给需要可靠的环境政策为其提供生态创新的技术保障，这种类似于"环保产品"的开发与运用，表现为社会公众的需求和生态系统的良好运转。从产业经济学的角度来讲，环境公共产品的生产与供给需要市场需求和技术推动。③ 环境公共产品来源于人类在经济社会发展中对高质量环境产品和环境服务的需求，并且这种环境公共产品的供给必须适应市场经济发展的规律，利用环境政策提供的创新环境技术为其提供技术保障。所以，从这个层面出发，环境公共产品

① Paine Webber, New Strategies for the Provision of Global Public Goods: Learning from the International Environmental Challenge, 2001, pp. 12-17.

② 蔡先凤、李晶晶：《论环境公共产品的政府法律责任》，载 2015 年全国环境资源法学研讨会论文集。

③ Katharina Türpitz, The Determinants and Effects of Environmental Product Innovations, Centre for European Economic Research Discussion, 2004, pp. 4-8.

具有技术性、生态性和经济性等特征。

环境公共产品作为一种公共产品，在现代市场经济资本逐利性的驱使下，几乎很少有私主体愿意供应这种"利他性"的产品，反而出现更多的"搭便车"行为，这就导致环境公共产品在供给上的短缺，致使社会面临环境公共产品的"拥挤"。于是现代经济学就把政府这类"公法人"作为环境公共产品的供给主体，但是这种低效率的环境公共产品的供给工作导致了社会对该产品的供给不满，也正因为政府的低效率和不专业等导致城市环境公共产品的供给短缺。

环境公共产品在消费和竞争上的这种非排他性会导致公共产品的供应短缺，如果赋予环境公共产品营利性则可能会导致该种公共产品成为"精英阶层"的社会福利，使生态环境对普通公众来说则是对其环境权的剥夺，也会违背环境民主、环境公平和环境正义。① 因此作为具有公共利益特征的公共服务和公共产品，也就不可能以"私有化"的方式解决该产品的困境，或许环境公共产品的供给可利用"清洁发展机制"来解决其面对的供给不足问题。

二、环境公共产品和生态公共产品的关系

公共产品理论的发展引导出生态产品理论的发展，而且在公共产品和生态产品理论的相互影响下产生了"生态公共产品"，这种产品与"环境公共产品"既有共性也有区别。生态公共产品，是指生态环境系统提供的用于满足人类生存发展需求的产品，这种产品以自然资源和生态环境为基础，包括人类生产加工的产品和生态系统产出的产品。

就环境公共产品和生态公共产品的共性而言，二者同属公共产品的下属子概念，都具有公共产品的非竞争性和非排他性的本质特征；在消费理念上体现为某些人对该种产品的消费并不会影响他人对该种产品的消费，因此在公共产品领域经常会发生"搭便车"的现象；环境公共产品和生态公共产品共同来源于生态支持系统的产物，以及人类利用现代科技手段在创新环境政策的规范下所产生的产品和服务。环境公共产品和生态公共产品共同体现了社会公共利益在现代市场经济条件下的表现形式——公共产品和公共服务；环境公共产品和生态公共产品共同体现了环境法赋予社会公众的环境权，体现了环境民主、环境公平和环境正义的价值，同时包含着环境伦理和生态道

---

① Paine Webber, New Strategies for the Provision of Global Public Goods: Learning from the International Environmental Challenge, 2001, pp. 19-21.

德的价值理念；环境公共产品和生态公共产品共同体现了现代人类经济、社会和环境的可持续发展潮流，公众对更高质量的生产、生活环境的要求对公众而言也意味着一种生态福利。

就环境公共产品和生态公共产品的区别而言，环境公共产品为人类提供的公共产品和公共服务来源于生态环境和人类的生产加工，而生态公共产品在包含生态环境提供的公共产品的同时还包含自然资源提供的生态产品和生态服务；环境公共产品侧重于"环境产品和环境服务"，生态公共产品除了"环境产品和环境服务"外，还包含"生态资源产品和生态资源服务"；环境公共产品更多地受制于环境质量的约束，生态公共产品不仅受到环境质量的影响，还受制于人类生态支持系统的资源承载力。

从环境公共产品和生态公共产品的细微差别可以看出，环境公共产品往往代表着社会公众对高质量的生态环境的要求，体现的是公众的环境权在经济社会可持续发展中的现实要求，意味着公众环境意识的觉醒和对环境公平和环境正义的追求；生态公共产品是实现人类社会可持续发展道路上对"绿色经济"的要求，这对于我国当前的生态环境治理具有重要的启示意义。尤其是在我国经历了几十年高速的经济发展之后，我国的生态环境和自然资源面临严峻的现状，修复生态、治理污染和实现资源的科学利用已然成为我国经济获取持久动力的内在要求，也是实现我国转向"生态经济"从而为公众提供生态环境产品的现实需求。

三、环境公共产品在生态环境治理中的作用

生态系统为人类提供的环境产品和环境服务一旦进入公众领域就成为"环境公共产品"，这种产品的外部效益直接关系到每一个人的环境权益，当环境公共产品带来的生态福利效应涉及更多的不特定人时，则会进一步扩大该环境公共产品的使用范围，直至从"区域环境公共产品"成为"全球环境公共产品"。目前，环境公共产品领域存在的突出问题就是环境公共产品"供不应求"，无法满足社会公众对环境公共福利的普遍需求，特别是在经济社会发展过程中出现严重的环境污染和生态破坏时，人们对"绿色环境"的需求更加急切。

环境公共产品的供给是基于社会公益，不以利润为主要目的，属于一种

为社会提供公共资源配置的活动。① 在解决环境公共产品的供给不足时，人们往往从政府的行政效率着手去解决，而没有从更深层次的环境法层面去思考该问题的根源。环境法在生态环境治理和资源环境保护方面具有强大的法律权威，利用法律背后的强制力更能高效地解决该产品面对的问题，当然环境法在现实中的"软法效应"并不影响该法律的权威性，在解决环境公共产品的供给问题时可以有效解决生态环境治理的困境。2005 年有关机构发布的《千年生态系统评估报告》指出，人类现在比历史上任何时期的发展都更加迅速，也更广泛地改变了生态系统，虽然人类基于对生态系统的改变而获得了巨大的福利和经济效益，但是这些活动造成了生态系统服务的严重退化和环境风险的增加。② 环境公共产品涉及大多数人的利益，具有广泛的社会公益性，强调在环境资源有限的承载力范围内生产尽可能多的环境产品和环境服务，这就需要实行"环境的适应性管理体制"，强调环境公共产品的生产应当符合生态支持系统的特征，在有限的环境资源存量上提升环境产品和环境服务的增量需要从生态环境治理方面着手，将生态环境治理转变成环境公共产品增量的提升，这种环境公共产品的增量方法可谓是动态的生态系统的迭代过程。

无论是促进环境公共产品的增量还是促进生态环境治理的适应性管理，都需要转变环境管理体制，以更加灵活的环境管理方法应对生态系统的环境风险的转变，实现生态系统的适应性管理和生态的适应性治理，在改善环境治理的同时建立环境信息的共享机制，实现环境信息的及时沟通和交流，从而能够快速应对环境风险，在实现生态环境治理的同时增加环境公共产品的供给，并且环境公共产品的供给又倒逼生态环境治理取得积极进展，从而为环境公共产品提供资源环境的保障。

我国长江经济带在复杂的行政区域和地理区位上的现状，要求我们在该地区进行生态环境治理的同时，应当重点考虑到该地区环境公共产品的产出和供给问题，特别是世界各国都面临着严峻的环境公共产品供给不足困境。我们对该问题的解决办法是联系到生态环境治理的解决问题上，通过生态环境治理为环境公共产品提供资源环境承载力，将生态问题的解决转变为环境公共产品的增量优势。同时，运用环境公共产品的理论可以检验生态环境治

---

① 华章琳：《生态环境公共产品供给中的政府角色及其模式优化》，载《甘肃社会科学》2016 年第 2 期。

② Melinda Harm Benson, A Framework for Resilience-Based Governance of Social Ecological Systems, Ecology and Society 2013, pp. 23-33.

理的成效和问题，这是因为生态环境治理能够应对生态缺陷下环境公共产品的产出障碍，在实现生态环境治理的同时满足社会公众对环境法的期待，通过环境公共产品实现公众的环境权，体现经济发展中"绿色治理"的可持续发展理念，达到平衡经济发展和环境资源的保护。

长江经济带建设中生态环境协同治理的构建需要以环境公共产品理论为基础，运用环境公共产品的价值外溢性及该产品的公益性特征，有效联系该流域的各行政区域并形成共同的利益纽带，在实现跨流域进行生态环境治理的同时让各行政区域能够共享生态环境治理的效益，从而协调好各行政区域之间的经济利益，减少生态环境协同治理运行的障碍，为跨地区的生态环境治理赢得各行政区域的支持，并且推动该流域环境治理和环境监管的有效开展和统一，实现区域经济发展的融合与共享等。

生态环境治理关涉社会公众的公共利益，也关乎经济社会和环境的可持续发展，是实现生态经济发展的内在要求，是体现公众环境权益的途径之一，也关系到我国环境民主、环境公平和环境正义的实现，是保障"绿色经济"得以稳定发展的关键因素。因此，在生态环境协同治理机制的构建过程中，应当不断创新环境政策和环境管理方式，利用环境法规和环境政策规范生态环境治理，以保护公共利益为出发点。并且我们在从公地悲剧理论汲取生态环境治理系统机制的理论支撑时，一定要全面考虑我国长江经济带的现实情况，因为长江经济带有着巨大的经济体量，该经济带横跨我国东、中、西部，形成了密集的工业集群，在有限的资源环境承载力下取得了巨大的经济发展成就，与此同时也造成严重的环境污染和生态破坏，同时伴随着各种环境风险、外来生物入侵等生态危机的频发。因此，在长江经济带开展生态环境治理首先要保证该流域的生态安全，在严格控制环境风险的情况下实现跨区域的生态环境治理工作，协调长江流域沿线地区的经济发展利益和环境资源福利，而且这种生态环境治理应当避免以私人资本的方式解决，从而避免"公地悲剧"。同时，利用生态环境资源为社会公众提供更多的生态产品，满足不同层次的生态福利需求，解决生态环境治理过程中的环境公平和发展机遇的公平问题，最终目的是在实现生态环境治理的同时平衡经济发展和生态环境治理的关系，毕竟没有经济发展的环境保护是没有意义的，而且不能为了环保主义而保护生态环境，也不能将生态环境治理作为环境保护的唯一目的，应避免经济发展和环境保护关系的失衡。

还需要注意的是，因为长江流经不同的行政辖区，被行政边界分隔的地区政府内部与中央水资源各管理部门的垂直分布相配套，存在一系列相关的管理水资源的部门，从而导致水资源规划管理和开发利用上的重复管理问题，这些问题我们也需要注意，我国流域管理中的重复管理问题主要体现在以下几个方面：

第一，水资源拥有多个部门管理者。我国水资源管理分属水利、电力、农业、城建、地质矿产、林业、水产、交通等部门，水资源管理部门与水污染控制部门相互分离，国家与地方的相关部门条块分割，特别是行政上的划分将一个完整的流域人为分开，各地区、各部门责权交叉，难以统一规划和协调，极不利于我国水资源和水环境的综合利用和治理。

第二，规制部门责权不对称。有权进行水资源管理的部门不承担水质保护的工作，有权进行水质管理的部门不一定拥有强制执行权力。例如，为建立健全的流域水资源管理体系，水利部通过流域委员会负责流域水资源的管理。从原则上讲，流域委员会有协调解决各地区、各部门矛盾的权力，确保按规定的优先次序满足各种用水要求。但是，各省之间没有就水量分配和污染总量等事宜达成协议，妨碍了这些功能的发挥。

第三，拥有污染规制权力的环境保护部门与掌握水资源用水顺序权和实际控制权的地方政府利益不一致。国家水权分割成区域水权后出现了委托—代理问题：具有经济人特征的某些地方政府只考虑本地区的经济发展和社会福利，忽视对本区域水用户用水行为的环境规制责任，不考虑其行为给其他区域所带来的污染后果。

第四，代表水资源国家所有的各管理部门之间存在公共权利的恶性竞争。一般来说，重复管理问题的解决方案是对分散的产权进行整合，流域重复管理问题并不能简单地通过将水资源管理权绝对集中在某一部门从而实现产权整合的方式来解决，因为对水资源各属性的管理所要求的专业技术不同，水用户数目巨大，单一部门的集中管理将面对内部控制成本过高的风险，并不具有实际的可操作性。

最后需要强调的是，我国对长江经济带建设中的生态环境协同治理理论的研究是我国在经济学领域对公共资源的合理高效利用研究的创新和根据我国国情的实际应用，这既避免了个人对公共资源的过度使用和滥用，也有助于我们解决公共资源的保护问题，有利于形成以公共利益为目的的环境资源保护局面，避免公共资源的低效占用和浪费。

生态环境治理本质上是对社会公众利益的保护，是对以公共利益为目的的资源环境的保护，保障经济、社会和环境的可持续发展，维护公众的环境权益并为公众提供生态公共产品或者环境公共产品，从而实现生态经济秉持绿色发展理念的道路，为公众提供更多的生态福利和环保产品。

第四节　流域生态环境治理司法协同机制

一、流域生态环境治理司法协同机制提出的背景

党的二十届三中全会作出的《中共中央关于进一步全面深化改革 推进中国式现代化的决定》提出："推动重要流域构建上下游贯通一体的生态环境治理体系。"这一部署是对目前流域治理存在的跨界协同难题的回应。一条河流通常并不仅仅局限于某一个行政管辖区之内，而是以江河湖泊为纽带，通常贯通数个行政管辖区，形成一个自然地理、人文风俗、社会管理等多方面符合的流域区域。

传统的行政区划的管理制度对于传统的社会管理和政策实施是极为有效的，能够较好地落实具体的责任人和责任区划，明确各地政府的管理范围，防止推脱责任和所谓"三不管"地带的出现。但是基于流域环境的整体性特征，一条大河的生态破坏和水质污染通常不会仅仅局限于一城一地，而是会随着水体这一环境介质的流动扩散到整个流域，对流域范围内全部生态环境造成不同程度的损害。典型的案例如永兴河"3·16"流断面铊浓度异常事件①、嘉陵江"1·20"甘陕川交界断面铊浓度异常事件②、贵州省盘州市宏

---

① 2025 年 3 月 25 日凌晨，湖南省生态环境厅发布关于耒水流域（郴州—耒阳段）铊浓度异常应急处置情况通报：2025 年 3 月 16 日，湖南耒水郴州—耒阳跨市断面铊浓度为 0.13 微克/升，出现异常（参照《地表水环境质量标准》中的集中式生活饮用水地表水源地特定项目标准限值 0.1 微克/升）。在生态环境部应急办的指导下，湖南省及郴州、衡阳两地启动应急处置，现污染源已被管控。

② 从 2021 年 1 月 21 日 0 时开始，四川省广元市西湾水厂取水口铊浓度超标，水厂供水安全受到威胁。经排查，污染来自上游甘肃、陕西境内，是一起跨省级行政区域的重大突发环境事件。按照《国家突发环境事件应急预案》《突发环境事件调查处理办法》有关规定，生态环境部启动重大突发环境事件调查程序，成立调查组，邀请四川、陕西、甘肃三省生态环境厅和相关专家参加，通过现场勘查、资料核查、人员询问及专家论证，查明了事件原因、事件经过、环境影响、直接经济损失和应对处置等情况，认定了有关责任问题，并提出了整改措施建议。

盛煤焦化有限公司洗油泄漏次生重大突发环境事件①等。

之前我国面对的河流污染多是向河流内排放的污水数量少、种类简单，一般来说尚且处在河流的自我净化能力之内，但是随着我国经济的发展和工业化水平的提高，工业、农业和生活产生的废水、废物、废气中包含的剧毒污染物逐渐增多，这些污染物只需要极少的剂量就能够对人民群众的生命财产安全造成严重的威胁。一旦发生类似的环境污染事件，必须在极短的时间内进行快速反应和处置，控制污染的扩散，对被污染水体进行紧急处理。面对这样的现实特征，流域治理工作必须与时俱进。依靠以往各地生态环境部门单打独斗的工作方式已经不能适应流域治理工作的现实需要，必须及时建立整个流域范围内的生态环境治理协同机制，预防可能发生的生态环境污染和破坏。面对已经发生的环境突发事件时紧急联动、相互配合，对流域生态环境进行及时的保护。在这样的背景下，我们提出了建立新时代流域生态环境治理司法协同机制的要求，并且已经初步建立起了机制框架的雏形，在实践工作中不断完善。

二、流域生态环境治理司法协同机制概述

流域是指由分水岭所界定的河流汇水区域。分水岭作为流域的边界线，其特点因地貌而异：在山区主要表现为山脊走向，在平原则通常以人工堤防或自然岗地为分界标志。分水岭通常构成完整的闭合边界。鉴于地下水流域界限难以精确测定，实践中多采用地表分水线作为流域范围的划分依据。受地形和地质条件影响，部分流域存在地表分水线与地下水分水线空间投影不一致的情况，此类流域被定义为非闭合流域；当两者完全重合时，则称为闭合流域。流域内的水流能直接或间接流入海洋的，称为外流流域；仅流入内

---

① 2022 年 2 月 7 日，贵州省六盘水市盘州市境内小黄泥河出现石油类超标，造成贵州、云南跨界污染。事件发生后，生态环境部高度重视，第一时间派出工作组赶赴现场，督促指导贵州、云南开展事件应急处置。贵州省人民政府立即启动突发环境事件Ⅱ级应急响应。贵州省委省政府主要领导同志赶赴现场调研督导，调集多方力量全力应对。经两省通力合作，事件得到妥善处置。按照《突发环境事件调查处理办法》规定，生态环境部与贵州省人民政府成立联合调查组，邀请云南省人民政府参加，对事件开展全面调查。调查认定，此次事件是一起因贵州省盘州市宏盛煤焦化有限公司洗油泄漏次生的重大突发环境事件。

陆湖泊或消失于沙漠之中的称为内流流域。① 而流域生态环境是以流域为基本单元，涵盖水、土地、生物及人类活动等要素的复合生态系统，具有自然与社会经济双重属性。其核心在于通过水循环纽带，实现上下游、干支流、左右岸的生态功能协调与资源可持续利用。

流域生态环境治理是以流域为基本单元，通过科学规划、系统施策和多方协作，实现水安全、生态保护与经济社会协调发展的系统性工程。其核心在于突破传统碎片化管理模式，统筹自然要素与社会经济要素，构建人水和谐的可持续发展格局。以我国的流域生态环境治理为例，我国的流域生态环境治理主要可以分为跨区域、跨层级、跨部门、跨公私领域与跨组织—平台五种不同类型。②

（一）跨区域流域治理

跨区域流域治理，是指突破行政边界限制，通过多方协作机制对流域内的水环境、生态资源及社会经济活动进行系统性协调与管理的治理模式。作为治理对象的流域，具有水文循环的整体性和生态系统的连续性，但是由于流经的不同行政管辖区的边界分割，造成治理的标准不一、责任推诿现象普遍存在。跨区域流域治理的难点在于：第一，上下游治理的标准不一，不同省市由于自身发展需要以及区位特点的不同，导致其对于流域的利用方式和利用程度存在较大不同。例如，上游工业开发区对于河流的使用更多地集中于取水和排污，而下游农业区对于河流的使用更多地集中于取水和渔业等，由于一条大河跨越了不同的行政区域，导致行政主管机关不能跨越行政区划的限制对其他区域的环境利用行为进行相应的限制和管理，使得不同区域的主体都会加大对河流的使用而忽视对河流的保护。

（二）跨层级流域治理

跨层级流域治理，是指在中央到地方的纵向行政体系中，通过政策衔接、权责配置与资源统筹，打破"上下分割"的管理壁垒，实现多级政府协同参与流域保护与修复的治理模式。跨层级流域治理的难点在于：第一，信息的选择性上报。有些地方为考核达标隐瞒真实水质数据，基层污染监测数据上报存在选择性披露的情况，导致上层决策偏离实际。监测数据是进行流域生

---

① 名词解释：流域，http://www.mwr.gov.cn/szs/mcjs/201612/t20161222_776375.html，最后访问时间：2025 年 4 月 6 日。

② 周忠丽：《流域治理的类型与发展路径》，https://www.cssn.cn/skgz/bwyc/202311/t20231130_5699905.shtml，最后访问时间：2025 年 4 月 7 日。

态环境治理的重要依据，通过监测相关环境质量数据的变化，使得环境保护部门能够及时对相关情况作出反应和处置，如果这一数据被扭曲或者瞒报，将直接影响上级环境保护部门的决策。第二，利益取向存在差异。中央政府考虑的是整体的流域治理问题，是全国性或者跨省市性的整体利益，而地方政府受地方利益影响的程度会更大，导致地方对于流域生态环境的保护更多的是出于上级的监督，而非基于自己的社会治理目标。解决这一问题的具体措施是变革发展方式或者进行生态环境补偿，使环境保护与经济发展能够融合在一起，在环境保护的过程中获得经济利益。

（三）跨部门流域治理

跨部门流域治理，是指打破政府部门职能划分，整合水利、环保、农业、住建、交通等多部门资源与权力，构建横向协同机制，解决因"条块分割"导致的政策冲突、管理真空等问题的治理模式。流域生态问题具有复合性，如水污染同时涉及工业排放、农业面源、生活污水等多种来源的污水，但传统治理中各部门"各管一段"，导致不能形成治理合力，治理反复。跨部门治理中的治理难点是：第一，部门目标存在冲突的可能性。对于各个行政部门来说，根据法律法规，其所承担的职责和权力范围各有不同，对其进行考核的标准也大多依据其主管范围之内的事项进行。这样就会导致各个部门在流域生态环境治理过程中动力不足，因为对于一些部门，如农业、住建等部门来说，流域生态环境保护的成效或结果实际上与对这些部门进行考核的指标并不十分相关。第二，部门之间存在权责交叉的情况。如河湖岸线管理涉及水利、自然资源、交通等多个部门，对于这种同时涉及多个部门进行监督和管理的事项，易出现审批重叠或相互推诿的现象。同时，涉及部门之间权责交叉的情形也容易出现各个部门争夺执法权的情况，各个部门之间的协调需要消耗一定的行政资源和行政力量。第三，部门间数据壁垒尚存。各个部门在各自的行政管理过程之中都积累了不同形式和不同规模的数据，这些数据由产生的部门进行保存，但是缺少相互沟通和交流机制，只是静静地封存在数据库之中，没有得到有效利用。即使各个部门之间想要进行数据的交流实际上也存在着困难，因为不同部门数据收集和处理的形式存在着差异，想要将其他部门的数据直接转化为己用或者进行整理归纳实际上是一个繁杂的工程。这些主观或者客观上的问题都在不同程度上形成了数据壁垒。

（四）跨公私领域流域治理

跨公私领域流域治理，是指突破政府与市场、社会的传统边界，通过建立公共部门（政府）、私营部门（企业）与公民社会（社区）的协作网络，整合资源、技术与创新机制，共同应对流域生态保护与可持续发展挑战的治理模式。2022 年，水利部发布《关于推进水利基础设施政府和社会资本合作（PPP）模式发展的指导意见》，提出"深化水利投融资改革，积极引导各类社会资本参与水利建设运营"，要求各级政府主管部门支持社会资本参与水利基础设施的建设与运营，建立合理的回报机制。所谓 PPP（Public-Private Partnership）模式，全名为政府与社会资本合作，是指政府与私营部门通过契约关系，整合双方资源与优势，共同提供公共服务或基础设施建设的长期合作模式。这种方式能够共担开发建设的风险、共享开发建设的利益，通过引入社会资本提升公共产品的供给效率和供给质量，缓解政府进行开发建设的资金压力。其主要的类型有 BOT（建设—运营—移交）、TOT（转让—运营—移交）、ROT（改建—运营—移交）、EOD（生态环境导向开发）等，在生态环境治理领域应用广泛，污水处理、海绵城市建设、生态修复等领域都存在着大量的 PPP 模式。

（五）跨组织—平台流域治理

跨组织—平台流域治理是一种平台协作网络，是线上平台与线下组织之间的联结。跨组织—平台流域治理是通过信息技术的加持，以工具的数字化连接强化流域治理中跨区域、跨层级、跨部门、跨公私领域的联结，提高各个主体间的数字化协同能力，提高沟通和协调效能。[①] 这一治理模式实际上是伴随着大数据和人工智能技术的发展趋势而产生的，本质上是通过打破数据壁垒，将区域、层级、部门、公私领域的边界都打破，建立统一协调的数据中心以及智慧调度中心。这一治理模式的发展将有助于提高流域生态环境治理的效率和效果，为新时代水利建设奠定数字化基础。

三、流域生态环境治理司法协同机制现状分析

目前，我国在流域生态环境治理司法协同机制方面已经开展了不同程度和不同数量的尝试与合作，取得了一定的成效，也积累了一定的实践经验。

---

① 周忠丽：《流域治理的类型与发展路径》，https://www.cssn.cn/skgz/bwyc/202311/t20231130_5699905.shtml，最后访问时间：2025 年 4 月 7 日。

（一）规范层面

1. 法律规定

流域生态环境治理司法协同机制的统领性规定是《环境保护法》第 20 条①，专门性规定包括《长江保护法》第 6 条②、《黄河保护法》第 4 条③等。除此之外，《地方各级人民代表大会和地方各级人民政府组织法》第 10 条第 3 款④、第 49 条第 3 款⑤进行了对地方协同立法相关事项的规定，《立法法》第

---

① 《环境保护法》第 20 条规定："国家建立跨行政区域的重点区域、流域环境污染和生态破坏联合防治协调机制，实行统一规划、统一标准、统一监测、统一的防治措施。前款规定以外的跨行政区域的环境污染和生态破坏的防治，由上级人民政府协调解决，或者由有关地方人民政府协商解决。"

② 《长江保护法》第 6 条规定："长江流域相关地方根据需要在地方性法规和政府规章制定、规划编制、监督执法等方面建立协作机制，协同推进长江流域生态环境保护和修复。"

③ 《黄河保护法》第 4 条规定："国家建立黄河流域生态保护和高质量发展统筹协调机制（以下简称黄河流域统筹协调机制），全面指导、统筹协调黄河流域生态保护和高质量发展工作，审议黄河流域重大政策、重大规划、重大项目等，协调跨地区跨部门重大事项，督促检查相关重要工作的落实情况。黄河流域省、自治区可以根据需要，建立省级协调机制，组织、协调推进本行政区域黄河流域生态保护和高质量发展工作。"

④ 《地方各级人民代表大会和地方各级人民政府组织法》第 10 条规定："省、自治区、直辖市的人民代表大会根据本行政区域的具体情况和实际需要，在不同宪法、法律、行政法规相抵触的前提下，可以制定和颁布地方性法规，报全国人民代表大会常务委员会和国务院备案。设区的市、自治州的人民代表大会根据本行政区域的具体情况和实际需要，在不同宪法、法律、行政法规和本省、自治区的地方性法规相抵触的前提下，可以依照法律规定的权限制定地方性法规，报省、自治区的人民代表大会常务委员会批准后施行，并由省、自治区的人民代表大会常务委员会报全国人民代表大会常务委员会和国务院备案。省、自治区、直辖市以及设区的市、自治州的人民代表大会根据区域协调发展的需要，可以开展协同立法。"

⑤ 《地方各级人民代表大会和地方各级人民政府组织法》第 49 条规定："省、自治区、直辖市的人民代表大会常务委员会在本级人民代表大会闭会期间，根据本行政区域的具体情况和实际需要，在不同宪法、法律、行政法规相抵触的前提下，可以制定和颁布地方性法规，报全国人民代表大会常务委员会和国务院备案。设区的市、自治州的人民代表大会常务委员会在本级人民代表大会闭会期间，根据本行政区域的具体情况和实际需要，在不同宪法、法律、行政法规和本省、自治区的地方性法规相抵触的前提下，可以依照法律规定的权限制定地方性法规，报省、自治区的人民代表大会常务委员会批准后施行，并由省、自治区的人民代表大会常务委员会报全国人民代表大会常务委员会和国务院备案。省、自治区、直辖市以及设区的市、自治州的人民代表大会常务委员会根据区域协调发展的需要，可以开展协同立法。"

80 条、第 81 条对于地方立法权限的相关规定都助力了流域生态环境治理司法协同机制的建立。

2. 地方性法规

关于流域协同治理相关的地方性法规目前已经有一定数量的实践。首先是跨省协同立法。第一，赤水河流域。《云南省赤水河流域保护条例》《贵州省赤水河流域保护条例》《四川省赤水河流域保护条例》于 2021 年 7 月 1 日同步实施，是我国首个跨省流域共同立法实践。第二，嘉陵江流域。《四川省嘉陵江流域生态环境保护条例》《重庆市人民代表大会常务委员会关于加强嘉陵江流域水生态环境协同保护的决定》于 2021 年 11 月 25 日同步通过，重点规定联防联控机制。第三，浑江流域。吉林省白山市、通化市及辽宁省桓仁满族自治县、宽甸满族自治县于 2021 年 7 月完成协同立法，建立领导协调与河长制考核机制。

其次是省内跨市的协同立法。第一，河南省卫河流域。2023 年 11 月经河南省人大常委会批准，首次实现豫北五市协同立法，即《安阳市卫河保护条例》《鹤壁市卫河保护条例》《新乡市卫河保护条例》《濮阳市卫河保护条例》《焦作市人民代表大会常务委员会关于加强卫河（大沙河）协同保护的决定》，建立规划衔接、联合执法等机制。第二，湖北省长湖流域。《荆州市长湖保护条例》《荆门市长湖保护条例》《潜江市人民代表大会常务委员会关于加强长湖协同保护的决定》于 2024 年 3 月 1 日同步施行，设立区域协作专章，统一监测与执法标准。第三，湖北省沮漳河流域。襄阳市、宜昌市、荆州市、荆门市四地条例于 2025 年 1 月 1 日施行，明确水资源保护、水污染防治等协同措施。

（二）实践层面

目前，流域生态环境治理司法协同实践不断进行，取得了一定的成效。

1. 以协议为支撑完善跨流域环境司法协作机制

我国跨流域环境司法协作通过联席会议或者论坛等方式进行协调以后，通常会通过协议的方式进行确定，常见的表达方式有"备忘录""意见""办法""共同宣言""倡议""细则""方案"等。[①]

现有的跨流域环境司法协作协议原则性强、覆盖面广，如《长江经济带 11+1 省市高级人民法院环境资源审判协作框架协议》实现了从长江干流到长

---

① 肖爱等：《中国流域环境司法协作机制的经验逻辑与优化路径》，载《南宁师范大学学报》（哲学社会科学版）2023 年第 5 期。

江支流、从一级支流到最细小的支流的覆盖。跨流域环境司法协作协议除了地理范围广泛，还具有主体广泛性的特征。目前，我国已构建起多层次、多主体的跨流域环境司法协作网络。这一体系纵向覆盖省、市、县三级行政层级，横向贯穿法院系统、检察系统、公安系统以及生态环境等行政部门，通过签订各类司法协作协议，初步形成了跨区域、跨部门的环境司法协同治理格局。具体而言，既包括不同层级司法机关之间的纵向协作机制，也包含公检法机关之间的横向联动机制，同时还建立了司法与行政部门的跨系统协作框架。

各地之间的司法协作协议均以一定的文本形式展现，具有原则性、框架性的特征。对于具体事项的规定并不详细，主要聚焦于协作的原则、目的、组织方式等方面。较为普遍的规定包括联席会议机制、沟通联络机制、信息通报与数据共享机制、疑难案件协调协商联动机制、生态修复协同机制、评估鉴定协作机制、典型案例培育和发布机制、司法研讨调研机制、新闻宣传协作机制、专家库建设和人才培训交流机制等。

2. 跨流域联席会议机制

跨流域环境司法协作主要通过联席会议、司法论坛、专题研讨会、专题联合调研会等形式进行，联席会议实际上是一个多方的沟通平台。与会各方通过会议交换彼此的意见、确定目前的问题焦点、明确后续需要采取的措施对策等，在达成共识后签订相关的合作协议、备忘录等。从本质上来说，联席会议机制是一个多元主体之间沟通、协调、达成共识、平衡彼此利益的平台，也是协议达成后的执行和监督平台。

四、流域生态环境治理司法协同机制面临的困境

（一）信息共享机制缺乏

信息共享是跨流域环境司法协作的重要先决条件，建立完善的信息共享机制有利于促进跨区域环境司法协作。[①] 目前在各地的环境司法协作机制之中，举行联席会议是重要的沟通和工作方式，但是目前对于联席会议的召开周期、会议的议事规则、监督机制等缺少具体且明确的规定，联席会议更多的是根据各方的需求而开展。在缺乏内外监督机制的情况下，与会各方不容易达成利益的共识，会议的效率也没有办法得到保证。

---

① 曹洋、董红：《陕西省环境司法协作的优化路径探析》，载《西安建筑科技大学学报》（社会科学版）2024 年第 5 期。

除此之外，各地之间信息共享机制的缺乏还体现在收集到的环境司法数据之间不互通，如电子卷宗、证据材料等。各地司法机关之间如果想要进行有效且迅速的环境司法协作，必须实现彼此数据的及时有效共享，实现快捷检索、快速收集、快速分析等功能。除了司法机关之间的司法数据的沟通和共享，行政机关在行政执法过程中得到的环境行政执法数据也应当及时共享给环境司法机关。否则各部门所收集的数据只是沉积在各部门内部，而不能实现数据的沟通互联，降低了数据的使用效率并且增加了每个部门在进行相关数据收集时的重复成本。

在生态环境治理实践中，各参与主体因职能分工和运作流程的差异，导致案件信息掌握程度存在明显不对称。具体表现为：首先，基于行政保密原则，行政机关持有的执法过程记录、行政磋商资料等信息往往采取有限公开方式。其次，受区域发展定位和部门目标导向的影响，部分主体在环境数据共享方面存在消极倾向，或出于资源投入考量而选择"搭便车"行为。更为突出的是，行政机关对涉嫌刑事犯罪的案件线索，普遍存在移送检察机关不及时、信息录入不完整甚至选择性填报等问题，严重制约了检察监督职能的有效发挥。①

（二）适法障碍导致生态环境司法协作运行不畅

我国不断尝试完善流域生态环境协同治理的法律体系，进行了一系列的立法实践，从中央到地方都出台了相关的立法，但是对这些立法之间的逻辑并没有进行系统的梳理，导致立法各行其是，实施效果不尽如人意。

首先，对于跨流域生态环境损害行为的认定和追究，不同的区域有着不同的认定标准，这些规定的层级和详细程度、处理方式都不尽相同，这就直接导致行政机关以及司法机关在处理相关的跨流域生态环境损害行为时没有一个完全一致的法律依据来参照执行或者适用。具体的处理方式只能是谁的效力级别高听谁的，谁的法律依据强就听谁的。在这种情况下，行政机关和司法机关需要在内部进行法律适用的协商，而相关的法律依据和具体执行情况也没有办法得到落实。面对数量众多、种类繁杂的流域生态环境协同立法，行政机关和司法机关在面对跨流域生态环境损害行为时经常面临无法可依或者"数法可依"的情况，实际上造成了法律适用的困难。

其次，目前的生态环境保护立法实际上还是针对单一的生态环境要素进

---

① 田恬：《长江流域环境司法与行政执法协作的困境与出路》，载《重庆行政》2024年第 2 期。

行立法，如水、土地、大气等。① 这样的立法方式对于单一环境要素的治理效果比较显著，但是面对综合了多个环境要素的环境要素综合体来说，适用这样的单行法就有些捉襟见肘，没有办法对环境要素综合体产生的综合性环境问题进行有效的管控和治理。目前我国已经出台了《长江保护法》以及《黄河保护法》，这是对以往单一环境要素调控法律的改革尝试，也是对新形势下流域生态环境治理新要求的回应。

（三）行政执法与环境司法之间衔接不畅

从总体上说，行政机关和司法机关之间的协同转送机制不顺畅，出现对于流域生态环境破坏行为的以罚代刑现象，部分应当承担环境刑事责任的案件没有及时转送到司法机关，环境刑事司法机关的职能没有能够完全施展。行政机关在环境行政执法过程中收集的环境损害行为的证据和数据没有能够及时确定，以合法的形式固定下来，导致后续的环境公益诉讼的进行存在证据链确定的困难。行政执法和环境司法反向衔接的程序运转也存在不顺畅的情况，对流域环境损害行为的处理并不仅仅是从行政执法转送到环境刑事程序，更有一些案件不需要追究刑事责任或者依法应当免除刑事责任但是需要进行行政处罚。这样的案件应该移送给哪一个主体、怎么移交、具体的期限是什么，这些标准都没有一个明晰的标准。②

具体来说，目前环境行政执法和环境司法之间的衔接机制存在的主要问题在于：第一，两者之间的信息共享机制不顺畅。虽然目前部分地区已经尝试建立跨部门、跨区域的信息共享平台，但是此类平台的信息录入种类、录入频率、更新时限以及相关信息的报送等具体细节问题却依然有待完善，目前对流域生态环境司法协作工作的帮助依然有待加强。第二，两者之间的证据转化机制不完善。行政执法和司法审判对于证据的种类、数量、性质、固定方式等要求均存在着不同。基于以上差异，行政机关收集到的证据很难直接为司法机关用于定罪量刑，从而加大了对于环境刑事案件的处理难度。流域生态环境破坏行为存在自身的特性，如对于河流的污染，如果不及时进行取样检测，那么随着时间的拖延，在河流自净能力的作用下，其浓度和相关污染物的种类都可能发生改变，从而影响对环境破坏行为的定性和处罚。而

---

① 吴勇、刘娉：《流域生态环境协同治理法律机制研究》，载《环境科学与管理》2024 年第 6 期。

② 田恬：《长江流域环境司法与行政执法协作的困境与出路》，载《重庆行政》2024 年第 2 期。

破坏环境刑事案件的证据取得和确定在很大程度上依赖专门行政机关的取样检测和相关鉴定，如果这一问题得不到解决，那么流域生态环境司法协作的程度和力度都会受到影响。第三，两者之间的反向衔接机制存在不足。一方面，环境行政执法和环境司法之间反向衔接的法律依据问题。我国的《行政处罚法》以及《行政执法机关移送涉嫌犯罪案件的规定》等已经初步构建起二者之间工作衔接的机制雏形，但是两者之间反向衔接的机制却依然不完善。另一方面，环境行政执法和环境司法之间反向衔接机制的运行问题。[①] 以不起诉案件为例，检察院需要将其移交给公安机关或者是有生态环境主管权的行政执法机关进行处理，但是某些案件可能涉及多个部门具有监管职能，应该移交给哪一个部门是一个不确定的问题。移交的期限、移交的方式、移交的程度都有待完善。

五、流域生态环境治理司法协同机制的制度优化

（一）应当梳理完善流域生态环境治理司法协同信息共享机制的具体规范

目前的信息共享机制更多的是一个框架性的工作机制，很多时候需要依靠双方或者多方的协调来进行信息的共享，共享的效率、共享的范围、共享的速度都存在一定问题，信息的录入、上传、具体格式等没有一个具体的能够全国性普遍适用的标准。首先，应当明确环境事件的录入标准。应当对将何种环境事件发生、达到何种程度时需要录入信息共享平台进行明确的规定，以有效减少不录入、选择性录入的问题发生。其次，为了方便不同主体之间对于环境信息的使用和分析，必须将整体信息的编制格式进行统一，只有统一标准才能够大规模推广，也才能更广泛地为更多主体使用。最后，必须明确信息录入共享失职的问责追究机制。将信息共享平台的建设责任严肃化、正规化，对于超时录入、选择性录入、不按照规定格式录入的行为应当进行处罚。对于严格执行信息共享相关工作规范的主体应当进行嘉奖，计入工作考评之中。

（二）应当完善行政执法与环境司法之间的衔接机制

首先，应当规定面对突发环境事件时的应急响应机制以及证据固定规范。就目前来说，出现突发环境事件时环境行政主管部门的响应是比较及时的，但是在处置突发环境事件时，应当明确相关环境样本取样的方式、取样的数

---

① 田恬：《长江流域环境司法与行政执法协作的困境与出路》，载《重庆行政》2024年第2期。

量、取样的时间等工作规范，使相关证据能够适用于后续可能存在的环境刑事责任追究的需求。其次，应当完善二者之间的反向衔接机制。应当使两者之间的案件移送机制更加完善，相关案件不仅能够从行政案件转向刑事案件，更能够从刑事案件转向行政案件。明确具体的移送主体和移送期限、移送方式、移送材料、移送范围等相关事项，必须将具体机制落细落实，才能让相关的运行机制真正发挥作用，否则这一制度仍旧不能很好地解决实际中的问题，还是需要依靠行政协商来解决。

（三）应当对目前的流域生态环境法律法规体系进行系统的立改废释撰

应当统一流域生态环境治理的基本法，明确流域治理的基本原则、基本概念、基本方法、基本制度等。召开联席会议，统一用语含义以及术语、标准等具体事宜。在明确了流域治理依靠的基本制度以后，以流域为单位，对目前已经存在的立法进行系统的梳理，依照位阶从高到低的顺序将相互冲突的法律进行调整，对于重复规定同一事项或者对于一个事项多个法律都没有规制、存在规制空白的情况进行及时的纠正。将流域生态环境法律治理所依靠的法律法规体系进行"瘦身"（清除无用与重复、冲突规定）和"增肌"（弥补目前法律法规体系中的空白之处），使环境行政机关以及环境司法机关在履行职责的过程中不仅有法可依，而且有明确的法可依。最大限度地压缩权力恣意行使的空间。

六、流域生态环境治理司法协同机制的未来展望

流域生态环境治理司法协同机制是顺应目前流域生态环境治理的新形势、新要求而产生的新的创新性举措，目前我国的流域生态环境治理司法协同机制已经开始起步，并且在司法实践中已经初步取得成效，作出勇敢的尝试。我们对于目前流域生态环境治理司法协同机制的分析并不是为了否定这一机制为我们进行流域生态环境治理带来的帮助，而是为了促进其进一步发展。只有知晓自己的问题所在，才能明确下一步的前进方向，才能使这些问题逐渐消失。在处理问题的过程中，流域生态环境治理司法协同机制也一定会逐步完善和进步。终有一天我们会由衷地称赞流域生态环境治理司法协同机制是经过不断的探索和实践而得出的正确的实践结果。对长江经济带进行生态环境治理时面临着诸多难题，诸如跨区域政府间的合作问题、密集的人口、大量的工业园区和严峻的环境资源承载力等，这些问题无疑会加大各地政府在生态环境治理上的合作力度。通过建立系统有效的环境责任制度，有利于促使政府建立一种生态环境治理协同机制，从而实现协调各行政区域之间的

利益关系，在维护本地区经济发展前景的同时为社会公众提供优质的生态环境资源，维护社会公众的公共环境利益。此外，还有助于提升政府的公共服务水平，协调经济发展和环境保护之间的关系，实现公众共同参与到我国长江经济带的生态环境治理当中来，减轻政府在环境治理方面的难度和压力，同时有助于改变环境法的"软法"地位，克服环境法的有效性不足，为长江流域生态环境治理司法协同机制的构建提供理论支撑。

　　长江经济带复杂的经济形势、横跨若干行政区域以及严峻的资源环境承载力，使该地区的生态环境治理司法协同机制的构架必将更加复杂。对此，我们认为该流域的生态环境治理应当贯彻可持续发展的理念，为该流域的生态环境治理提供理论指导。同时，治理流域的生态问题应当严格执行环境法的各项基本制度，完善公众参与制度、环境影响评价制度和生态补偿制度等，创新环境政策和环境管理方式。需要注意的是，在实现生态环境治理的同时不能造成经济的大范围波动，应平衡经济发展和环境保护之间的关系，维护社会公众对该流域的公共环境权益，保障公众有效获取生态资源的权利，为公众提供尽可能优质的生态公共产品等，实现跨区域生态环境协同治理的有效提升。

长江经济带建设中生态环境
协同治理构建的现实问题

　　生态环境协同治理是基于对我国日益严峻的生态环境问题及长期生态环境建设的经验与教训的深刻认识而提出的，对于我国生态环境建设观念具有里程碑式的意义。在一定程度上可以看成是一次转变和一次飞跃，是理论、思想观念根植于社会生活、生产活动的微观的、具体的表状①。生态环境协同治理建设是构建生态文明建设的重要实践途径，是积极应对气候变化、维护全球生态安全的重大举措，是加快形成人与自然和谐发展的现代化建设新格局，开创社会主义生态文明新时代的必然选择，同时也是中国特色社会主义事业的重要内容，有利于提升人民幸福的获得感。

　　多年以来，我国的生态环境协同治理建设一直处于不断完善的阶段，在具体的实践、体制建设过程中，我们很难看到系统的、成体系的操作流程，大多是以"单打独斗"式的操作方法进行单项或局部建设。每个单项生态环境治理完成后又各自独立，难以相互联系，自成系统。生态建设工程常常被人误认为是园林景观工程，其主要任务也被误以为就是重复简单的肢体动作——植树、造林、种草，还大地一片绿色。对于生态环境治理而言，除了造林覆盖面积的增多外，生态系统结构的完整性并没有得到完全有效的恢复。因此，造成生态环境治理工程效益低下，事倍功半。打造长江经济带建设中的生态环境协同治理，其主要任务不仅是恢复流域的绿色生态景观，给予依赖流域生存的生物物种栖息的环境，更重要的是提升生态系统的功能结构，

---

　　① 王玉宽等：《对生态屏障概念内涵与价值的认识》，载《山地学报》2005 年第 4 期。

强化流域的生态服务功能。从目前来看，虽然在长江上游重要生态环境协同治理建设的道路上已取得了卓越的成绩，但是生态环境协同治理建设仍然存在一系列不容忽视的问题，亟须我们解决和克服。

长江上游流域横跨我国第一、二级阶梯，为我国名副其实的第一长河。上游垂直相对高差相当惊人，最大的地方甚至在 4000 米以上。上游流域的地貌类型千变万化、复杂多样。长江上游大部分地处亚热带，具有完整的自然垂直地带性，是长江流域的水源地和水塔，是我国生态脆弱带，是全球气候变化敏感区。长江上游流域位于东部沿海发达地区与西部内陆欠发达地区的过渡地带，地理位置十分特殊，同时对于整个长江流域的生态环境治理具有不可替代的战略意义。过去很长一段时间因为长期不合理、无节制的经济开发严重影响了上游流域的生态涵养服务功能，导致自然灾害频发，进入了经济发展难以为继和生态结构被破坏的恶性循环，严重制约了长江经济带的可持续发展①。通过十余年对长江的持续治理，如今的长江流域已经实现了"水清、岸绿、河畅、景美"的宜居环境，为流域经济社会的发展提供了有力支撑。

长江中下游地区年均气温 14-18℃，属亚热带季风性气候。降雨量集中且大，多分布于夏季。因此，造就了长三角地区的富饶之地，大大小小的湖泊、池塘星罗棋布地分布在这一地区，水网纵横交错、紧密交织。总的来说，比较耳熟能详的淡水湖有鄱阳湖、洞庭湖、太湖及巢湖等。首先，在农业方面，长江中下游地区的耕作物可一年两熟，水稻、小麦交替种植。其次，在生物资源方面，水生动物、植物资源分布较广，各自产量也较为丰富。按照鱼群的种类划分，有静水性的，广布于湖泊、池塘的鳊鱼、鲴鱼、鲤鱼、鲫鱼、青鱼、草鱼等，还有生长于江河之中洄游性的鱼群，主要有鲥鱼、鲥鱼、香鱼、银鱼、鳗鲡等。最后，在交通方面，长江中下游地区航运便利，城镇密集，形成了以武汉、南京、上海为中心的三大城市群，连同上游地区的重庆城市群都是区域的经济文化中心和交通中心，对区域经济发展具有强大的辐射和带动作用。由于经济的快速发展，越来越多的资源开始向长江中下游地区聚集（城市人口的火箭式增长就是佐证），人口的大量、单向流动使原本就不堪重负的城市基础建设几近瘫痪。同时也给此地的自然资源和生态环境造成了难以恢复的破坏。地区内部、地区与地区之间的资源、环境与经济发

① 潘开文等：《关于建设长江上游生态屏障的若干问题的讨论》，载《生态学报》2004 年第 2 期。

展之间的冲突也越来越凸显。在某种程度上，这对我国经济的可持续发展产生了非常严重的负面影响。

党的二十大以来，党和国家对生态文明建设的重视、推进达到了新高度，"绿水青山就是金山银山"的生态环境保护理念深入人心。可以这样理解，在实现绿色发展的过程中，生态环境协同治理建设正是实现生态文明、绿色发展的关键环节和根本途径。重庆市在长江上游的经济地位和生态地位至关重要，对于长江上游重要生态环境协同治理而言不可或缺，其生态环境具有多样性、脆弱性和战略性，在全国生态安全战略和发展稳定大局中具有极为重要的地位。为此，加快推进生态文明建设，构筑长江经济带重要生态环境协同治理，不仅是长江流域地方政府当前的工作重点，也是人民群众的长远利益和根本福祉所在。

在生态文明创新模式和实践路径的总体思路下，研究长江经济带重要生态环境协同治理实践中的重大理论和实践问题，包括生态文明观与生态环境协同治理理论体系；长江经济带重要生态环境协同治理实践模式的总结和提升，长江经济带重要生态环境协同治理建设评估研究；生态环境协同治理制度设计和协同机制研究等。力图对现有的生态环境协同治理实践成果进行全面系统的模式总结和评估，并期望在保障机制方面有较大改进。具体而言，就是在生态文明建设的统领下，以建立系统完整的生态文明制度体系为导向，基于长江经济带重要生态环境协同治理实践的总结评估，针对现有研究和建设实践的不足进行系统的探索。并通过具体研究，进一步拓展和深化生态环境协同治理的理论体系，全面总结长江经济带重要生态环境协同治理实践的成就，提炼长江经济带重要生态环境协同治理实践的创新模式，构建科学合理的长效评估机制，创建生态环境协同治理的制度设计和协调机制，努力推进长江流域生态文明的发展。

长江经济带重要生态环境协同治理是国家生态安全战略的重要组成部分，是长江流域生态安全的重要保障。长江经济带重要生态环境协同治理包括众多支流流域、山丘等不同区域的生态屏障体系。党的十八届五中全会提出"筑牢生态安全屏障，坚持保护优先、自然恢复为主，实施山水林田湖生态保护和修复工程，开展大规模国土绿化行动，完善天然林保护制度"。重庆是长江上游的中心城市，位于三峡库区腹地，正在持续经历快速发展阶段，生态建设与经济发展并重，机遇与挑战共存，已进行多年的三峡库区生态环境协同治理是长江上游生态环境协同治理的重要组成部分。因此，重庆是长江上游重要生态环境协同治理最为关键的节点，多年来的生态环境协同治理实践取得了相当大的成绩，如已经实施多年的三峡水库生态环境协同治理工程、绿色生态走廊建设、湿地保护与修复工程等实践性项目，在生态、经济、社会和景观等多方面取得了有目共睹的成绩。此外，重庆市审时度势，于 2021 年发布《重庆市筑牢长江上游重要生态屏障"十四五"建设规划（2021-2025 年）》（渝委发〔2021〕12 号），以重庆全域为规划基础，联动市外毗邻地区，在长江上游重要生态环境协同治理实践方面走到了时代的前列。然而，在生态文明建设的引领下，仍然有许多值得我们进一步探讨的空间。

第一节　区域环境准入和污染物排放标准不统一

当前，项目环评、"三同时"等源头预防制度的弊端日益凸显，难以适应当前的环境管理需求，实施环境准入管理有助于进一步完善源头预防制度体系。环境准入属于一种政府规制，是政府围绕区域环境容量和资源承载力，如水环境容量、水资源可利用量等对新、改、扩建企业（项目）的建设活动提出的一系列限制、约束和规范条件。为了进一步明确企业属性，环境准入往往也被称为产业环境准入。产业环境准入方案是落实准入管理的具体手段。

2015 年以来，我国已陆续实施新的《环境保护法》和《大气污染防治法》，但这两部环境保护领域的重要法律对违反污染物排放标准的法律责任规定却少之又少。在《大气污染防治法》中，涉及违反大气污染排放标准的法律责任条款仅有第 99 条、第 123 条和第 125 条，《环境保护法》中更为鲜见。然而，就我国目前而言，在长江经济带生态环境协同治理机制的建设过程中，在很大程度上缺乏相对统一的区域环境准入和污染物排放标准。

虽然我国制定有国家标准、行业标准和企业标准，但有其适用的局限性。长江流域各省、直辖市依循各自所辖区域内的实际情况，编制了适应当地情况的环境准入和污染物排放标准①。然而，长江经济带是一个贯穿东西的经济发展圈，长江流域的生态环境治理也需要统一的环境准入和污染物排放标准。如果流域各地的标准和条件不一，会造成具体执法的不公平，从而影响当地经营者的经济发展热情，同时也会影响公民对法律权威性、稳定性的认同。

---

① 徐光华：《长江三角洲地区环境保护协同机制研究》，载《中国浦东干部学院学报》2010 年第 3 期。

一、区域环境准入

区域环境准入真正开始受到各方面关注的标志性事件就是原国家环境保护总局针对河北省唐山市及国电集团的违规操作给予了"区域限批"的行政处罚①，"区域限批"的目的便是督促相关责任人整顿所辖范围内的建设项目违规、超标污染排放问题，还所在地区一个舒适的人文居住环境。

从定义上看，区域环境准入分为狭义的区域环境准入和广义的区域环境准入。狭义的区域环境准入是指环境管理部门综合考虑当地实际，制定环境容量和环境功能区指标，要求各个建设项目、施工项目、土地发展项目都按照此指标进行。对于环境准入条件不合格的区域建设项目或工业产业布局，将会采取限制或禁止手段进行国家层面的宏观调控。目的是防止各地政府为求政绩，动用手中公权，使得项目遍地开花，盲目建设和无序发展。一旦采用了区域环境准入，就能够充分发挥环境资源的效用，提升其配置效率，使城市规划更加合理，城市发展井然有序。

广义的区域环境准入应当包括外商投资环境准入。在经济全球化的今天，资本配置全球化，国外资本进入国内也是常有之事。但随着我国的快速发展，国外资本的注入也带来一些意料之外的问题：在引进外资时，由于区域环境准入机制尚不成熟，极易引起资本转移过程中污染同时转移，严重破坏我国公民的居住环境。所以，外商在国内投资经营，其所投资经营项目应当符合国内经济发展与经济政策的环保要求，不得损害国内的环境安全。而外商投资环境准入则是在环境生态维护面前竖起了一道法律的围墙，严禁外商的高污染项目进入中国。

伴随着中国经济的发展，在国家的环境和资源安全方面，区域环境准入正发挥着越来越重要的作用。长江流域各个省份对于河流的治理相对独立，没有统一的、位于各省（直辖市）分管河流治理单位之上的跨流域的河流管理机构，从而造成在长江经济带上，流域各省（直辖市）对于各自管辖区内的经济建设项目的环境准入条件不一、环境准入批准程序不一和环境准入违反后果处理不一。在长江经济带的流域治理上缺乏统一的环境准入标准用于解决区域环境准入标准不统一的问题。

---

① 盛学良等：《区域环境准入指标体系研究》，载《生态经济》（学术版）2010 年第 3 期。

二、污染物排放标准

（一）污染物排放标准相关法律法规存在的问题

作为促进污染物排放标准实施的法律工具，我国环境法律体系和内容的完善性、科学性和可操作性直接影响着环境管理和环境执法工作，进而决定了污染物排放标准能否有效实施。近年来环境问题越来越严重，国家相关的环境保护要求不断提高，而我国目前的环境法律体系在相当程度上存在着体制、机制与法制相脱节的问题，法律漏洞较多，没有为排放标准实施制度提供强有力的法律依据，不能有效指导行业污染物排放标准的实施。

1. 共性的法律制度问题

首先，环境违法成本过低。环境是我们生存所必须依赖的客观存在，如果生态被破坏，人类的生存也将不在。环境违法成本过低主要体现在即使执法机构对排污企业进行顶格处罚，排污企业仍然无动于衷，威慑性较小。其次，留给各地的自由裁量范围幅度过于紧缩。中国的经济发展呈现出二元现象，即发达地区很发达，欠发达地区很贫穷。两极分化严重导致区域间的技术水平不在同一起跑线上。而法律的公平性更要体现实质公平，允许合理范围内的差别待遇。

2. 缺乏综合性立法

我国现行的防治污染法律大都是专项法律，主要是依据环境要素进行立法。然而在具体实施过程中，单行法之间相互重叠、交叉和矛盾，而个别领域却出现法律空白等问题。此外，许多必要的污染防治单行法缺位，以及很多方面的问题没有法律的具体规定，也造成有法难依和无法可依。

3. 可操作性较差

各个单行法对于污染物排放标准多是原则性的规定，过于宏观和抽象，难以落到具体的执法当中。然而，法律规定中对于违反污染物排放标准应当承担的责任及责任形式莫衷一是。这在一定程度上造成了法律体系内部的不协调，同时也增加了执法的难度。

（二）现行排放标准存在的缺陷

1. 制定排放标准过程中论证不足，缺乏对环境基础数据的研究

我国在排放标准的编制说明中，对污染控制技术的筛选、确定程序不完善。排放标准要求强制执行，如果不能保证标准制定依据的确定性和认可度，不仅影响标准的执行效果，还有可能导致对污染源排污控制的不公平。污染物监测技术涉及科学不确定性问题，没有办法依靠完善的覆盖技术监测全过

程的技术检测系统。然而，最佳可行技术，即是对最佳技术与社会承受能力的综合考虑。目前，在排放标准的编制说明及技术研究报告中，不仅对最佳技术的界定和论证尚不充分，而且对排放标准成本、效益分析亦不充分，有些排放标准甚至直接参考综合排放标准和国外污染物排放标准确定排放限值。同时还存在排放标准过于严苛而使企业蒙受不合理的负担，导致规制过度，最终不得不朝令夕改损及政府威信的情形，如广东省的《电镀污染物排放标准》（GB 21900-2008）中的特别排放限值曾一度因为过于严格使得企业无法完成，最后不得不下调部分排放标准。①

2. 现行标准缺乏针对性，无法有效应对环境污染的态势

目前，我国大部分行业仍执行《水污染物综合排放标准》和《大气污染物综合排放标准》，综合排放标准分类不够详细，针对性和可操作性较差。并且综合排放标准无法体现原料、工艺不同的企业污染物种类与数量的差别。制定的标准与现实中的可用标准相差太大，无法有效应对环境污染，同时无法促使违法排放企业回归可持续发展轨道，达不到纠正的效果。

3. 现行标准缺乏指导性，损害公众利益

现行综合排放标准对企业和社会指导性差。近年来我国工业发展迅猛，污染物排放量持续增加，原有的综合排放标准控制力明显减弱，对企业污染物排放的约束性大打折扣。更何况在具体的执法过程中，标准过松，执法者又未严格执行，久而久之会导致当地政府对企业污染物排放控制的水平越来越低，从而进一步影响当地的环境公共利益。

（三）排放标准实施具体制度存在的问题

从各项环境法律制度的实施来看，环境影响评价制度和"三同时"制度的体系较为完整，具有较好的社会基础，适用范围较广；但保障性较强的排污许可证制度还有待完善，环保税也没有得到有效落实。

如今就环境标准这一排放监测的硬性指标来说，相应的具体落实难以维持。同时，污染物排放标准与上述各项制度的衔接与配合也存在缺陷。具体环境法律制度存在的问题有：

1. 制度体系构成的缺失

若要完成污染物排放标准的具体实施，不仅需要制定更为合理、详细的污染物排放的技术性指标，更重要的是需要一整套落实细则辅助推进。如此才能完成污染物排放标准的制度建设。我国已有的基本制度体系尚不全面，

---

① 谭冰霖：《环境规制的反身法路向》，载《中外法学》2016 年第 6 期。

除了环评、"三同时"、环保税等基本制度外，其他各项环境制度并未完全落实执行。另外，信息公开制度、公众参与制度、环境绩效考核制度、环境问责制度等也亟待法律确认。

2. 现有的各项制度本身仍需不断完善

污染物排放标准制度的建成离不开与污染物排放标准相关的具体制度的逐步完善。例如，环保税的税额较低、征收范围窄、税收程序不规范、对象单一；环境影响评价制度评价范围窄、评价有滞后性、审批不健全而且缺乏各种替代方案；"三同时"制度对企业环保硬性规定缺乏针对性，不利于企业将环保工作外包、市场化，在浪费企业治理成本的同时也不利于我国环保产业的发展，并且"三同时"与环境影响评价制度的结合性也较差；限期治理制度执行程序不具体、可操作性不强，行政救济手段不完善，法律责任也有待强化；排污许可证制度发证时间滞后，流于形式，领取排污许可证的条件要求不严、许可证发放的范围种类较窄且有局限性、对排污处罚较轻等。

随着我国环保工作的发展，环保要求逐步提升。要切实落实污染物排放标准，上述环境管理基本制度必须进一步完善，以适应当前我国的环保工作发展需要。

第二节　区域环境信息共享与发布机制有待完善

协同治理是我国生态文明建设的必然发展方向，但是在协同治理的过程中不难发现，我国生态协同治理仍然有一些明显的问题，如在区域环境协同治理中，行政割据问题严重，省省之间、省市（直辖市）之间协同治理难以为继。此外，长江经济带的治理环境相对复杂，涉及水利、生态环境、自然资源、农业农村、林业等部门的职责范围。因此，在流域的生态环境治理过程中，良好的环境治理体制就显得尤为重要和关键。然而，我国的环境治理体制并不像想象中的那么畅通，各个治理部门在某个生态环境治理方面都有自己的权限和职责，生态环境治理信息并不共享，各职能部门之间常常重复治理，常有做无用功的现象。

一、区域环境信息共享与发布机制的建设

（一）构建区域环境信息共享与发布机制的原因

区域环境信息共享与发布机制的构建基础需要有些许理论的支撑，而在构建过程中也需明确那些贯穿其中的原则。具体来说，构建区域环境信息共

享与发布机制有以下几点原因：

1. 构建环境信息共享与发布机制具有哲学上的科学性

在历史的长河中，人们在用双手创造灿烂文明的同时也用智慧创造了数目繁多的理论。可以说，理论与实践贯穿了人类社会发展的始终。但是，理论和实践的关系究竟为何，千百年来吸引了无数哲人的关注。其中，马克思主义对认识和实践关系的解读具有较强的科学性，被大多数人接受。

马克思主义认为，实践是人们对于客观世界付诸改造的所有活动，实践的属性是物质性、客观性，是进行改造的能动性活动，和历史发展以及社会发展有紧密联系。认识是人脑中对意识和观念的反映，既表现了反映的过程，也表现了反映的结果。认识之所以能够产生，是因为以实践作为基础，同时实践也是促进认识不断发展的根本动力，能够检验认识的准确程度，对于认识具有决定作用。与此同时，认识对实践具有反作用，科学和正确的认识可以促进实践、指导实践；非科学和错误的认识会误导实践，产生负面影响①。

根据马克思主义原理，我们可以知道实践是理论的源泉，这一点是毋庸置疑的。上述观点在我们的生活中相当常见，其不合理之处在于它将理论和实践割裂开来。事实上，二者是辩证统一的。所有理论都可以对实践产生指导作用，但是实践是检验认识真理性的唯一标准，理论只有在接受实践检验之后才能够指导实践，才可以算得上是科学理论。因此，我们要严格区分具有科学性的理论和不具有科学性的理论对实践的不同作用，在实践中出现问题时应当去反思自己的实践是否由理论指导、是否由科学的理论指导，而不应当全盘否定理论对实践的指导作用。②

科学理论是从客观现实中抽象出来的，得到客观实际的证明，能够反映事物的规律和本质，是体系化的认识，并且是真理，可以预测事物发展的方向，使人们的实践更具导向性。它能提出认识事物最正确的方法，从而帮助人们正确认识世界，是人们在实践中必须具备的。缺乏理论指导的实践必然是盲目的。所以，我们构建环境信息共享与发布机制，首先就是要为其寻找一个稳固的、科学的理论基础。

---

① 对在实践中获得的认识和经验加以概括和总结所形成的某一领域的知识体系就成了理论。因此，理论与实践的关系在很大程度上就是认识与实践的关系。

② 石鸥：《在"理论脱离实践"的背后——关于教育理论与实践的关系的反思》，载《高等师范教育研究》1995 年第 3 期。

2. 构建环境信息共享与发布机制有利于构建的合目的性

合目的性是康德美学中的一个重要概念，是康德美学的核心所在。而在人类的社会活动这一层面上，合目的性表现为人在目的的支配下自觉地改变外界环境。马克思在谈论生产实践的过程中明确指出，合目的性理论基于"目的"这一由人基于自身的自由意志创设的先验的意识，将人类的活动视为一个能动的过程，体现了对人类理性的尊重。一个不能自己创设目的并在其支配下进行活动的人必然不能称其为自由的人。相应地，一套不具有目的的机制必然不能称其为有效的机制。机制作为人主观能动性的产物，其目的正是个人在构建、运行、管理、维护机制的过程中所抱有的终极目的之总和，其活动亦具有合目的性。

一套好的机制必然是目的明确的。存在的目的需要构建机制的人事先为其设定。目的之于机制的作用是毋庸置疑的。首先，目的是让机制存在的意义得以实现的推动力。正如人一旦失去了生活的目的就只能碌碌终身，失去了生存的目的就只能坐等灭亡一般，一套机制首先需要有一个目的（不论这一目的是否合理）才能运行，一套单纯的、不包含任何价值的机制本身是没有任何存在意义的。其次，目的使机制的构建和运行更加顺畅。在现代社会发展过程中，控制论以"合目的性"一词表达所有与目标接近的负反馈调节。在负反馈实际过程中，系统将控制的结果和最初设立的目标进行比较，以调节的方式来缩小和目标的差距，使结果和目标更加接近。因此，在目标已经存在的基础上，机制的构建、运行过程无疑就是一个不断接近目的的过程，而非胡乱摸索的过程，这无疑使机制的效率大大提高①。

当然，单纯的目标会受到一定的限制。目标能够指导人的活动方向，终究是由人基于其意识而自由创设的，而单纯意义上的意识不需要任何负担。这也就是说人可以为自己的行为预设任何目的，而不必考虑其可行性。但现实中的人在创设目的时总是或多或少地对目的有所考量。这是因为一个正常的人不会做无意义之事，人创设出目的就是为了在目的的支配下通过自身的行为将其实现，这取决于目的是否合理、是否具有实现可能性、是否符合利益衡量等。而从根本上说，需要目的和实践存在联系，需要目的和实践合乎客观规律。机制的目的作为一种价值，终究不是事实。这就使得目的与在目的支配下的实践存在一定距离，合目的性的实现就在于努力将"应然"层面

---

① ［德］卡尔·马克思：《马克思恩格斯全集（第 23 卷）》，人民出版社 1972 年版，第 208 页。

的制度目的与"实然"层面的制度构建相对应，这一过程需要我们在"应然"和"实然"中往返观照，是一个反复的、复杂的过程。我们认为，合目的的实现首先需要明确制度构建的理论基础。如前所述，理论能够指导实践，科学的理论能够对实践起到促进作用。而科学的理论早已经历过实践的检验，更加符合客观规律，制度构建的理论基础能够使制度目的更加合理。我们为一套制度确定理论基础就是在明确制度的目的，并为实现制度的合目的性寻找科学上的支持。

3. 构建环境信息共享与发布机制有利于政府间难沟通问题的解决

流域政府间难以互联互通是有原因的，流域各政府有各自的地区考量，对于所辖区域内的环境状况，一是没有义务通报流域内其他政府；二是有吃力不讨好的嫌疑。然而，一旦启用了信息共享，便能对流域内环境生态的变化一目了然，各地针对突发的环境破坏也就能更有针对性地解决。

机制构建的过程注定不会一帆风顺，出现问题是难免的。一套机制越是宏大，相应的问题也会越多越复杂。理论基础犹如高楼的地基，地基打得牢固，盖楼时就能省工省力。理论的构建并不是由学者凭空想象的，而是在事实的基础上总结而成的。所以它可以用来服务实践。理论的提出也并不是证明理论怎样才会成立，而是通过证伪的方式，提出在什么样的情况下理论是不具有适用空间的，以此来证明理论的可适用性。

（二）构建区域环境信息共享与发布机制的原则

我们认为，构建区域环境信息共享与发布机制必须遵循以下三项基本原则：

1. 科学性

科学性是区域环境信息共享与发布机制坚实的基础，因为其本身只有是科学的、符合客观规律的、可以经受住实践检验的，才能够为问题的实际解决起到积极的作用。这就要求我们在选择、制定相应的具体措施时认真对待，并对本身进行细致的具有科学性的考量。科学也是有使用空间范围的，就像规律有其适用条件一样，在论证理论的科学性时必须指出在什么样的前提下是科学适用并是十分合理的。

2. 合目的性

合目的性指的是区域环境信息共享与发布机制要有利于实现机制的目的，能使实践与目的相对应。我们知道构建区域环境信息共享与发布机制的目的主要有两个：一是确定政府在流域环境信息共享与发布中的职权和职责，使得环境信息传递得更为高效；二是确立相应的责任追究机制，使在区域环境信息共享与发布机制中承担违背信息共享与发布的责任。

3. 经济性

经济性指的是区域环境信息共享与发布机制的构架中应关注资源投入和使用过程中成本节约的水平和程度及资源使用的合理性。现实生活中的资源终究是有限的。一套机制终究是要投向社会实践的，这就要求我们不要一味地追求理论的科学性和合目的性，同时要考虑如何使组织经营活动过程中获得一定数量和质量的产品和服务及其他成果时所耗费的资源最少。

三项基本原则是相辅相成的。科学性是根本前提，合目的性是最终标准，而经济性则是优化目标。基于这三项基本原则，我们可将区域环境信息共享与发布机制构建得又快又好。

二、区域环境信息共享与发布机制存在的问题

（一）政府指导缺位，忽视政府环境责任

区域环境信息共享与发布作为政府环境责任中的一小部分，其建立加重了政府的环境负担。然而，政府将官员的升迁考核与完成经济指标、促进GDP 的增长相关联，促进 GDP 的增长是官员政绩或者履历上的加分点，甚至在部分地区促进 GDP 的增长是官员的唯一政绩考核。发生在湖南省岳阳市的水体污染事件就是一个很好的例证。在污染发生的前一年，湖南省岳阳市委市政府授予了该水体污染企业"重点挂牌企业"，环境监督检查因此一路开绿灯，最终导致了悲剧的发生。更有个别政府的做法实在是让人匪夷所思：徽县血铅超标事件的肇事企业是在当地政府的扶持下通过的相关环评监测，并由于其带来的巨大经济效益被当地评为"首批重点保护企业"，更让人匪夷所思的是当地政府竟然在相关文件中规定未经政府的特别授权，不得到重点保护企业进行检查，使企业可以随心所欲地排污而不用担心环境部门的监督检查，专心发展经济。

有些地方政府片面地理解"以经济发展为中心"，为给当地带来经济效益的企业充当"保护伞"。GDP 是官员们升迁的硬指标，看起来是最直观、最动人的，而环境指标仅仅是升迁中的加分选项，并且环境污染的治理往往会持续十几年甚至几十年之久，需要数代政府官员的努力。因此，官员们重GDP 增长，轻政府环境治理责任也就不足为奇。然而，作为政府环境责任中的一小部分的环境信息共享与发布就更显得微不足道。

（二）公众参与环境管理难

公民获取环境信息只是一种基本的环境管理手段，其最终目的是使公民

在享有并行使知情权的基础上参与环境决策和管理。在我国，公众参与主要是参与对相关项目在实施后可能对周围环境、人员的影响进行分析、预测、评估，从而确定有效的对策和措施，并进行长期的检测监督。环境信息的有效公开与公众参与环评是公众与项目建设单位、环评审批机构、政府有关部门进行双向沟通交流的渠道。而在我国现行立法中，对环境影响评价过程中信息公开的质量不高，难以保障公众参与机制的实现。

（三）政府环境执法与监管不力

在环境执法中，对造成环境事故的相关违法企业和直接责任人处罚方式单一、惩处力度不够、处罚金额也相对较小，有时违法的成本甚至要低于守法成本。而对那些地方性的经济支柱企业，地方政府也缺乏强制性的惩处措施。前述已经提到，与中央政府相比，地方政府的环境自主权较小，这也导致了地方政府的环境主管部门缺少对造成环境违法的企业实施停产、关停的权利。地方环境主管部门一方面需要其他部门配合对违法企业进行惩处；另一方面，环境主管部门在对地方经济支柱企业进行处罚时，容易受到地方政府及当地社会的舆论压力，地方环境主管部门往往两面不讨好，执法困难。与此同时，环境执法过程中存在"地方保护主义"情况，保护环境仅仅是地方政府众多工作指标的一个，在面临经济发展与保护环境不相兼容时，保护环境时常被地方政府视为"因噎废食"之举，在两难的境地面前，保护环境被抛之脑后。这使政府环境主管部门的环境权力在日益扩大的同时却犹如屠龙之术，毫无用武之地。

（四）环境信息公开制度不完善

环境状况和环境污染事故的公开明确规定于 2015 年 1 月 1 日正式生效的《环境保护法》中，《能源法》规定的必须公开的信息是清洁能源在生产过程中的相关生产信息。其他相关立法虽对环境信息的公开进行过部分规定，但存在政府和企业环境信息公开范围过于单一、表达过于模糊、公开范围不够具体的问题。并且在相关法条中，我们只能了解到要公开的环境信息，但不知道在何种范围内公开、公开到何种程度、通过何种方式和渠道进行公开。地方政府的环境监测手段单一、成本高昂，并且地方政府面临着执法能力不足的问题。尤其是在系统性建设环境监测体系方面，地方政府的相关措施与全面、准确检测污染源不相适应。此外，地方政府在污染源监管信息公开方面手段落后，与社会发展不相适应，对于污染企业缺乏治污奖励激励机制。《环境保护法》规定的履行环境信息公开法律义务的主体仅限于国务院和省级政府的环保部门。环境相关法律规定的环境信息公开范围有限，即使是与民众息息相关的大气污染信息，也仅涉及公众应获取环境信息的一部分。单行环境立法仍需扩大环境信息公开义务的主体范围，扩宽公众环境信息的来源。流域间环境信息共享与发布更是如此，如若不加以明确，一是流域政府不知如何着手实施，导致制度虽好却被闲置；二是对于公众而言，明确的公布渠道和信息获取方式可以增加政府在民众心目中的权威，有利于百姓幸福感的提升。

第三节　区域环境监管与应急联动机制尚需完善

与国家领土之内的环境污染治理相比，流域范围内的生态环境治理有其天然的复杂性和中和性：流域范围内各地环境治理防治政策不同、治理方式不同、应急机制不同、处罚力度不同等，给长江流域的生态环境治理带来了极大的难度。自此，建立统一的区域环境监管与应急联动机制就被提上日程。

一、区域环境监管

（一）区域环境监管的理解

行政主体采用多种方式监督和管理环境要素，就是为了治理环境问题，维护区域的生态结构稳定，保证生态环境公益的实现。谈及环境监管，就不得不谈及环境许可，许可简而言之就是对一般禁止的特殊许可。例如，就许可证制度而言，是政府为建设活动和商业活动所设置的准入规则，只有符合相关环境保护标准的建设活动和商业活动才能取得许可证，继而开展建设活动或商业活动。即使相关的建设活动或者商业活动已经取得了许可证，但如果它们在发展过程中被发现没有一如既往地遵守环境保护标准，那么它们的许可证将会被收回，它们的建设活动或者商业活动也必须立刻停止。

（二）现有监管的不足之处

改革开放以来，中国经济迅猛腾飞，兴建了众多高能耗、高污染企业，基本上都是偏重工业、化工企业型，而整个社会只看到了经济的发展，却没有看到发展背后所付出的沉重的环境生态代价。于是，政府对于环境生态保护、污染防治的宣传教育缺失，群众的环保意识不强。

首先体现在入口环节。第一，我国关于危险废物越境转移的法律较为分散，集中度不够。目前，关于危险废物管理的法规主要集中于环保部门，但环保部门由于不是口岸常驻的检查机构，因此只能根据报审单位提交的报验单或口岸检查单位发现问题后的通知进行实地检验，环保部门在客观上没有足够的力量对日常的进口行为进行监管。这样一来，环保部门在行使其职能时就处于被动地位，在很大程度上削弱了它的执法力度。第二，由于各部门工作的侧重点不同，部门之间的合作匮乏。在我国现行的边检制度中，海关、商检、卫检、动植物检验检疫等部门各司其职，工作的侧重点不同，只有对多部门联合下达的共同任务才能实现共同实施，而对于单一部门下达的任务，在其他部门很难得到执行，这种体制上的漏洞就会给不法者带来可乘之机。第三，在边检过程中，执法人员的素质也至关重要。有的执法者对相关的法律法规不熟悉，对危险废物贸然放行，可能会造成不可预估的损害。此外，有的执法者徇私舞弊，内外勾结，玩忽职守，私放危险废物入境从中牟取暴利。

其次体现在对危险废物处置的管理方面。我国虽然在一些规范性法律文件中对危险废物的处置作出了相应的规定，但违法现象仍旧普遍存在，这就给国内的危险废物进口者提供了可乘之机。例如，我国相关法律法规对危险废物的收集、存储、运输、处置都规定了许可证制度，但无证经营和违规经营的情况却非常严重。另外，其管理活动只停留在计划层面，得不到有效的实施和保障。一直以来，对危险废物的处置在我国得不到重视，因此造成处置的设施落后，集中处置率低，对集中处置的管理流于形式等。除此之外，危险废物的监管体系也存在不统一的状况。我国只有上海、深圳、杭州等地建成了危险废物的集中处置设施，处置能力非常有限，并且处置功能不全，费用昂贵。迄今为止，我国还没有一座功能齐全的危险废物处置场所投入运转，这样的结果与实现保障环境安全和人民健康的要求还有很大的差距。

再次体现在公众的环保意识方面。由于我国处于并将长期处于社会主义初级阶段，因此经济并不发达，人们为了实现经济的发展而大肆掠夺自然资源，缺乏人与自然和谐发展的环境保护理念。由于对经济利益的过度追求，公众往往持有先发展经济后保护环境的心态。这样一来，公众往往会被危险废物进口所得的眼前利益所吸引，对其可能对环境造成的严重危害认识不足，意识不到环境问题关系到人类世世代代的利益，得不到合理处置的危险废物会给自身赖以生存的环境带来巨大的灾难。这种问题不单单在公众中有所体现，更为严重的是一些执法工作者、地方政府官员也持这种观念，罔顾国家的政策法规，为危险废物越境转移行为提供便利。

最后，我国相关法律法规对危险废物越境转移的打击力度不够，相应的损害赔偿责任制度缺失。虽然现行刑法中规定有污染环境罪、危险物品肇事罪、非法处置进口的固体废物罪、擅自进口固体废物罪、走私废物罪，但对其惩罚力度与外国相比明显偏低；民法典侵权责任编中明确了环境污染致人损害的责任以及举证责任污染者责任的承担；《环境保护法》也对赔偿责任和金额的纠纷救济程序作出了规定，但是并不能完全保障受害者在遭受环境污染危害时得到应有的赔付。同时，对环境监管的执法人员玩忽职守、徇私舞弊的行为处罚较轻，不能起到震慑的作用。

二、应急联动机制

应急联动，是指在应对危机时统一联合行动。应急联动同时还具有整体性、联动协作性和全面有效性的特征。首先，应急联动机制是一个有机动态的整体系统，每一个环节、过程丝丝入扣，共同维护着整个系统的平衡和运行。其次，应急联动机制是多种力量与手段综合的有机动态系统，可以积极调动政府和社会力量各个参与主体的共同参与，强调联动参与主体间的有效整合与纵横向流通，从而使它的联动协作性显得更为突出。通过对应急联动一系列的管理过程，这一机制便开始真正发挥作用，能有效实现公共危机管理应急联动机制的预期目的和功效。具体应该包括决策、协调、联动及救援的有效性。应急联动机制的全面有效性是这个机制的"基本内核"和根本诉求。

然而，我国政府应急管理体系存在诸多漏洞，诸如社会风险评估根据性不足，论证不够充分，没有办法真正做到有效评估潜在风险；职权划分的界限不够明晰，部门之间的权能很容易发生重叠，对于某一问题的处理极有可能不同，从而致使问题不能得到根除、悬而未决等一系列问题。以下将着重阐述几个问题：

（一）信息共享欠缺，社会参与程度不高

信息的良好互联互通在应急联动的反应中起着关键性的作用。特别是在实际的危机应对过程中，各个参与主体和部门信息资源整合和共享不足，部门间、地区间以及社会公众、非政府组织、营利性组织间的信息不能有效共享和互动。参与主体间信息不对称，沟通渠道不畅，各个参与主体特别是广大非政府参与主体对于有效信息的知情权很难保证。在利益分配的现实面前还存在许多瞒报、虚报信息或是假信息的现象。这容易造成信息的失真，也容易造成社会恐慌和形势混乱。媒体作为信息的重要沟通传播渠道，在公共危机事件中起着至关重要的作用，应披露真实情况，传播正能量。

（二）法律保障还不完善

现在我国已有许多关于应对公共危机事件的法律规范，构成了一套用于处置危机的法律体系,如《国防法》《戒严法》《安全生产法》《消防法》《防震减灾法》《气象法》以及《防洪法》等。但是这些大多是针对特定灾害的单项法律,并没有出台一部综合性的、适应一般灾情的应急法律。有关更多应急主体或联动机构在危机事件发生后如何综合性地联动应对危机的规范性文件或标准还没有出台,公共危机应急联动机制法律保障仍然不足。对于广大的社会力量在应对公共危机时的主体权责、参与程序、方法等方面的法律规定尚未完善。社会公众因为民族情感而加入灾害应急之中,对于普通社会民众应急参与的一般定位也缺乏明确的法律规定。从总体上说,应急联动还处于法律制度建立和完善的探索阶段,并不完善,对于一些细微之处规范得不够明确,在现实的操作中也难以把握。

(三) 资源整合与调度不力

目前,在面对公共危机事件时,政府、社会普通民众都能积极投入到应急联动之中,从侧面也反映出一种民族情感。一方有难,八方来助。但是部门主义、地方主义仍然存在,并没有形成有效的统一。要促成合力,让力气往一处使。各条块之间资源分割,职能交叉,增加了沟通和处理的环节,没有形成有效的具有约束力的机制,部门沟通交流出现阻碍,势必会影响整个机制的联动。

(四) 传统应急管理机构能力不足

长期以来,我国都缺乏应对突发公共危机事件的综合性常设管理机构。通常在危机事件发生后才临时成立一个应对领导小组或管理委员会开展各个方面的工作。这类危机管理机构多为领导小组的形式,下设办公室挂靠到某个部门。同样,现阶段设立的许多应急办综合性不强,缺乏必要的授权,功能比较单一,在发生重大危机事件时不能有效组织、指挥、协调各方利益主体以及整合各种资源。这是一种运动化、非制度化的公共危机管理应对方式。这种危机管理应对方式虽然能起到一定的作用,但也有明显的不足:其一,缺少实践和经验,不具有延续性;其二,需要各个参与主体临时的合作与协调;其三,没有成熟的危机应对预案、危机处理计划和危机操作方案,对于各个参与主体的权责没有明确的分工和定位。在这种缺乏常规管理机构的应对方式中更加剧了这一现实问题。各参与主体之间,特别是各个政府部门之间相互推诿,推卸责任。

(五) 各个利益主体公共危机意识淡薄

新冠疫情的发生及其严重危害性给相关利益主体敲响了警钟,各相关利益主体的公共危机意识得到了不同程度的加强,但是国民意识、危机意识的全面提升不是一个短期的过程。现阶段有些利益主体的公共危机意识依然比较淡薄。在公共危机事件发生地，有些政府部门作为公共危机管理的主导角色，缺乏危机意识，对于危机的预测和预报不能形成真正的重视，实际工作中的各种危机应急预案和预防工作缺少前瞻性；其他的社会利益主体在面对危机时不知所措，缺乏自救和自组织能力。在危机没有发生或波及的地方，各个利益主体对于危机的发生显得冷漠，认为和自身没有多大的关系，大多持观望态度，缺少有组织的援助救援行动；有的可能都是分散的个体的力量，无法形成现实的救援力量；有的救援行动、资源的捐募可能更多的是官方的行为或是具有强迫性质的行为，不是它们自身的意志表现和自愿行动。

第四节　统一协调机构及相应契约约束力不足

　　跨界、跨流域生态环境治理的关键问题便是相应的政策、措施能够落到实处，并且不会与当地政府产生政策上不可调和的矛盾。而这就需要有一个在级别及力量上具有足够分量的协调机构去维持其中的平衡。然而，在现实中真正缺乏的正是这样一个协调机构。长江流域所发生的生态环境治理难题大都源于缺乏统一的协调机构，各地政府各行其是，不能很好地利用现有资源，无法使得现有资源的利用、配置效率达到最高。

一、协调机构的设置

　　许多国家都采用了统一的协调机构去管理流域间发生的大部分问题，这在一定程度上缓解了当地的突出问题。

　　（一）美国

　　1. 协调机构的确立

　　美国联邦政府机构下设专门的环境保护机构、联邦各部门下设相应的环境保护机构、各州州一级的环境保护专门机构为环境生态维护的政府职能主体。

　　虽然美国宪法并没有明文授予联邦管理环境的权力，但是从某些条款的理解与适用可以看出管理美国环境的权力事实上由联邦取得。[①] 因此，联邦政府就相应地具有了提供生态环境治理的职能与职责。美国联邦政府履行供给

---

　　① 金自宁：《美国联邦环境风险评估制度：已有探索与未决难题》，载《国外社会科学》2022 年第 3 期。

职责主要依靠其下设的两个专门的环境保护机构：国家环境保护局（EPA）和环境质量委员会（CEQ）。根据《国家环境政策法》，环境质量委员会设在美国总统办公室下。环境质量委员会是总统环境政策方面的顾问，负责制定环境政策，其主要职责：一是为总统提供环境政策方面的咨询；二是监督、协调各个行政部门有关环境方面的活动。具体职责有：收集有关环境现状和变化趋势的情报，并向总统报告；评估政府的环境保护工作，向总统提出有关政策的完善建议；指导有关环境质量及生态系统调查、分析研究等；记载和确定自然环境的变化，积累必要的数据资料及其他情报并向总统报告，每年至少一次①。

从上述具体职责可以看到，环境质量委员会主要是为生态环境治理提供前期阶段性现实资料上的参考与分析，方便政府部门了解这些资料与信息后为相应生态环境的维护、治理提供宏观的方向。

与之相比，国家环境保护局的职责有所不同，其主要包括：（1）制定环境保护标准，包括与人体健康相关的污染物排放标准、与环境相关的质量标准等；（2）颁布有关条例及规章，针对工业界提出各种要求并监督实施；（3）组织排污许可制度的实施，为各个行业、各个企业制定并发放排污许可证，企业要定期向环保部门汇报企业的生产情况和排污行为；（4）对各个企业的排污行为进行现场监督和调查；（5）对违法的企业进行罚款、起诉；（6）通过环境监测数据反映执法的效果，监测是国家环境保护局的一项主要职能。

国家环境保护局在生态环境治理供给上则主要涉及物质型生态环境治理的直接供给，包括对污染物的处理、环保执法中的监督与调查等。通过对全美工业界各企业的具体要求与监管，整体实现了生态环境的有效治理。此外，为了更好地实现环境的监督管理，国家环境保护局还将全美 50 个州划分为 10 个片区，在每个片区设立区域环境办公室。每个区域环境办公室代表国家环境保护局管理监督区域内各州的环境行为。

除国家环境保护局和环境质量委员会之外，联邦政府中的其他一些机构也通过行使职权开展相应的生态环境治理。其中，主要包括内政部及其所属机构、农业部及其所属机构、劳工部及其所属机构、商务部及其所属机构等。这些部门与机构主要是通过在行使自然资源管理职权的同时，提供相应的自

---

① 李蔚军：《美、日、英三国环境治理比较研究及其对中国的启示——体制、政策与行动》，复旦大学 2008 年硕士学位论文。

然型生态环境治理的生产与维护，如内政部下属的美国渔业和野生动物局，其职能为保护鱼类、鸟类与濒危动物，保护湿地与自然保护区，以及对狩猎者的监督管理；又如农业部所属的美国林业局，负责管理全国 3360 万公亩的森林和草地。

美国各州也有自己的环境管理机构。实际上，相较于联邦政府及其环境管理部门，州政府在生态环境治理的供给上担负着更为重要的责任。美国各州都设有州一级的环境质量委员会和环境保护局，经审查合格的州环保机构拥有联邦法规授权的实施和执行法律的权力。不过，各州的环境保护局并不隶属于国家环境保护局，而是依照各个州的法律独立地履行职责。根据各州的环境保护法规，州环保机构在州内享有环境行政管理权，包括对违法者处以罚款，对被管理者进行检查、监测、抽样、取证和索取文件资料的权力。但如果有个别州不遵守国家环境保护局的基本规定，那么分管该州的区域环境办公室可以向国家环境保护局建议取消相应的许可资格，由该区域的环境办公室制订联邦实施计划，最后州政府根据情况制订环境保护实施计划。此外，当个别大型生态环境治理的供给涉及相邻的多个州时，则由国家环境保护局按照联邦法律规定进行管辖。总体来说，州一级的环境管理机构在生态环境治理的供给方面主要针对自然型生态环境治理的维护与治理，以及物质型生态环境治理的生产。

2. 职权的划分

在确立机构的同时也赋予其一定的职权。美国国会和政府通过相关生态方面的立法，明确规定各个环境管理机构在不同领域的职责权限。例如，根据《清洁空气法》，美国联邦环境保护局和经该局批准的州政府环保机关是实施和执行《清洁空气法》的主管机关。该法授予环保管理机关下列执行权：（1）对违法者发布通知，指出其违法；（2）对违法者发出守法令，命令其矫正违法行为；（3）处以行政罚款；（4）对违法者发出现场告示；（5）对违法者提起民事诉讼；（6）通过联邦司法部提起刑事诉讼。

《清洁空气法》通过对联邦政府和州政府在控制空气污染方面的职权职责进行规定，创立了一个在联邦政府领导和监督下的由州和地方政府具体实施的环境管理体制，从组织保障上很好地控制了空气污染。①

在物质、生态管理的资金方面，美国政府同样承担了主要的职责。生态管理的物质支出往往需要很大的财力物力，且利润回报小、短期收益不明显。

---

① 王曦：《美国环境法概论》，武汉大学出版社 1992 年版，第 390 页。

为了实现更好的生态环境治理效果，必须由没有营利目标的政府来进行投资生产。

（二）欧盟

1. 机构的确立

欧盟是一个享有广泛权利、拥有特殊地缘政治法律地位的国际组织，这决定了它有着特别的生态环境治理的政府职能框架。在欧盟内部有着独特的供给主体大三角：欧洲议会（European Parliament）、欧盟委员会（European Commission）和部长理事会（Council of Ministers），它们是欧盟生态环境治理的主体。欧盟生态维护主要源于这三个主体间的复杂运作过程。有着欧盟首脑参与的欧洲理事会（European Council）是欧盟实际上的最高决策机构，它不参与具体的环境政策制定，但它决定着欧盟未来的政策方针，决定着生态环境治理的走向。地区委员会（Committee of the Regions）及欧盟经济和社会委员会（Economic and Social Committee）是欧盟法定的咨询中心，它们是地区集团组织和公民社会的代表。欧洲法院（European Court of Justice）是欧盟的最高法院，它不参与实际的决策过程，但它可以通过对欧盟法及其判例的解释来直接或者间接地影响欧盟生态环境治理趋势。

欧盟议会是欧盟立法和决策的咨询对象，但在 1987 年《单一欧洲法令》生效后，欧洲议会的权力和职权范围逐渐扩大，法律增加了其在立法方面与部长理事会和欧盟委员会的合作程序。其主要职责有：参与欧盟环境立法程序；对环境法实施过程中出现的违法或渎职行为进行调查；接受有关环境事务的申诉；对重大环境问题展开讨论，形成决议。

欧盟委员会，简称欧委会或委员会，其在欧盟环境生态体制中发挥着主要作用，它的主要职责有：（1）参与环境政策的制定和环境立法程序；（2）履行环境政策的执行权和管理权；（3）参与制订共同体环境行动计划；（4）履行对外代表权。

通过对欧盟委员会的职责进行具体分析可以发现，欧盟委员会主要是为生态环境治理提供立法上的保护，使生态环境治理方向得到制度化保障，是欧盟的立法机关之一。

部长理事会，也称欧盟理事会，简称理事会，是欧盟环境立法的主要机构之一，对于欧盟环境的保护、污染的防治具有决定性的作用和影响，其主要职责是在征询其他欧盟相关机构的意见后，就欧盟委员会提出的立法草案制定相关环境法律。其主要职责有：保证欧盟经济、社会和环境政策的协调；制定环境政策和法令；推动欧盟环境政策的实施。

通过对部长理事会的主要职责进行概括，我们可以很清楚地了解部长理事会主要是辅助欧盟委员会进行立法活动，保证生态环境治理政府供给的顺利实施。

2. 职权运作方式

欧盟的生态环境治理涉及欧盟、成员国以及地区和地方三个方面，涉及众多的供给提供的相对方，包括欧盟机构、成员国政府、地区和地方机构以及公民社会等所有公权力部门。在生态环境治理的提供过程中遵循着辅助性原则和比例适度原则，该原则最明显的特点是责任分担，即共同体、成员国、地区和地方当局以及公民社会的各个相关方各司其职、互相协作，共同承担环保义务。

（1）欧盟。欧盟在生态环境治理的提供层面有着复杂的体系和过程。例如，欧盟的环境法律、指令、决定都是先由欧盟委员会提出立法建议草案，然后由部长理事会就欧盟委员会的建议草案征求欧盟经济和社会委员会、欧盟议会或者地区委员会的意见，然后以特定多数同意或者一致同意决议。欧盟的政策主要来自成员国之间、成员国与欧盟机构之间。与生态环境治理相关的利益集团、成员国以及地区和地方的成员也要不同程度地参与生态环境治理的提供。

欧盟生态环境治理的提供分为不同阶段，各个阶段有着不同的特点：在生态环境治理提供的初期，欧盟机构发挥着主导作用，大致分为提出草案、协商、修改和表决；在生态环境治理的实施阶段，欧盟机构的控制力减弱，因为生态环境治理的实施是欧盟各成员国的职责。此外，对于公共生态产品实施效果的评估是由欧盟委员会指派专员或者工作小组进行。

（2）欧盟各个成员国。欧盟各个成员国在生态环境治理的提供上扮演着不同的角色，如德国、芬兰、荷兰、瑞典等，因其内部有着强大的绿色环保组织和执政党，并且因其国家较为富裕，能够负担提供生态环境治理的资金，故被称为"先进国"，而其他成员国因各种原因不能百分之百地提供完全的生态环境治理，故被称为"后进国"。欧盟的生态产品的提供一般是"先进国"将新的生态环境治理草案提上议事日程，然后由欧盟议会、欧盟部长理事会通过沟通、协商、谈判迫使"后进国"提供更高要求的生态环境治理。1987年《单一欧洲法令》实施后，资格多数的表决机制减少了"后进国"被说服实施更高要求的生态环境治理的阻力。为了保障生态环境治理的提供能够持久地进行下去，欧盟一般会将生态环境治理以法律的形式传达下去，但成员国实施欧盟环境法律一般分为三个部分。

首先，将欧盟法转换纳入欧盟各成员国的国内法。成员国政府必须将生态环境治理的每一个部分的环境指令转换为国内法，并且确保其立法机构、司法机构和行政机构能够适应生态环境治理的要求。

其次，实施欧盟环境法并评析其结果。提供生态环境治理需要政府相应的行政、技术、科研的架构，提供必要的财政资金支持。欧盟法要求各成员国定期向欧盟报告其政府所采取的措施，并针对本次报告提出下一阶段的要求。

最后，因为不是所有的欧盟成员国都心甘情愿地严格执行欧盟环境法，所以欧盟委员会需要刺激和鼓励各成员国。《欧洲联盟条约》明确规定，欧盟委员会负责确保欧盟法的实施，并有权在必要时针对成员国发出合理化意见（Reasoned Opinion），甚至可以向欧洲法院提出违法诉讼。

（3）地区和地方。在欧盟成立的20多年里，欧洲一体化的程度越来越高，欧盟的权力范围也越来越大，这使欧盟与地方当局的关系日益密切，导致了各个成员国中央政府在欧盟决策中主张的权利受到了一定程度的削弱，但相关政策（包括生态环境治理的提供）的制定和实施已经越来越离不开地方当局。地区和地方政府与欧盟进行沟通的渠道主要有四个。

①大部分地方当局在欧盟总部布鲁塞尔设有办事处，办事处的主要任务是游说欧盟官员及决策者，在沟通中收集相关信息。

②一小部分未在欧盟总部布鲁塞尔设立办事处的地方政府则利用一些咨询机构来与欧盟沟通。

③成立欧盟地区委员会。为使欧盟更加了解地方政府在生态环境治理提供方面的观点和主张而成立由地方当局代表组成的欧盟地区委员会，从而在欧盟与地方政府间建立直接沟通的渠道。

④德国和比利时在生态环境治理提供会议上将由地方政府的相关部长出席会议。

欧盟地区委员会在生态环境治理的提供上为欧盟与地方的直接对话建立了渠道，目前欧盟正在努力建设"地区的欧洲"（Europe of the Regions），虽然这一目标还很遥远，但地方已经成为欧盟生态环境治理提供一个不可或缺的部分。

（三）日本

日本的环境治理体系构建的根据是环境立法，经历了由首相直接领导的"中央公害对策本部"直至由环境厅升格至环境省。日本的环境管理体制是由短暂性政府环境应急职能逐步向常态化的环境管理体制转变，经历了从隶属首相府、环境卫生局、国会到一个独立政府部门的过程，其职责亦随职权的扩大而相应增加。

在日本，生态环境治理的主体主要分为以下几类：中央政府机构设立的专门的环境保护机构即环境省，中央各部门设立的相应的环境保护机构，地方政府、地方一级的环境保护机构即环境厅。整体而言，日本的环境管理体制呈现既统一又有分工的特点，外务省、国土交通省等部门协同中央政府实施环境治理，地方政府实行地方主导与自主型的环境管理体制。这一环境管理体制的特点也体现在政府供给生态环境治理的过程中。与中国有所区别的是，日本的地方政府在环境保护、生态环境治理供给等问题上有较大的自主权，地方环境厅直接对地方政府负责，而地方政府与环境省进行业务往来。因此，在这一制度框架下，中央环境保护机构和地方环境保护机构是相互独立的，但在地方政府行使环境省下放的权力时，则应当在法定范围内受其监督和指导。

环境省是中央政府设置的专门负责日本环境保护等问题的机构。依照《基本行政法》颁布的《环境省设置法》规定了环境省的管辖范围，包括立案和推进国家总体性的环境政策；对环保业务进行统一管理；与其他省厅协调合作，共同开展环保业务；以劝告等形式对破坏生态、污染环境的行为进行干预。[①]

从以上职责可以看出，环境省在生态环境治理的供给方面的责任包括：直接供给制度型生态环境治理，包括总体环境政策的制定和推进等；维护自然型治理，如保护动植物的种群及维护自然公园；协助其他省厅供给物质型生态环境治理，如建设污水处理系统。环境省现行行政模式可概括为四局一官和两部一司，分别为环境政策局、全球环境局、环境管理局、自然环境局和大臣官房以及废弃物循环再利用对策部、环境保健部、水环境司，并且环境省针对特殊问题还设置了特色部门。日本环境省的部门设置和分工细致，以环境问题的类型作为分类标准，内设的部门专门负责这一环境问题，对其进行治理、维护。

日本的环境管理体制注重公众参与，在中央和地方政府都设置有环境审议会作为政府制定环境政策和环境标准的咨询机构，由有关专家和企业代表等组成，有效地保证了制度型生态环境治理的质量。同时，为了解决信息不

---

① 李蔚军：《美、日、英三国环境治理比较研究及其对中国的启示——体制、政策与行动》，复旦大学 2008 年硕士学位论文。

对称的问题，日本政府根据《公害纠纷处理法》设立了公害诉苦制度，以地区为单位，由办公人员接收、汇总、反馈居民反映的问题，技术人员则负责在受理问题的基础上对公害进行分析和实地调查。公害诉苦制度满足并解决了居民对环境保护的基本诉求，更为重要的是，它疏通了公害信息的反映渠道，而由技术人员作出的分析和调查也成了政府决策和政策制定的重要依据。

二、相应法律制度的确立

（一）欧盟基础条约

欧盟作为一个区域性联合组织，其成员国都有其独特的经济、政治、文化、教育背景，故欧盟的环境防治法律多而繁杂，为了方便研究，本书按法律渊源将其分为欧盟基础条约、国际条约或协定、条例（Regulation）、指令（Directive）、决定（Decision）、环境标准和欧盟环境行动规划。

欧盟基础条约是欧盟各缔约国之间签署的有关建立欧洲联盟的基础框架性的公约。因其是欧盟其他条约的纲领性文件，故欧盟环境领域的公约也按其宗旨订立，故又可将其视作欧盟环境宪法，一切与基础条约相冲突的法律条款都应无效。欧盟环境公约中有关环境保护的规定是欧盟环境法律发展的基础，又称为"宪法性"条款。目前欧盟基础条约有：《欧洲共同体条约》，这是欧洲共同体各个成员国作为国际法主体参与签订的世界性环境保护公约。欧盟作为当事人参与签订的国际环境公约主要包括：《保护臭氧层维也纳公约》（1985 年于维也纳签订，现有 174 个缔约国）、《蒙特利尔破坏臭氧层物质管制议定书》（1995 年于加拿大蒙特利尔签订，在 1995 年联合国大会上正式通过）、《控制危险废料越境转移及其处置巴塞尔公约》（1989 年于瑞士巴塞尔签订，现有 100 多个国家加入，中国于 1990 年签署加入）、《联合国气候变化框架公约》（1992 年于里约热内卢签订）。这些由欧盟作为重要成员订立的国际性条约成立后，成为之后欧盟范围内重要的环境法渊源，对各个成员国具有直接的效力。

欧盟为协调成员国的环境保护措施，颁布了欧盟环境行动规划。这部纲领性文件是欧盟制定环境政策和实施环境管理的重要政治框架，对欧盟环境政策和立法的发展都具有重要的指导作用。例如，根据《欧洲联盟条约》第130 条第 3 款的规定，理事会应根据条约的第 189 条所规定的程序，并就相关的环境问题征询经社委员会的意见，根据总体行动规划的相关条款，提出应予优先完成的现阶段目标。在制定环境总体行动规划之后，理事会应视情况，按照第 130 条第 1 款和第 130 条第 2 款的条件，即前面提到的两种程序实施这些规划。

该条约赋予欧盟部长会议权限制定相关的环境条例、指令、决定和建议。它们是欧盟根据环境公约的思想制定出的具体实施细则。条例是在欧盟区域范围内可以直接统一适用的规定，相当于环境单行法。它具备统一的普遍约束力，无须经过成员国的立法机构通过转换立法的方式使其成为国内法，它在所有成员国内直接发生法律效力并无条件执行。指令是对具体环境当前目标的明确规定，成员国需通过相应的立法来达到欧盟所要求的具体目标，由大约 400 个法律文件组成。决定是一种执行决议，是欧盟各个成员国执行欧盟法令的一种行政措施，仅对该国国内的个人或集体有效。

环境保护在欧洲共同体成立初期并没有被纳入共同体条约的管辖范围，但随着欧洲共同体内部经济的高速发展，环境恶化导致环境矛盾激化，并且由于不同的环境标准影响了欧洲共同体内部统一市场的建设和运行，执政者开始意识到保护和治理环境，但欧洲共同体并未对此专门采取措施，仅是通过一些指令对环境保护及治理进行规范，如《危险制品的分类、包装和标签的指令》《机动车允许噪声声级和排气系统的指令》等。20 世纪 70 年代之后环境问题日益恶化，欧洲共同体各个成员国以及公众的环保意识日益增强，公众开始抗议环境问题，各种环保团体开始建立，这给当时的欧洲共同体首脑带来了巨大的压力。1972 年秋，欧洲共同体的决策者在巴黎峰会上首次提出制定欧洲共同体内部共同的环境保护政策，要求欧盟机构制定环境保护的行动纲领，并规划了具体实施的时间表。1973 年 11 月 22 日欧洲共同体理事会以通过《欧盟理事会以及理事会中成员国政府代表会议的宣言》的形式，通过了欧盟第一个《欧盟环境行动纲领》。随后，理事会在 6 年内又通过了两个《欧盟环境行动纲领》，这三个环境纲领提出了欧洲共同体作为一个整体共同进行环境治理；强调预防政策在欧洲共同体环境政策中的重要作用；重视环境政策在经济和社会方面的影响；提出环境政策的政府责任机制的必要性。

1987 年 7 月 1 日生效的《单一欧洲法令》对欧洲共同体整体的环境问题防治有着重大的影响，该法令首次以条约的形式详细规定了欧洲共同体成员国政府组织间的环境责任范围。1987 年欧洲共同体理事会通过的《第四个环境行动纲领》有选择地列出了防治污染的不同措施，如多种介质方法、从原材料入手、直接针对污染源等。同时引入了一些新观念，如建立严格的环境标准，更加注重环境政策的实施，获得真正有用的环境信息，加强环境教育。该环境行动纲领重申将环境保护要求纳入欧洲共同体其他政策中，再次明确了成员国政府在污染治理、环境防治中的政府间责任。

1993 年现代意义上的欧盟正式成立，当年颁布了《欧盟第五次环境行动纲领》，特别强调政府要针对五个领域环境保护政策，即工业制造业、能源、交通运输、农业和旅游。其在之后的《欧盟第六个环境行动规划》中引入"可持续发展"战略，根据"可持续发展"目标的指引，政府需优先关注气候变化、生物多样性、环境与健康、资源和废物的可持续管理四个领域，并可就政府扩大各个成员间有关可持续发展问题的对话提出意见，推进政府与非政府组织和企事业单位间的合作。

（二）《超级基金法》

《超级基金法》及其相关修正案和配套法律法规之所以能获得巨大的成果，与其所建立的一系列制度是分不开的。这些制度是组成美国土壤污染防治法律体系的基础，也是相关法律规范得以实施的保障。而正是美国《超级基金法》的施行才给美国不堪的土地污染状况带来了新的生机。这些基本制度包括：

（1）超级基金制度。超级基金是一种被用来清理土壤污染物与进行土壤环境恢复的美国联邦资金，其主要目的在于：在无法确定责任主体，或是责任主体已经确定却无力或不愿承担责任时，建立一个快速的反应机制，及时划出资金用于污染场地的治理，防止因责任主体不明而使污染治理工作受到阻碍，造成不必要的环境损失。在这之后，超级基金将获得相应的代位权，可以随时向任一责任主体追索。

超级基金的初始资金为 16 亿美元，其中对石油及化工企业的专门性税收占了绝大部分，有 13.8 亿美元，另外 2.2 亿美元来自联邦财政支出。环保署年度财报显示，仅 2017 财年通过法案促使个体自愿出资清理新污染区域的金额已超 12 亿美元。[①] 虽然基金的总额并不少，但相对于庞大的资金缺口而言仍是杯水车薪，这在下文中将详细分析，此处不做赘述。

超级基金由两部分组成：有害物质反应基金和宣告关闭责任基金。其中有害物质反应基金主要用于以下几个方面：一是政府要求或其他个人要求所必需的反应费用；二是任何自然环境遭到破坏或损失所产生的费用，包括相关评估费用；[②] 三是联邦或州政府因对被破坏的自然环境的治理与恢复而产生的费用；四是预防相似污染事件再次发生而产生的费用；五是因环境污染受

---

① 于泽瀚：《美国环境执法和解制度探究》，载《行政法学研究》2019 年第 1 期。

② 段春霞、孟春阳：《关于美国治理污染土地超级基金制度的若干思考》，载《农业考古》2009 年第 6 期。

害者的登记、检查和其他相关研究行为而产生的费用；六是对相关设备的必要支出；七是保护反应行动的雇员的健康与安全而进行的支出。① 而有害物质反应基金主要被用于清除根据《资源保护和回收法》而合理关闭的设施存在的有害物质。

（2）严格责任制度。《超级基金法》及其相关法律所规定的法律责任是严格、连带、无限并且有溯及力的责任。首先，土壤环境法律责任不需要责任主体有过错，只要责任主体对土壤环境造成了损害或有损害之虞，那么责任主体就应当承担责任。其次，这种责任是连带责任，即任何责任主体都有被要求承担法律责任的可能。当然，对于超出其应承担范围的部分责任主体可向其他责任人追索。再次，《超级基金法》规定的法律责任是无限责任，不会受到责任主体的有限责任制的组织形式的干扰，即当责任主体为法人等有限责任主体时，相关法律责任不仅涉及主体本身，还可能涉及其他参股或控股的组织或个人。最后，这种责任有溯及力，即使某些污染排放行为并不违反排放当时的相关法律，但假如之后制定的法律将这些排放行为规定为违法，那么相关部门仍可以对法律制定前发生的这些行为进行追究。

可以看出美国土壤污染法律中的责任制度更注重对利益受损者与环境的保护，在一定程度上有利于治理修复工作的进行并会起到一定的威慑作用，但其过于严格的责任制度有无限扩大责任主体范围之嫌，同时其溯及力也使排放行为主体在对自身行为后果的预测上出现困难，这不仅有悖于公正原则，而且使潜在的购买人与治理者因畏惧可能的法律责任而不敢接手"棕色地块"，造成"棕色地块"的治理日益艰难的情况。

相对于严格的法律责任，《超级基金法》所规定的免责要件略显单薄，仅在《超级基金法》第107条（b）中规定了三种免责事由：一是不可抗力；二是战争；三是不属于被告雇员或代理人的第三人或是与被告存在合同关系的第三人的作为或不作为。这三种免责事由可以单独存在，也可混合存在。并且，《超级基金法》还明确规定了这些免责事由的独特重要地位，即当危险物质泄漏或有泄漏之虞时，无论是否存在其他相关法律规定，当事人都只能引用《超级基金法》第107条中的相关免责事由进行抗辩。虽然原则上仍有其他的抗辩事由，比如程序法上的抗辩或《超级基金法》本身的违宪性，但相

---

① 段春霞、孟春阳：《关于美国治理污染土地超级基金制度的若干思考》，载《农业考古》2009年第6期。

关抗辩的成功案例很少。①

（3）污染调查与评估制度。"棕色地块"的再开发与利用是一个复杂的过程，包含了诸多程序与步骤，其中土壤污染的调查与相应的风险评估是最基础的步骤，它们是确定污染场地、污染源并对污染场地进行风险评估的制度，是基础信息的来源。

土壤污染调查分为预备调查阶段与现场调查阶段。预备调查一般是判定污染的可能性，一般不会进行严谨的实验室分析，其所采用的手段一般是查阅现有历史记录，以确定场地是否已被污染，若被污染又是否能再开发利用。现场调查以预备调查为基础，对于在预备调查中已被确认存在污染的土地，开展严谨而详细的科学检测，其主要使用的是实验室手段，用抽样的方式检测相关地域土壤、大气、地下水等自然要素中的污染物水平，为土壤污染的风险评估提供数据与资料。

土壤污染风险评估以土壤污染调查为基础，对污染场地进行评分，以确定其危险程度。确定土壤污染风险的系统被称为"危险评级系统"，在现场调查中被确定的有关数据在此系统中被赋予一定的数值，并被代入特定的算法中，通过系统计算出场地的危险系数。

（4）污染信息管理制度。土壤污染信息管理制度主要包括三部分：国家优先控制清单，综合环境反应、责任与赔偿信息系统，公众信息公开制度。

国家优先控制清单，顾名思义，即为国家需要优先治理与恢复的污染土地的名录。国家优先控制清单以土壤污染调查与风险评估的结果为基础，收录了污染极为严重或因有其他重要原因而需优先处理的污染土地。进入国家优先控制清单的土地主要有四类：一是在土壤污染风险评估过程中得分超过28.5分的污染场地，应当被记入国家优先控制清单；二是风险评分未达到28.5分，但对场地所排放的污染物质与美国毒物与疾病登记署根据《超级基金法》确认的对人体有重大危害的有毒物质相似，此时应根据美国毒物与疾病登记署的建议，将相关场址记入国家优先控制清单；三是风险评分未达到28.5分，但由于会对社会或自然利益带来重大损害而被州政府指定的污染土地（州政府有权指定一处符合条件的场址进入国家优先控制清单）；四是美国环境保护署认为有必要进行优先处理的场址。

综合环境反应、责任与赔偿信息系统是美国环境保护署建立的信息数据

① 李静云：《土壤污染防治立法：国际经验与中国探索》，中国环境出版社2013年版，第24页。

管理系统，其主要职责为收集、管理污染场地的信息并对污染场地的治理情况进行跟踪。其信息来源主要有以下六个：一是土壤污染调查的结果；二是美国各级政府实施的环境保护项目中所收集的信息；三是美国联邦与州政府的监测报告以及企业的自我监测报告；四是从全国应急反应中心的 24 小时热线中得到的信息；五是造成泄露的责任主体发出的通告；六是公民举报。早期进入综合环境反应、责任与赔偿信息系统的污染场址将长期存在于系统中，这给日后的土地交易带来了不必要的麻烦，因为很少有开发商或是居住者愿意接受这样的土地。因此，美国环境保护署在 1995 年后采用了新标准，将已经修复完成，"无须由超级基金采取进一步相应行动计划"的土地从系统中移除，防止其对场地的再开发与利用带来的麻烦。

公众信息公开制度是让社区居民参与"棕色地块"再开发与再利用的前提，有利于公众对相关工作的接受，降低修复工作的社会政治成本，将环境修复与社区居民的社会经济福利更好地统一起来，包括制订社区计划书、设立资料阅览室、提供行政记录等多种行为。可以说，公众信息公开制度是一个成功的"棕色地块"再开发与再利用项目的保障。

长江流域的生态环境治理是一个比较漫长的过程，整体流域生态不仅包含土地和水，还有流域范围内的森林、草原、山地等，是一个庞大的生态系统工程，每一个环节都至关重要。

三、职权运作方式

在制度型生态环境治理方面，日本政府通过系统化的制度设计和职能配置，构建了具有自身特色的生态环境治理体系。其主要职能体现在以下方面。

国会和政府通过相关环境方面的立法，明确规定各环境管理机构在不同领域的职责权限。值得注意的是，根据基本理念，法律还同时赋予了非政府组织制定与国家环保政策相统一的地方政策以及其他根据地方具体情况而制定措施的权力。因此，不仅日本政府可以用制度化设计来进行环境治理，地方公共团体在一定程度上也拥有制度化设计环境治理的职能，体现了公众参与环境治理的特点。政府生产诸如环境标准、相关法律条例等生态环境治理的具体职能规定可见于日本有关环境保护的单行法之中，如在《自然环境保全法》中明确了政府在自然环境保护领域进行相关环境治理制度化的职责，"根据自然保护的基本理念来设置原生自然环境保护区域和自然环境保全区域、都道府县自然环境保全区域的制定标准以及关于首都圈、近畿圈的近郊绿地的调整方针"。

　　在物质型生态环境治理方面，日本政府同样就其制定环境治理制度化体系承担了主要职责。物质型生态环境治理本身具有投资大、回报周期长的特点，对社会组织等自由资本而言不具有很大的吸引力。对此，一般由具有公共服务和管理职能的政府来体系化地规定环境治理相关功能。以全日本的污水处理设施的建设为例，日本污水处理设施的建设流程一般为：立法—中央政府或"都道府""市町村"两级地方政府及其下属的环境保护部门负责，体现出自上而下的物质型生态环境治理供给的特点。日本政府主导物质型生态环境治理的供给的特点亦可以通过产品生产和运营的资金机制得到体现。①

　　而在自然型生态环境治理方面，日本政府侧重对这一类生态环境治理进行维护。生态环境治理本身具有社会效益、经济效益和自然效益，如何在这三者之间进行平衡和取舍乃是有效供给产品的重点研究内容之一。自然型生态环境治理有别于制度型生态环境治理和物质型生态环境治理的特点在于更为注重自然效益与社会效益。因此，在维护自然型生态环境治理时，应以其自然价值和社会价值为主，体现环境优先原则。在自然生态环境维护的职权运行方式上，日本政府及其环境管理机构充分运用多种间接手段，其政策工具由单一的强制性命令工具转向侧重经济激励和社会管理手段，建立起诸如金融税收激励机制、市场协调治理等经济手段以及行政奖励等非强制性的执法手段，以此鼓励被管理者遵守环境法律。此外，环境管理机构通过公开信息，加强执法者与被管理者的交流与沟通，促进、鼓励公众参与环境立法和执法。这种非强制性的措施很好地维护了自然型生态环境治理。日本对于自然型生态环境治理的维护在 20 世纪 70 年代的公害治理行动中体现得最为突出，在这一阶段实施的公害防止计划、公害防治协议、公害防止管理员制度、公害健康受害补偿制度、公害纠纷处理制度在维护自然型生态环境治理中发挥了良好的作用。其中，公害防治协议已成为日本国内同法律和条例共同治理环境公害、保护生态的第三种手段，具有行政指导的特点，是政府与企业通过协商，就污染量和污染治理措施达成的协议。

---

① 常杪、杨亮、[日] 小柳秀明：《日本污水处理设施建设运营资金机制的启示》，载《环境经济交流》2010 年第 73—74 期。

‖ 第四章 ‖
国外流域生态环境协同治理建构模式
评析及对我国的启示

第一节　美国流域生态环境协同治理建设经验

自第二次世界大战以来，美国便成为许多国家争相效仿的对象。美国在社会管理方面具有世界上其他国家无法比拟的优势①，如在经济领域，美国最先有了反托拉斯法案，这也是美国在面对国家问题时所呈现出来的一种民族智慧。就流域生态环境治理来说，美国有两大河流流域的生态环境治理做得非常到位，一个是科罗拉多河，另一个则是田纳西河。美国的流域治理非常有特色，大都是化零为整，进行总体的规划治理，对于这些跨界的河流来说更是如此。美国非常重视流域间的协调和配合，对水环境的改善也有自己独到的治理经验。本书主要介绍科罗拉多河流域生态环境协同治理建设经验。

一、科罗拉多河流域政府间的协调机制

科罗拉多河全长 2333 千米，是美国的一级河流，其流域范围包括美国西部的 7 个州，34 个印第安保留区，流域面积浩大，横跨的地形也相对复杂，有高原、矿山、沙漠、雪原等。以立佛里水文站为分界线，分为科罗拉多河上游流域和科罗拉多河下游流域两部分，科罗拉多河起源于落基山脉，终于加利福尼亚湾，所流经的各州都受到来自它的水源的滋润。

---

① 王勇：《流域政府间横向协调机制研究》，南京大学 2008 年博士论文。

（一）政府间生态环境协同治理机制的确立

在美国，生态环境治理的政府主体主要分为三类：联邦政府机构下设的专门的环境保护机构、联邦各部门下设的相应的环境保护机构、各州州一级的环境保护专门机构。然而，生态环境治理协商最重要的就是合作协商，以促使流域政府间形成联盟，共同应对流域治理问题，解决市场在运行过程中的负外部性问题。"科罗拉多河水权分配方案"是科罗拉多河流域治理中的核心成果，是在科罗拉多河流域政府间不断的谈判、协商过程中所慢慢形成的一项共同意向。此意向的产生并非来源于科罗拉多河流域各州政府对所出现问题的宏观、笼统的方案规划，而是来自一次又一次针对科罗拉多河的具体细微问题的讨论所得出的结果[1]。

在科罗拉多河水权分配中，可以从侧面体现出上下游之间对于各自给对方造成的环境困扰所作出的合作、让步与协调。而这似乎就在某一方面具备了"流域政府间联盟"的特征。

（二）市场协调机制的引入

排污收费与排污权交易、流域政府间生态补偿以及污水处理民营化等策略都是市场协调机制的引入所带来的制度性结果。

单就污水处理厂的投资运营来说，美国的污水处理服务并不是由政府直接提供，而是由公有企业提供。根据统计，公有企业提供了95%的污水处理服务。因为污水处理厂的投资成本太大且盈利效果并不好，所以只能由政府进行投资。1972-1985年，通过联邦政府、州政府以及地方政府的大量拨款，城镇污水处理设施得到广泛普及。用于城镇污水处理的有关设施，75%的资金由联邦政府财政投入，12.5%的资金由州政府财政投入或低息贷款，12.5%的资金由地方通过多重渠道募集。一般来说，联邦政府、州政府和地方政府投资的比例为6∶1∶1。

美国的环境保护工作运用市场机制，通过市场导向控制人们的行为，将环境利益引入生产者的成本中，促使其减少对环境的破坏，鼓励其努力减少污染物的排放，从而实现生产者与社会公众的双赢。[2] 美国政府采取的相关措施具体包括排污权交易制度、收费制度（对排放污染物收税）、拍卖制度（以拍卖的方式分配排污的权利）、环境标识对公众公开制度、贷款制度（金融手

---

① 张林若、陈霁巍等：《水外交框架在解决科罗拉多河跨界水争端中的实践》，载《边界与海洋研究》2018年第5期。

② 李云雁、周思娇：《中国污水处理公私合作改革的国际经验、模式选择与监管政策》，载《浙江社会科学》2017年第5期。

段）等。以排污权交易制度为例，美国现行的做法是在政府控制排污权供给总量的情况下，将管理系统内部各种污染源的排放权分配给各个排污者，然后将排污权进行交易，那些边际治理成本较低的污染者将排污权对外出售，而那些边际治理成本较高的污染者将购买排污权。在政府的有效介入下，排污权能够合理分配，并实现稳定的交易秩序，最终将社会污染物的总治理成本控制在最小。美国环境管理机构在维护和治理自然型生态公共产品时，更多地借助市场机制，运用经济激励的方式，而不是依赖强制性的行政权力，采用多样化的管理手段实现多种资源的最优配置，最终的管理模式得以被越来越多的人所接受。很多排污者能够积极主动地投入环境保护工作中，使相关的行政权力在运用的过程中非常顺畅，从而减少相关政策的推行成本，提高政策的实施效果①。

二、法律规制

要了解有关科罗拉多河流域管理和生态协同治理的法律问题，首先要了解这一流域的众多背景条约。诸如与之相关的条款、契约和国会决定等，我们称为"河流法"（the Law of the River）。因此，本部分将分析影响加利福尼亚州科罗拉多河流域的部分文件。然而，国家反出口法规对于科罗拉多河水资源转移的规定，以及国家法律在上游流域和下游流域所扮演的角色，都将给人们留下深刻的印记。

值得一提的是，很多人都认为，"河流法"的一部分改变和现代化都是以实现社会或经济目标为根本目的的，如促进"水资源市场化"。然而，这些条款的目的是根据现在的法律来处理这些问题，甚至有几个领域是依照对现在法律的解释。同时也应该认识到受到影响的各方组织和机构在任何时候都应同意，可以对"河流法"中的某项具体规定作出改变，也可以放弃该条文对于具体问题的适用。另外，被推崇的对于法律条款的更改是否超出了文本原来意义所涵射的范围。该条款假设一些缔约方希望以某种方式对科罗拉多河水资源的使用采取行动，但未得到"河流法"的明确授权，且未得到所有受影响缔约方的同意。此外，它的目的并不在于评判一个好的公共政策是否应该支持这一领域法律的改变。因此，下文将以以下几个具体法律文件为蓝本，对科罗拉多河流域管理和生态协同治理作出具体评析与研究。

---

① 龚益慧：《完善我国环境管理体制若干问题研究——以美国环境管理体制为借鉴》，华东政法大学 2008 年硕士论文。

（一）《科罗拉多河契约》（*the Colorado River Compact*）

《科罗拉多河契约》是"河流法"的基石，旨在满足或协助满足科罗拉多河流域沿岸各地区的多重需要。由亚利桑那州、内华达州和加利福尼亚州等组成的下游流域地区迫切需要河流来调节水量，以满足各自防洪和蓄水的需要，也为了满足各自的可持续发展的需要。由科罗拉多州、新墨西哥州、犹他州、怀俄明州和亚利桑那州的一部分组成的上游流域也需要蓄水和开发，以满足他们的经济发展需求。然而，上游流域担心加利福尼亚州的计划（特别是洛杉矶沿岸区域的增长）是为了更多地掠取科罗拉多河水域的水资源。洛杉矶及其周边地区正在研究是否有可能将科罗拉多河流域的水资源输送到其他新兴城市和社区，并力求满足他们日益增长的电力需求。因此，上游流域需要平复他们的恐惧，即水资源将在上游流域经济发展之前就先被占用。事实上，国会在面临来自科罗拉多河流域所有地区的压力下，在 1921 年授权了《科罗拉多河契约》谈判。而在具体谈判中，哈丁总统认为，该项目的联邦代表应由商务部长赫伯特·胡佛（Herbert Hoover）担任。

短暂的谈判历史及其批准授权的经历对处理科罗拉多河事务来说是一个长期宝贵的资源，但并不需要在这里广泛炫耀。然而，必须指出的是，科罗拉多河在历史和法律规范上具有十分重要的地位和意义。在经历了试图分配国家之间河流水资源的早期失败之后，当权的谈判者决定再次分配科罗拉多河上下游盆地之间的水域使用权。通过这种谈判协商妥协的方式，他们很快达成了一项新的协议。此外，水权的合理分配应该是在"有益消费使用"（beneficial consumptive use）的基础上，而不是水本身的所有权，"有益消费使用"在河流法的许多文件中重复出现，在分析科罗拉多河许多方面起着重要作用。

《科罗拉多河契约》在界定"科罗拉多河流域系统""上游流域""下游流域"（但未定义"有益消费使用"）之后，列入了 5 项重点提议。这些提议条款构成"契约"的主要执行部分，在简化的条款中规定：每个流域地区每年可以利用的"有益消费使用"为 750 万英亩，并且如果此条款得以通过，需另附 100 万英亩的水资源给下游地区的州使用。上游流域的州也有义务在亚利桑那州和加利福尼亚州这两个州的分界线上，每隔 10 年持续释放 7500 万英亩的水资源。而且各州之间都禁止囤积或者浪费水资源。最后，遵循墨西哥水条约的变化和发展，并且约定满足条约的水资源均来自过剩的水域，即水源丰富的流域州。如果没有盈余，将由两个流域州平等分担此项义务。

另一项条款主要涉及"现在完善权利"事务，对于下游流域来说非常重要。《科罗拉多河契约》第 8 条规定保护"现有完善的有益于科罗拉多河流域系统水资源合理使用的权利"。这一条进一步规定，为了下游流域的利益，如果能够在科罗拉多河的干流提供不小于 500 万英亩的储存能力，那么下游流域的"现在完善权利"就会从这种储存中得到满足。然而不幸的是，对于"现在完善权利"一词并没有给出足够清晰的界定用以明晰此词的内涵与外延。最终这一定义由美国最高法院在亚利桑那州诉加利福尼亚州的法令中予以明确。

关于《科罗拉多河契约》的谈判无法就每个流域、各州之间的利益进行分摊，达成最终协议，但随后由于最高法院对下游流域作出了解释执行，这一问题便通过《科罗拉多河上游契约》和国会决议所解决。

（二）《科罗拉多河上游契约》（*Upper Colorado River Basin Compact*）

上游流域各州在批准通过《科罗拉多河契约》后担心各自经济发展的进程会进一步放缓。由于《科罗拉多河契约》中规定每年将分配出 750 万英亩的水资源，各州全面的可持续发展将得以先行。这是 1948 年通过的《科罗拉多河上游契约》的签署和批准所完成的一项重要内容。

根据《科罗拉多河契约》的规定和分配情况，《科罗拉多河上游契约》将科罗拉多河上游流域体系中的 750 万英亩的水资源分配给了上游所在各州，其水资源量主要如下：（1）亚利桑那州：5 万英亩；剩余水资源量按比例分配；（2）科罗拉多州：51.75%；（3）新墨西哥州：11.25%；（4）犹他州：23%；（5）怀俄明州：14%。以上各州的科罗拉多河水资源的分配比例也将按照以下规则进行：（1）水资源的分配供给是对任何水消耗和所有人为消耗的满足；（2）有益使用是水权使用的基础、措施和限制；（3）因分配水资源超额使用的影响……将会在该用水年内直接或间接剥夺另一签署州的水资源使用权，所以在任一用水年度内，所签署批准州应当遵循所分配的年度用水量，将其控制在一定合理范围之内。

《科罗拉多河上游契约》的内容包含了分配短缺的条款，并且其考虑和要求上游流域各州向签署《科罗拉多河契约》的下游各州释放水资源，且不得截流。《科罗拉多河上游契约》中载有众多关于上游流域地区的特殊支流的划分或各自的相关规定。这些规定在某种程度上都影响了科罗拉多河水资源在各州、流域地区之间的相互转移分配。例如，其第 13 条规定，在以连续 10 年为一个计算期间内，禁止科罗拉多州将雅马哈河的流水量引入犹他州的总净流量少于 500 万英亩。另外，还规定所有雅马哈河水资源的消费使用都应该由该使用者负责。

根据《科罗拉多河上游契约》要求规定，将按照严格的要求分配、核算、储存将要运输的符合《科罗拉多河契约》的水资源。1949 年，有 5 个位于上游流域的州和国会批准通过了《科罗拉多河上游契约》。随后国会在 1956 年颁布了《科罗拉多河储存项目法案》。到 1988 年为止，联邦大坝以及处于科罗拉多河下游的运河及大部分发展项目均已完成并开始投入运作，但亚利桑那州中央项目和南内华达州水源项目还未获得授权。上述法案旨在通过全面的"流域协同发展规划"来开发上游流域的水资源。在此次获准的众多项目中，该法案授权了格伦峡谷储存项目的建设，该项目的建设旨在提供长期必要的水源存储，以满足上游流域对下游流域的水源释放义务。

（三）科罗拉多河下游流域法规

以上是对科罗拉多河流域治理中相关规范和治理历程的简述，下面来看看有关科罗拉多河下游流域更为复杂细致的规定。

涉及科罗拉多河下游流域管理的文件众多，其中有几个比较关键。最为重要的便是上述的《科罗拉多河契约》。根据《科罗拉多河契约》规定，分配给下游流域使用的水资源为 750 万英亩，同时每年还可以选择从吉拉河流域再增加 100 万英亩的水资源。

紧随其后的其他重要文件包括：（1）1928 年的巨石峡谷项目（the Boulder Canyon Project）；（2）1929 年的《加州限制法案》（*the California Limitation Act*）；（3）七方协议（Seven Party Agreement），该协议是由加利福尼亚州工程师根据内政部部长的要求提供的一个分配方案（该分配方案要求有利害关系的双方或多方需同意在加利福尼亚州内分配科罗拉多河流域水资源）和包含在该七方协议内的部长水源服务合同；（4）1963 年和 1964 年的"亚利桑那州诉加利福尼亚州的决定和法令"；（5）1968 年的《科罗拉多河流域项目法案》（*the Colorado River Basin Project Act*）授权了亚利桑那州中央项目，但拒绝将科罗拉多河水源供给作为长期追求的项目提交给加利福尼亚州优先级较高的地区，而是依据该法案发布了协调水库经营准则；（6）下游流域保护条例（*the Secretary′s Lower Basin conservation regulations*）。

以上六个文件相互关联，值得进一步研究分析。

科罗拉多河是美国政府间合作的典型代表之一，以上也只是对流域间如何更好地合作作了一些简单的介绍，科罗拉多河的治理更多是政府职能部门的合作分工。

第二节 澳大利亚流域生态环境协同治理建设经验

澳大利亚的墨累—达令河流域（Murray-Darling Bsain）面积居世界第 21 位，该水系包括的主要河流为墨累河（Murray）、马兰比季河（Murrumbridgee）以及达令河（Darling），但是该流域的全年降水量非常少，仅占全澳大利亚年均降水量的 6.4%。

一、墨累—达令河流域生态环境协同治理与我国流域协同治理的不同

墨累—达令河流域委员会分三级管理机构，即流域部长理事会、流域委员会、社区咨询委员会。各层级各司其职，相互协调，这使墨累—达令河流域的治理有了不错的效果。但要想真正将墨累—达令河流域的管理经验纳入我国的体系，则需要更加细致的比较。

流域治理最为主要的仍是污染的防治，对于污染者违法成本的提高，就经济理性人的一般逻辑来说，是最为可行的办法。而刑事惩罚是违法成本中最为昂贵的。澳大利亚环境保护法的刑事惩罚实施与我国环境保护法的刑事惩罚实施有很大的不同，主要体现在以下几点：

（1）澳大利亚环境保护刑事惩罚实施的法律渊源的形式与我国环境保护刑事惩罚实施的法律渊源的形式不同。澳大利亚有关环境保护刑事惩罚实施的法律往往是单行法，如澳大利亚新南威尔士州于 1989 年就颁布了《环境犯罪和惩罚法》，而我国有关环境保护刑事惩罚实施的法律条文散见于《刑法》《环境保护法》和相关的司法解释当中。

（2）澳大利益环境保护法中对于"犯罪"和"环境污染"的理解与我国的环境保护法是不同的。我国的刑法以及环境保护法认为，只有极为严重的环境污染行为才会导致环境污染中的犯罪行为，而环境污染则必须是改变了原生态环境的某些条件，并使之超过了国家有关的环境标准或者会对该生态环境当中的生物造成损害，或者将影响到生活在该生态环境中人们的身体健康和生命安全。而澳大利亚环境保护法则认为，"损害或者可能损害"环境的行为，在满足法定条件的情况下都会构成犯罪，而环境污染则被解释为"任何引起环境退化的直接的、间接的环境改变，包括但不仅仅限于任何导致大气污染、水污染的作为和不作为"。甚至有澳大利亚的学者认为，澳大利亚环境保护刑事惩罚实施中对"污染行为"的定义应该是"改变空气、水等环境要素的物理、化学或者生态条件的所有行为"。

（3）入刑标准的高低不同。我国环境污染行为的入刑标准比较高，即只有对环境造成极为严重的污染行为才会受到刑法的调整，而一般的环境违法或者环境侵权行为等只会受到民事法律或者行政法律的调整。但澳大利亚环境污染行为的入刑标准则相当低，因为它将环境方面的犯罪分为：①轻微犯罪，非故意地造成了轻微的环境污染，或者对他人的环境权益造成了一定程度的损害，而这种损害是可以修复的。②犯罪。故意或者过失地造成了环境污染，且这种环境污染已经较为明显地导致了生态环境的破坏，给人们的身体健康或者生命安全带来了威胁或者给人们的财产造成了较大的损失。③严重犯罪。严重犯罪的情况在澳大利亚的法律中通常是明确列举出来的，如新南威尔士州环境保护法将因故意或者过失造成对臭氧层有破坏能力的物质泄漏的行为认定为严重的环境犯罪行为。

二、澳大利亚墨累—达令河流域的跨界治理经验

墨累—达令河流域面积达 100 万平方千米，是澳洲大陆流量最大、最重要的河流，也是污染最为严重的河流。此外，流域内水冲突事件较为频发，"位于上游的昆士兰州认为其开发活动比下游各州晚得多，不应该失去'赶超'下游各州的机会和权利，位于下游的南澳大利亚州却因上游各州的过度引水而导致水量供给不足。除了不同的州政府争水以外，还有大量的其他利益相关者之间的相互争水"。为此，澳大利亚对该流域采用了整体性治理，获得了较为明显的成效，具体做法如下：

（一）建立跨行政区的流域管理机构

建立跨行政区的流域管理机构，负责统一安排部署、沟通协调流域内所有与水有关的事务。虽然上述三个机构的分工比较明确，但仍然存在无序规划和碎片化管理等弊端。为此，基于《2007 年水法》，澳大利亚成立了一个独立的机构——墨累—达令河流域管理局（MBDA）统一负责流域内水资源的综合规划、执行、协调和监督等管理事项。其主要任务是通过制定和实施"流域计划"，重新平衡环境与消费用途之间的配水。

（二）通过合作协议及其行动计划推动流域内各行政区跨界合作

在秉持平等协商、合作共赢原则的基础上，澳大利亚联邦政府及流域内各州陆续颁布了一系列法令并签订了一系列相关合作协议，从制度层面促进和保障流域内各行政区之间的跨界合作。1914 年，澳大利亚出台了《墨累—达令河流域法》，基于该法，流域内各州和联邦政府签署了《墨累—达令河流管理协议》和《墨累—达令河流域倡议书》。为应对 1997-2010 年出现的

"千年大干旱"和流域水资源的逐渐枯竭，澳大利亚国会通过了《2007 年水法》，该法明确要求发展和执行一个综合的墨累—达令河流域计划。2012 年 11 月正式颁布"流域计划"，该计划中的整体性水治理目标和举措，如综合集水管理（ICM）和可持续分流限制（SDLs）的落实需要流域内四个州的水资源计划（WRPs）予以配合。

（三）尊重水文科学规律，多措并举，实现水资源的综合利用和治理

"流域计划"中倡导的综合集水管理就是试图打破行政边界的障碍，以集水单元为管理基点进行流域内土地和水资源的综合规划开发和治理。综合集水管理提供了一个整体的和协调的管理框架，而不再受限于或被限制于那些人为的法定边界，可以跨界采集数据，并将数据上报。墨累—达令河流域管理局再通过进一步分析作出水质预测并采取相应的治理对策。针对流域水含盐度过高问题，流域管理局实施了"流域盐渍化管理战略"：通过恢复退化的土地和使用新的灌溉方法，显著降低了流域的盐度；采用流域内部报告、流域汇报卡和委员会注册登记等方式监督、评估战略执行情况，以确保流域内各机构能自觉履行盐渍化管理中的责任。

（四）构建了较为完善的环境保护法律体系，加强环境执法

澳大利亚环境保护方面的立法很早就产生了。早在 20 世纪 60 年代，澳大利亚就颁布了有关环境保护方面的法律，仅仅比世界上第一个颁布环境保护相关法律的国家——英国晚了几年而已。澳大利亚环境保护法律体系的完善体现在以下几个方面：一是既有成文法，也有普通法。成文法从制度上设计环境保护的方式和惩治环境污染行为的手段，而普通法则为特定情况下的环境纠纷案件提供了解决的办法，在案件的情况与普通法中的案例的类似程度相当高时，法官会采用普通法。可以说，环境保护成文法与普通法的结合既解决了环境保护中的一般问题，也解决了环境保护中的一些特殊问题或复杂问题。二是既有联邦环保法，也有州环保法。联邦环保法的产生在一定程度上对澳大利亚的环境保护事业起了统筹的作用，如统一澳大利亚全国的环境标准，设定环境保护底线，树立环境保护原则与理念；而州环境保护法则是每个州根据自己所处的环境情况（澳大利亚境内不仅有海洋环境、陆地环境，还有高原环境、平原环境、丘陵环境、山脉环境，以及沙漠环境、森林环境、雨林环境等），在不违背联邦环境保护法的前提下，制定与自身实际情况最为贴近的具体的环境保护法。可以说联邦环境保护法与各州环境保护法的结合使环境保护工作既有大方向上的引导，同时能够很好地适应澳大利亚各个地区的环境状况。三是环境保护法律制定和法律执行的专门化程度比较

高。澳大利亚的环境保护法律，包括法律的实施手段，全部集中在环境保护相关法律里，不会散见于其他部门法中，这既便于法官寻找法的依据，同时也有效地避免了法律之间的冲突，确定了环境保护法在环境保护方面的绝对权威。同时，澳大利亚为环境纠纷案件设立了专门的环境法院或者环境法庭，使得环境司法的水平得到了很好的保障。

（五）鼓励社会公众自觉保护环境，追求环境保护的全社会参与

澳大利亚不仅有比较完善的环境保护法律体系，也有健全的环境公益事业保障体系，这些制度高度肯定了环境公益行为的意义，并为环境公益事业在政策、资金、保险等方面提供了大量的帮助，使澳大利亚的环境保护公益行为既能够得到全社会的广泛关注和认可，也能现实地得到物质方面的充足支撑，这极大地保障了澳大利亚环境公益活动的积极性。同时，澳大利亚各州在制定城市规划时，都会在每个居民点周围设计城市园林或者绿地，一方面是秉承绿色城市建设的理念；另一方面是鼓励城市居民将自己居住地点周围的绿地积极地利用起来，种植树木或者蔬菜。这使澳大利亚的城市居民习惯于生活在充满绿色植物的环境里，同时将绿色植物融入自己的日常生活中。另外，澳大利亚还提供了很多开放式的园林供人们（主要是退休后的老人）休闲娱乐，这使澳大利亚很多老人在空闲时都喜欢去做园林维护。

（六）重视环境保护教育

澳大利亚的环境保护教育有以下几个特色：一是全阶段的环境保护教育，澳大利亚的环境保护教育从幼儿教育课程一直延续到高等教育课程，使学生在每个成长阶段都会有环境保护理念的输入。二是重视环境保护实践，在澳大利亚，几乎每个学校都会利用自己周围的环境资源进行环境保护实践。同时在课程安排上，保证学生每周都会参与到环境保护实践中去。三是有力地推动教育环保实践与其他社会领域相结合，学校能够利用到的社会资源毕竟是有限的，因此在很多情况下，若要进行有质量、有新意的环保实践活动，往往需要借助社会其他领域的力量，如环保署、海洋署、旅游与环境管理局等。

第三节　欧洲流域生态环境协同治理建设经验

发源于阿尔卑斯山的莱茵河流域面积达 18.5 万平方千米，河流全长 1320 千米，流域人口约 5000 万，是欧洲第三大河，也是欧洲重要的水运航道，还是流域内生活用水的重要水源。莱茵河干流流经欧洲 5 个国家，是一条典型

的国际性河流。由于流域的系统性和流域要素的传递互动性，再加上人类活动的干扰，从 20 世纪 50 年代以后，人口的增加和快速工业化导致莱茵河出现跨界水体污染、洪水困扰、流域生态退化等区域问题，故曾有"欧洲下水道""欧洲公共厕所"之称。由于莱茵河是一条典型的跨国跨界河流，经过几十年的整体性合作治理，流域内的生态环境和水质都有明显改善。因此，莱茵河的跨界协作治理经验就非常值得学习和总结。

一、莱茵河流域跨界管理机构

莱茵河行动计划完成后，其最后的计划结果表明当初所制定的行动目标是完全可以完成的，而且就结果而言完成得非常完美，有的项目完成度甚至超过了人们当时的预期。在这样的一种欣喜背后，有一组统计数字就不得不提了。在莱茵河行动计划实施的 15 年间（1985-2000 年），莱茵河流域的点源污染处理率达到了 70% 以上。与此同时，城市生活废水和工业污水的处理率也高达 85%，莱茵河的大部分物种已开始恢复，部分鱼类已经可以食用。这项治理计划显示，以科学论证和规划为指导，结合流域所在地的实情，将二者以一种协调互补的方式加以整合，其最后的有效治理已不言而喻。

莱茵河流域途经多个国家，多国之间合作治理是成功的重要因素。莱茵河合作治理的核心机制是"保护莱茵河国际委员会"（ICPR）①，该流域组织合作的原则是：以成员的共同认识为合作基础，只有取得共识，才能形成真正的合作；ICPR 作为莱茵河合作治理的纽带，具有将各成员国的治理愿望凝结为共同目标，并转化为美好现实的关键性作用；ICPR 具有多层次、多元化的合作功能，既有政府间的协调与合作，又有政府与非政府的合作，以及专家学者与专业团队的合作。

（一）ICPR 的合作基础

莱茵河治理取得成功，首先是沿岸各国人民具有合作治理的共识和愿望，这是国际合作的基础。莱茵河的治理对于很多从事环境治理事业的人来说并不陌生。19 世纪，由于第二次工业革命的带动，莱茵河沿岸开始修建工厂、码头。因优越的地理条件，莱茵河地区开始发展国际贸易和国际货物运输，之后由于贸易量的增多，又发展了铁路和陆路运输。这一举动促使莱茵河地区成为欧洲的贸易转换中心，是名副其实的一级交通枢纽。交通条件的快速

① ICPR 成立于 1950 年 7 月，其成立的目的便是在委员会的协调下，全面处理莱茵河流域生态环境保护的相关问题。

发展和不断完善使商业、服务业在这里迅速激增、聚集。由此，莱茵河地区成为重工业和化学基地，工厂的污水废水由于无人管理便直接排进了莱茵河中，莱茵河的水质被严重污染，地处下游的荷兰因此被波及，这就是为什么最先由荷兰召集莱茵河沿岸各国共同商讨莱茵河保护问题。莱茵河污染的治理不是靠荷兰一国就能完成的，莱茵河跨越多个国家，每个国家都是莱茵河的受益者，因此每个沿岸国都有责任和义务去保护莱茵河。需要指出的是，ICPR 的前身是一个自由的国际论坛组织，随着社会公众对莱茵河污染的关注度越来越高，客观上需要一个专门的研究和监督机构，于是该论坛就发展为莱茵河沿岸国家和欧盟代表共同组成的国际组织。由此可见，ICPR 的诞生与该流域人们对莱茵河治理的共同认识密切相关，即使 ICPR 成立，该组织仍然保持着一定的非官方色彩，仍然具有各国政府与非政府组织合作、官方组织与学术机构合作的特征，这充分体现了上述共同认识已经渗透到 ICPR 的理念之中，并转变为人们的社会实践。从这个意义上讲，共同认识就是莱茵河合作机制得以生成，并发挥重要作用的思想基础[①]。

（二）ICPR 的合作纽带

ICPR 作为区域性国际组织，其联结和纽带作用非常显著。ICPR 主要由两部分组成：一是非政府组织机构；二是政府间合作机构。两个机构在莱茵河治理事宜上相互协调，共同完成多国治理的协商机制。一般来说，ICPR 分为三个层级：第一层级是权力机构；第二层级是秘书处和项目组；第三层级是专项工作组和专家组。

在第一层级，协商机制有部长级会议、决策方式和惩罚措施三种形式。部长级会议决定 ICPR 的一切重大决议，决议通过后不仅具有一定的法律约束力，而且便于统一执行和互相合作，各成员国都需要共同遵守，这是沿岸国家之间互相合作的重要纽带。

在第二层级，秘书处不仅是常设性工作机构，而且承担 ICPR 与各成员国、非政府组织、专家学者之间协调沟通的重要职能。秘书处由 12 人组成，负责 ICPR 的日常事务，自行筹措活动经费。秘书处的主要任务是在有关莱茵河治理问题出现，各国不能达成相对一致的意见时，及时协调沟通各国，促进各成员国之间的互通互联。并在适当的情况下负责制定与莱茵河相关的生态协同治理计划，并对计划的落实起到监督的作用。当莱茵河流域的生态环

① 胡兴球等：《城市中小河流河长制的建设与思考》，载《水利经济》2021 年第 2 期。

境协同治理计划同步进行时，就近期计划的完成情况提交报告。

在第三层级，对于各项专业性工作，由一些专项工作组和专家组承担。ICPR 下设 3 个常设性工作组和 2 个项目组，这几个专项工作组负责各自领域的生态环境治理工作，诸如水量、水质、水文监测等。专项工作组会对根据各自在职能范围内所实地采集的数据进行研究分析，得出具体可操作的结论予以提供，并为具体的莱茵河流域的生态环境治理难题提供决策，草拟行动方案。

（三）ICPR 的合作方式

ICPR 不是一个完整意义上的官方机构，更像是一个多层次、多元化的合作平台，它具有很大的包容性、参与性和非政府组织特征，能够调动各成员国政府、专家学者、非政府组织、新闻媒体、相关利益体等积极参与。其中，政府层面的部长级会议就是协调、平衡其中利益并达成一致性行动计划的重要机制，但是 ICPR 不具备处罚成员国的权力和职能，这需要借助它的非政府组织性能，这体现在独立性、公正性、科学性、监督性等方面。

ICPR 的独立性表现为资金自筹，不依附于某个成员国或利益团体而独立存在，能够独立自主地开展各项工作；ICPR 的公正性表现为公开透明，动员广大民众参与调查研究，开展不同意见之间的讨论争辩，从而选择最优的可操作方案；ICPR 的科学性表现为它不仅具有较强的专家团队，而且能够协调相关大学和科研院所参与技术研究，对水质、水文、气象、地质、环保等多种数据，运用先进的技术手段进行综合性分析；ICPR 的监督性不仅表现为技术手段，同时也表现在职能监督这种制度体系上。落到实处就是其不但可以监督企业和公民的违规违法排放、倾倒污染物的行为，也可以监督政府是否公正执法，形成了具有社会影响力的监督效果。

二、莱茵河流域跨界治理的经验总结

（一）成立跨界流域治理机构，统一协调流域内各国的利益诉求

20 世纪 50 年代，为了防治日益严重的跨境污染，莱茵河沿岸的瑞士、德国、法国、卢森堡和荷兰 5 国，在荷兰的号召下，于 1950 年 7 月 11 日共同成立了 ICPR。它是一个各国部长自愿参加的国际组织，其最初目标是防治流域水系污染，保护水质，之后它被赋予了越来越多的管理职能，现在已成为该流域最核心的治理机构。ICPR 的最高决策机构是委员会全体会议，委员会主席每三年轮换一次。每年全体会议与莱茵河协调委员会会议一起举行。重大决议必须在全体会议上作出。涉及的技术问题则由执行永久或定期任务的工

作组和专家组处理，并转交给战略小组，为全体会议做好准备。莱茵河部长级会议决定重要的政治问题，它们的决定对有关政府具有约束力。ICPR下设秘书处作为其常设机构，负责日常工作。此外，除了ICPR这一国际性治理协调机构，在莱茵河流经的地区也会设跨州的议事协调会，此层级的议事协调会大都由国内莱茵河流域的各州组成，统一协调国内莱茵河流域的生态维护工作。在其主持工作期间，各州下属职能部门需配合其具体的指导工作，共同解决莱茵河流域的生态环境治理问题。

随着欧洲共同体以及之后欧盟的成立，欧洲范围内的环境保护包括莱茵河的水质保护也就成为欧盟的主要职责之一。

（二）制定和完善跨界流域治理国际协议（公约）

国际协议既对各成员国水治理活动进行约束，又为各国治水实践提供行动准则和执行标准。在莱茵河防治污染国际委员会、欧洲共同体以及欧盟等跨国组织的共同努力下，欧洲各国先后完成了一系列生态保护协议的批准，与此同时，相关环境维护行动计划的制订也在紧锣密鼓中。这些具体行动的落实直接促使莱茵河乃至整个欧洲自然环境的改善。具体而言，自1963年以来，各成员国陆续签署了《伯尔尼公约》《莱茵河2000年行动计划》《防洪行动计划》《莱茵河公约》《莱茵河2020年行动计划》等协议。其中《莱茵河2000年行动计划》设定了环境治理和生态效果的目标：到2000年，让三文鱼重返莱茵河。值得注意的是，自欧盟主导颁布了《欧洲水框架指令》（WFD）之后，有关欧盟成员国开始更多地关注在自己的行政领地上执行《欧洲水框架指令》，而不是等莱茵河防治污染国际委员会作出新的安排来解决跨界问题。

（三）完善流域治理监督机制，鼓励企业、社会公众积极参与流域治理

莱茵河成功治理的一个重要保障，是利用先进的技术手段，在整个流域安装实时监测工具，进行实时数据传输，能够以最快的速度了解污染事件的发生，及时出击处理，并掌握和跟踪环境发展趋势与状况，整个流域区内的各个国家、国内的各州之间严格实施相互监督，即形成了较为完善的流域治理监督机制。当前，已在莱茵河上的雷克金、劳特堡、科布伦茨等九个地点设有国际监测断面。监测系统一旦发现污染现象，就会逆向追寻污染源。水质监测结果面向社会公开，接受公众的监督，公众可以便捷地通过网络查找和获取。在监测结果中清楚地列出了超标企业的黑名单。此外，莱茵河水质的改善还应归功于广大社会公众的积极参与。莱茵河保护委员会的水质观察员队伍就是由沿河流域的"水敏感企业"（如自来水厂、矿泉水公司、食品制

造厂等）组成的。这些企业一旦得知水质出现污染，会马上将相应的数据情况及简明报告汇报给上级部门，并提供水质监测报告。公民陪审团也是莱茵河水治理公众参与的重要途径，如莱茵河荷兰段于2003年年底至2004年年初设立了由14人组成的公民评审团，讨论水质治理的优先次序；2004年年底至2005年上半年在弗莱福兰省设立的公民评审团则讨论了土地规划和水管理；2007年夏季在乌得勒支市设立的公民评审团主要负责管理城市水流的优先次序。

第四节　日本流域生态环境协同治理建设经验

以上谈到美国、澳大利亚和欧洲在流域生态环境协同治理的建设方面均取得了较为令人满意的效果。日本与我国一衣带水，人口密度也相对较高，其基本国情（即流域生态环境的污染、破坏）与我国的流域生态环境基本相似。因此，日本的流域生态环境协同治理经验对我国长江经济带建设中生态环境协同治理的建设具有可参照、可借鉴的价值。

一、鸭川河流域生态环境协同治理概况

日本的鸭川河位于京都市，属于一级河流①。同时，日本鸭川河也是京都市的母亲河，其河流的整治历经了几十年，直至现在才成为一处别样的旅游、娱乐风景。

鸭川河现今是日本京都市的一处景点。"京都母亲河"的美誉也表明鸭川河在历史进程中在京都市民心目中的位置。该河流清澈见底，等到樱花盛开的季节，两岸樱花随风飘落于河流之上，随河流而下，风景甚是美丽。

鸭川河也存在污染、洪水、内涝等问题，于是需要进行整治。鸭川河贯穿京都全市，分上游、中游、下游。与中国的河流相比，其地理优势非常明显，上游、中游、下游坡度差非常大。于是，治理者巧妙地利用了这一特性，以枯木和软石作为底层铺垫，在整个流域形成了多个瀑布。这些瀑布的流水冲压能力特别强，在一定程度上为河流的良好治理奠定了较好的基础。

鸭川河上游为溪流型河流，平均坡度差是1/200。上游的主要问题是开发不当，结果产生一些泥沙，解决办法是筑沙坝、限制上游的整体性开发。

---

① 朱伟等：《日本"多自然河川"治理及其对我国河道整治的启示》，载《水资源保护》2015年第1期。

鸭川河中游是发达地区，居住人口较多，形成了中心区，这部分污染较为严重。日本的东京、大阪、京都施行的都是河流制，20世纪70年代没有进行很好的规划，当时这条河的生化需氧量（BOD）达到40毫克每升以上，需加强对管网的管理，将底泥疏浚、污染物去除。

下游是地上河，防汛和排涝是面临的主要问题。因此，扩宽了河道，加强了行洪能力，修建了海绵城市设施。同时，增加了合流制管道的口径，加强了合流管道调蓄能力。

从20世纪70年代到2008年，鸭川河的生化需氧量从40毫克每升降到1毫克每升，扩大了河断面，增加了雨水渗透的设施。在地下停车场、楼下都修了蓄水池，以便进行调蓄，也增加了一些渗透措施，解决下雨积水问题。

除此之外，水环境治理不是治污工程，也不是景观工程，而是综合工程。因此，修建了很多人文方面的治理工程，鸭川河治理特别强调和人亲近，这样大家才会更加爱护这条河，所以整治的时候修建了很多健步道、观测站、绿色回廊和亲水回廊、自行车专用道。

鸭川河治理还有一个很重要的提示，那就是一定要加强监管，这也是我们最缺失的部分。水环境监管非常重要。日本法律非常严格，什么地方不可以停汽车、不可以停摩托车、不可以停自行车，什么地方不能放烟火，这些都有明确规定，否则一定会重罚，这同样值得我们借鉴。

二、鸭川河流域生态环境协同治理法制的主要特点

（一）完善的环境法体系

完善的环境法体系是环境保护工作的前提，日本环境立法比较完备，为了保证法律的贯彻落实，提高执法的可操作性和实效性，日本在每部环境法出台后都会及时制定一些与该法配套的政令、规范等文件具体指导法律的实施。此外，独具特色的污染防治协议对污染防治起到了不可替代的作用。由于企业在产业和投资政策方面在很大程度上受到政府的干预和控制，所以它必须履行污染防治协议，并且协议往往成为企业在环境方面的首要约束。日本完善的环境法使其环境保护工作取得了很好的效果。

（二）多主体合作

日本的水环境治理体制同我国的行政体制相差不大，也可看作条条管辖与条块管辖相结合。具体来说，条条管辖就是指水资源管理部门的垂直领导，而条块管辖是指具体部门在具体的工作中分职能管理。在中央，其机构设置及权能大致如下：日本内阁总理大臣掌管水资源开发利用的一切权力，由于

总理大臣事务繁忙，不能及时处理水资源开发利用过程中的相关事宜，于是又在内阁中设置了国土厅，国土厅下又分设众多部门，协调日本国内国土资源事务，而其中的水资源部就是日本国内水资源协调管理的最高部门。但是该部门的人员选拔又有点特殊，全部是其下属分管部门中的正式在职人员，并且相关人员具有相当丰富的水资源管理经验，能够为全国的水资源管理作出最合乎实情的实地操作①。根据日本水资源保护法的有关规定，国土厅、环境厅、科学技术厅、农村水产省、建设省、通商产业省等部门都有参与水资源开发利用和保护的职责。各部门依法办事，职责明确，建立了完备的协调机制，能很好地分工合作。例如，国土厅负责对全国河川水系进行全面规划，制订中长期用水供水计划，审议和评价其他部门的水资源开发利用规划等。

（三）重视标准制度建设

日本制定和颁布了一系列环境标准，重视用标准制度来防治水污染。例如，针对生活环境制定的标准，为了防止湖泊富氧化而制定的总氮和总磷标准，针对氰、汞等影响健康项目和生活环境项目而规定了标准值的国家排水标准。有些地方政府针对当地水资源保护实际情况制定了比国家标准更严的标准。

（四）完善的水质监测制度

日本重视公用水域和排水水质的监测。在公用水域水质监测方面，环境厅负责编写监测费用和水质检验费用等计划，而水域水质的日常监测所需费用则由都道府县首长和政令市长负责。在排水水质监测方面，各级政府首长有权依据水质污染防治法对工厂和各种事业单位的排水情况进行监测，如果认为有必要，可以要求它们上报污染情况。

（五）处罚与指导相结合

根据日本《水污染防治法》的有关规定，应当对违反排放标准的行为直接予以处罚，但是对其他的首次违法行为可以采取给予行政指导的措施，如果经指导后再次实施违法行为才给予行政处罚。由于污染环境行为在很多情况下是很难监测和预防的，一次监测结果很难说明是否存在违法行为，针对这种环境管理的特殊性，日本采取了处罚与指导相结合的措施。

（六）无过失赔偿责任制度

日本早期的民法典对民事侵权责任采纳的是过失责任原则，随着环境污

---

① 董石桃、艾云杰：《日本水资源管理的运行机制及其借鉴》，载《中国行政管理》2016 年第 5 期。

染的日趋严重，环境污染侵权行为时有发生。在司法实践中，由于采取的是过失责任原则，受害人往往得不到法律上的救济，因为受害人处于劣势地位，无法举证侵权人存在过失行为。为了使受害人及时得到法律救济，修订的《水污染防治法》规定了无过失责任原则，即对因环境污染事故导致的生命和健康的损害赔偿采取无过失原则。虽然这种赔偿责任是有限度的，仅限于因环境污染事故导致的生命和健康的损害，财产损失仍然采取过失原则，但此规定加重了环境污染事件责任人的赔偿责任，加强了对环境污染受害者的保护，因此是一大进步。

第五节　与流域治理相关的其他法律制度评鉴

流域生态协同治理的关键在于对流域所在区域内水源、土壤的污染防治，只有将流域内的水土治理工作做好，流域生态环境治理的底线才能守住。然而，国外流域的土壤防治、水污染防治在各自的生态环境治理上都有了一定的实际操作经验和操作流程。现将国外关于土壤防治、水污染防治的法律进行简明的归纳和评析，为国内在流域协同治理方面的实际建设提供一般的较为有效的国际经验和国际方法。当然，国际经验虽经过其他国家的本土实验取得了很好的治理效果，但是各国的基本国情不尽相同，在我国长江经济带生态环境协同治理的过程中，还应参照本土的实际情况，作出整体的、综合的考量。

一、国外土壤防治法律评析

就目前各国已经建立的土壤污染防治体系来看，对其进行分类的标准主要有三：根据是否将土壤污染防治体系的主要内容集中到一部专门性的土壤环境保护法律中，可以分为分散型的土壤污染防治立法模式与专门型的土壤污染防治立法模式；根据相关法律是将预防与治理并重还是专注于土壤污染的整治，可以分为单一型的土壤污染防治立法模式与复合型的土壤污染防治立法模式；根据对土壤污染的防治是为了维护环境伦理还是保障该土地未来的用途，可以分为环境主导型的土壤污染防治立法模式与效益主导型的土壤污染防治立法模式。接下来笔者将介绍部分国家采用的立法类型及其优劣。

（一）分散型的土壤污染防治立法模式与专门型的土壤污染防治立法模式
分散型的土壤污染防治立法模式，即将与土壤污染防治相关的各个层面、各个领域的立法分散到几部单行法律或是法典的几个不同部分中。在土壤环境保护法律体系建立之初，由于缺乏相关的立法经验与实践经验，不可能在发现问题之初就构建出一部完整的针对土壤的专门性法律；同时由于对土壤污染的严重性与危害性的认识不足，当时的立法者并未将土壤污染作为一个需要用专门性立法进行规制的环境污染领域来看待。另外，当时的土壤环境污染是新出现的问题，由于其具有积累性与滞后性，初期在客观上并未造成严重的损害后果。因此，在土壤环境保护法律体系建立之初，各国一般均采用分散型的土壤污染防治立法模式，将与土壤污染防治相关的法律规范分散到诸如水污染防治法、固体废弃物处理法、工矿企业法、农作物保护法等外围立法中。

这种分散型的土壤污染防治立法模式在初期确实起到了遏制土壤污染蔓延的积极作用，但随着时间的推移，土壤污染的积累性特征渐渐显现，且给周围的自然环境、公民健康、社会经济带来的不利影响越发明显。同时，由于工业化、城市化的进一步发展，被污染土壤的数量逐年增加。在这种情况下，分散型的土壤污染防治立法模式的弊端逐渐暴露出来：第一，分散型的土壤污染防治立法模式主要是将与土壤污染防治相关的内容分散到其他的外围立法中，而这些内容大都与遏制土壤污染的源头相关，如对水污染与固体废弃物污染的控制，可以说重点在于预防，而如何治理已被污染的土地在很大程度上是一片空白，这就导致在土壤污染的损害结果集中爆发时缺少用来"治理"与"善后"的法律，造成无法可用的窘迫场面。第二，分散型的土壤污染防治立法模式失于系统性、专门性、规范性。由于这些分散型法律在制定时并未严格被作为土壤环境保护法律体系的整体来看待，先分别作为各自领域的专门法，而后再为土壤环境保护工作服务。由此而造成的结果是各外围法之间的配合并不紧密，所形成的土壤污染防治法律体系也不系统，甚至会出现不同领域之间的法律相互抵触的情况。由于这些问题的存在，各国都针对分散型的土壤污染防治立法进行了调整与改进，下面笔者将以几个国家为例进行介绍。

1. 美国

美国的土壤污染防治工作肇始于 20 世纪 30 年代，具体而言，开始于 1934 年的黑风暴事件。1934 年 5 月 11 日，由于过度的开垦导致的土壤退化，以及持续的干旱天气，北美大陆出现了一次史无前例的强沙尘暴。黑色风暴持续了 3 天，横扫了美国大约 2/3 的国土，导致大面积的土地破坏、水源干涸、农作物与牲畜死亡、人们流离失所。在这之后，美国开始了土壤污染防治立法工作，并于 1935 年通过了第一部相关法律《土壤保护法》，主要用于防止因过度开垦而造成的土地环境恶化。之后美国又陆续出台了《联邦危险物质法》《固体废物处理法》和《资源保护回收法》。1980 年，由于"拉夫运河"事件的影响，美国颁布了用于治理"棕色地块"的《综合环境反应、责任与赔偿法》，即《超级基金法》。之后又制定了《小规模企业责任减轻和棕色地块再利用法》《纳税人减税法》等对《超级基金法》进行修正。至此，美国的土壤污染防治法律体系基本成形。可以看出美国主要采用的仍是分散型的土壤污染防治立法模式，但在这些分散的外围法律中仍可以找出一部处于核心位置的法律，即《超级基金法》。《超级基金法》在对由"棕色地块"引发的问题加以解决的同时建立了土壤污染调查、风险评估、治理修复、责任确定、信息管理、经济支持、公众参与等一系列组成土壤污染防治体系的基本制度。① 可以说，《超级基金法》构成了事实上的美国土壤污染防治立法体系中的基本法与专门法。

2. 日本

日本的土壤环境保护工作开始于明治维新时代，这与明治维新时代飞速发展的工矿企业有关。高速发展的重工业加上缺失的工业污染管理规范，使日本进入了公害时代。为了应对工业污染造成的农业减产以及被污染农作物对人体的损害，日本于 1970 年通过了《农业用地土壤污染防治法》，但是该法仅适用于农村土地，且仅及于地面表层，对于日益恶化的城市土地污染问题以及作为污染源头的地下水污染无能为力。为了应对这些不足，日本于2002 年颁布了《土壤污染对策法》，并于同年颁布了相关实施细则，即《土壤污染防治法实施细则》。除此之外，日本还有诸多外围法，诸如《水污染防治法》《废弃物处理和清扫法》《重金属等的土壤污染调查和对策指南》《二噁英类对策特别措施法》等。虽然《农业用地土壤污染防治法》是关于农业用地土壤污染的规范，而《土壤污染对策法》是关于城市用地土壤污染的规范，② 但它们并不是严格意义上的土壤环境保护专门法，因而将其称为外围法显然是不合理的。应当说这两部法律共同构成了日本土壤污染防治法律体系中的专门性法律。可以看出日本从初始阶段就极为重视土壤污染防治专门性立法，专门型的土壤污染防治立法模式在日本始终占据主导地位。

---

① 李静云：《土壤污染防治立法：国际经验与中国探索》，中国环境出版社 2013 年版，第 37 页。

② 罗丽：《日本土壤环境保护立法研究》，载《上海大学学报》（社会科学版）2013 年第 2 期。

3. 德国

由于在 20 世纪 70 年代以前德国的环境保护立法权限并未明文规定属于联邦，因此土壤污染防治立法工作由各州率先展开，制定了诸如《巴登符腾堡州土壤保护法》《污染场地处置法》《黑森州废弃物法》等地方性土壤环境保护法律。在 1974 年之后，联邦层面的土壤环境保护立法开始大量出现，制定了诸如《肥料和植物作物保护法》《物质封闭循环和废弃物管理法》《遗产基因工程法》《联邦森林法》《土地整理法》《农业调整法》《建筑规划法》《联邦采矿法》等一系列与土壤污染防治相关的外围性立法。1998 年，德国颁布了《联邦土壤保护法》，这是德国土壤污染防治的专门法，并于 1999 年通过了其具体实行措施《联邦土壤保护与污染场地条例》。至此，德国的土壤污染防治法律体系的结构已经基本完成，形成了以专门性土壤环境保护法律为基础，以外围立法和地方立法为补充的法律体系。可以说，德国的土壤污染防治立法过程几乎是教科书式的由分散型的土壤污染防治立法模式向专门型的土壤污染防治立法模式演进的过程。

4. 英国

英国的土壤污染防治工作始于 20 世纪中期。从 1967 年开始，英国陆续颁布了《生活环境舒适法》《有毒废弃物处置法》《有毒污水处理法》《计划法》《放射性物质法》《垃圾填埋税法》《综合污染预防与控制法》《水资源法》等外围法律，基本形成了英国土壤污染防治法律体系的结构轮廓，但由于分散型的土壤污染防治立法模式的固有缺陷，英国始终难以形成一套成熟、系统的相关体系。为了应对这种情况，英国于 1990 年通过了第一部土壤污染防治专门法——《污染场地法》，并于 2000 年对英国环境保护领域的基本法——《环境保护法》进行修改，增加了对土壤环境保护进行专门规范的"Part Ⅱ A"，由此形成了英国土壤环境保护的新规则体系。能够看出英国采用的是制定专门法与专门的法律修正案的方式构建自身的专门型土壤污染防治立法模式。

从上述几个国家的土壤污染防治体系及其发展过程可以看出，虽然各国基本国情与立法传统各不相同，但大都经历了从分散型的土壤污染防治立法模式向专门型的土壤污染防治立法模式的转变。其中，既制定有专门性法律，也制定有专门性法律修正案；既制定有形式上的专门性法律，也制定有实质上的专门性法律。专门型的土壤污染防治立法模式由于其系统性、专门性、逻辑性、规范性，已经成为世界范围内土壤污染防治立法的主流。

（二）单一型的土壤污染防治立法模式与复合型的土壤污染防治立法模式

因为土壤污染具有积累性、滞后性、难逆转性等特征，所以对其的防治一般包含两个方面的内容：一是预防，即阻断土壤污染的污染源，从源头上防止其出现；二是治理，即对已经被污染的土地进行清理与恢复，改良土壤的质量，消除其风险。预防与治理是应对土壤污染不可分割的两个方面，而这也是土壤污染防治体系得名的原因。由于土壤污染治理的成本极高且周期极长，在污染后再开展治理工作是很不经济的选择，所花费的资金将比进行未雨绸缪的预防工作多好几倍。因此，预防工作应当是土壤污染防治工作的优先选项，其重要性绝不亚于治理工作。现今绝大多数国家已经认识到了土壤污染预防工作的重要性，将其作为与治理工作具有相同地位的重要任务，并在相关法律中予以专门规范。而根据与预防工作相关的主要规定是存在于专门性法律中还是存在于相关外围立法中，可以将土壤污染防治立法的模式分为单一型的土壤污染防治立法模式和复合型的土壤污染防治立法模式。当然，需要说明的是，无论是单一型的土壤污染防治立法模式还是复合型的土壤污染防治立法模式都不是绝对的，因为土壤污染的预防与治理是一个问题的两个方面，不可能完全分开，此处的单一或复合指的是与预防工作有关的内容在专门性法律中所占的比重大小。

在单一型的土壤污染防治立法模式中，专门性土壤污染防治立法采用的是单一的土壤污染治理的立法结构；而在复合型的土壤污染防治立法模式中，专门性法律采用的是土壤污染预防与土壤污染治理共同进行规范的立法结构。必须指出的是，这两种立法模式的区别主要是形式上而非内容上的，对这两种立法模式进行比较也主要是出于立法技术上的考虑。土壤污染治理的基础性程序比较简单，各种类型的土壤污染治理的法律流程都基本相同。然而，土壤污染预防工作相比较而言要复杂得多。因为土壤污染的源头分散在不同的领域中，有水污染、空气污染、固体废弃物污染、开发建设等不同的来源，所以对其预防也分为诸多不同的领域，这些领域的预防工作全部由一部专门性法律来进行规制显然是不可能的，在技术上行不通。因此，将预防工作分散到不同的外围法中，由各领域的外围法分别解决其自身领域的预防工作显然是最好也是最实际的选择。下面笔者将介绍一下以下国家采用的立法模式。

1. 美国

美国采用的是典型的单一型的土壤污染防治立法模式。美国的专门性土壤污染防治立法是《综合环境反应、责任与赔偿法》，即使仅从名称上看，也能看出其所应对的是土壤环境污染发生后的治理、恢复以及责任的划分，与土壤污染的先期预防关系不大，而其修正案《小规模企业责任减轻和棕色地块再利用法》等法案也是为其能够更为顺利地实施而颁布的，并未涉及太多的预防工作。与此同时，美国土壤污染防治法律体系中的外围法，如《固体废物处理法》《联邦杀虫剂、杀真菌剂和杀鼠剂法》《清洁水法》《安全饮用水法》《资源保护回收法》《有毒物质控制法》等法律在自身领域实现了对相关污染来源的有效控制，起到了预防的效果。

2. 日本

日本为了防治土壤污染而制定的专门性法律有两部，即《农业用地土壤污染防治法》与《土壤污染对策法》。《农业用地土壤污染防治法》制定于1970年，其主要是为了应对当时日益严重的工矿企业污染，起着遏制污染源头与治理已产生的污染的双重作用。可以说，此时日本采用的立法模式接近于复合型。在此之后，城市土地污染公害事件的大量涌现使《农业用地土壤污染防治法》鞭长莫及，制定新的相关法律迫在眉睫。但是，城市土壤污染的来源远比当初制定《农业用地土壤污染防治法》时农村的土壤污染来源更为多样化，复杂多变的污染源头使将预防与治理规定入同一部专门性法律中存在技术上的难点，因此日本的立法者将新制定的土壤环境保护专门法命名为《土壤污染对策法》，而非《土壤污染防治法》，将其重心放在了污染土地的治理与修复上，而相关的预防工作则主要交给了外围立法，主要是《水污染防治法》《废弃物处理和清扫法》《有机氯化合物等土壤、地下水污染调查、对策指南》《重金属等的土壤污染调查和对策指南》等法律。可以看到，日本是从复合型的土壤污染防治立法模式演进到单一型的土壤污染防治立法模式的典型。

3. 英国与德国

英国与德国同属于欧洲国家，在土壤污染防治立法模式上有着相似之处。英国与德国都认识到了土壤污染预防工作的重要性，并将其作为土壤环境保护工作的重心。在英国，1993年的土壤污染白皮书将从源头上预防未来的污染作为应对土壤污染的五种核心措施之一；而德国将对土壤污染的预防作为其土壤污染防治体系的基本原则之一。可以看出的是，两国都对预防工作给予了高度重视。但同时两国虽然都强调预防工作的重要性，并在专门性法律中有相关的规定，但这些规定大多为原则性、概括性的，具体的实施措施与细则仍由外围立法来负责。就德国而言，其专门性立法《联邦土壤保护法》规定了政府应当制定相关的条例以预防土壤污染的发生，并且规定了责任主体的预防义务，但是具体的预防制度及措施仍由外围立法来规范，相关的法律如《肥料和植物作物保护法》《物质封闭循环和废弃物管理法》《遗产基因工程法》《联邦森林法》《土地整理法》《农业调整法》《建筑规划法》《联邦采矿法》等，这些外围法构成了德国真正的土壤污染预防体系。就英国而言，其专门性的土壤环境保护法律《污染场地法》与专门性的《土壤环境保护法律修正案》均是以治理已发生的污染为主。其中《污染场地法》确立了英国早期治理污染土地的流程，为处理大量历史遗留的污染土地提供了法律依据。而《环境保护法》的"Part Ⅱ A"主要是确立了英国调查、评估、确认和修复污染场地的新流程，与预防工作的关联同样不大。与德国相似，英国的土壤污染预防工作也主要由外围立法负责，如《生活环境舒适法》《有毒废弃物处置法》《有毒污水处理法》《计划法》《放射性物质法》《垃圾填埋税法》《综合污染预防与控制法》《水资源法》等。可以看出，虽然英国与德国均将土壤污染预防工作置于极为重要的地位，但它们采用的立法模式与美、日等国相同，同样是单一型的土壤污染防治立法模式。

从上述几个国家采用的立法模式可以看出，虽然土壤污染预防与治理工作同等重要，但用专门性法律来规范治理工作，用外围法律来规范预防工作已经成为立法的主流。当然，这种做法仅仅是出于立法技术与使用便捷的考虑，而非对治理与预防厚此薄彼。事实上，只有让外围立法中的预防制度与专门立法中的治理制度相互配合，各有侧重地实施，才能使土壤污染防治体系真正发挥作用。

（三）环境主导型的土壤污染防治立法模式与效益主导型的土壤污染防治立法模式

从土壤环境保护立法的意图来看，它们都是为了清除污染、降低风险并使土地的功能得到恢复，但从其具体遵循的理念来看，可以将相关的立法意图划分为两种。一种是将污染土地上的污染物质完全清理，完全消除污染的风险并将土地样貌和功能恢复到原来的状态。这种立法意图所遵循的理念为环境伦理，即以环境为本，认为对土壤污染的治理应最大限度地将土地恢复到污染发生前的状态，将"环境"作为一切工作的出发点和落脚点，而不对土地的未来用途做太多的考量。另一种是将污染土地上的污染物与环境风险限定在一个可以接受的范围内，以使其符合该土地未来开发利用的要求。这种立法意图所遵循的理念是经济效益，即对污染土地的治理是为该土地的再开发利用服务，必须符合再开发利用的要求，将"经济效益"作为土壤污染治理的出发点与落脚点，认为对污染的治理无须将土地恢复到原来的样貌，仅需符合未来对其进行利用的需求即可。根据这两种不同的立法意图，我们可以将相关国家的土壤污染防治立法模式分为两种：环境主导型的土壤污染防治立法模式和效益主导型的土壤污染防治立法模式。

从表面上看，环境主导型的土壤污染防治立法模式显然更符合一般人的理解与感情，也更符合朴素的正义观，毕竟将被污染的环境恢复到曾经的自然状态是大多数人的愿望，但在实际操作中这是行不通的，原因主要有以下几点：（1）技术上缺少可操作性。首先，我们很难确定所谓的环境"原始状态"究竟是怎样的标准，而缺少了这个标准，该立法模式的合理性基础与实际执行基准都将不复存在；其次，即使能够确定"原始状态"的标准，要将土壤的性质与功能完全恢复到本来样貌在技术上是极为困难的，甚至可以说在目前的科技水平下，完全恢复土壤的性质与功能是不可能完成的任务。（2）成本上的不可接受性。即使在技术上确实能够实现对某块土地的完全净化，其所需花费的资金以及治理周期都将大大超过对其的治理所带来的收益，其成本对于任何治理主体而言都是难以接受的。（3）经济上缺少激励性。环境主导型的土壤污染防治立法模式主要考量的是环境伦理，其所关注的是对环境的保护，而非经济利益。这就使得该治理模式指导下的治理工作无利可图，事实上就如上文所指出的那样，在环境主导模式下的治理工作的成本可能远大于收益。因此，很少有私人治理主体愿意承担相关治理责任，这也阻碍了相关治理工作的展开。（4）环境本身的变动性。众所周知，自然环境始终处于变化迁移的过程中，沧海桑田一词正是对其最好的形容。如果变化是自然环境的本性之一的话，人类就没有理由认为从前的土地环境就一定比现今的土地环境更为优越，也没有理由认为未完全消除污染的土地环境比完全消除污染的土地环境更优越，这是对环境主导型的土壤污染防治立法模式存在基础的追问。综上所述，环境主导型的土壤污染防治立法模式在现实中的可行性很低。

相比较而言，效益主导型的土壤污染防治立法模式的可操作性更强。由于在治理工作开始之初就将土地的未来使用方式考虑在内，所以效益主导型的土壤污染防治立法模式指导下的污染治理工作的个案标准都是十分明确并且可行的，既不会出现无法找到"原始状态"标准的情况，也不会出现订立一个完全无法达到的虚高标准的情况，而是依据该土地未来的用途设立符合实际情况的修复标准，制订合理的修复计划。同时，由于只需根据未来用途进行清理与修复，在大多数情况下治理所需达到的标准都不会高于完全清洁土地的标准，这就使得治理工作的成本被控制在一个合理的范围内，减轻了治理责任主体的经济负担。另外，以再开发利用为目的对污染场地进行治理，在制订治理计划时将该土地的经济发展机遇考虑在内，使得治理土壤污染与推动社会经济发展直接挂钩，这既有利于激励各治理主体以远见的态度投身于土壤污染治理工作中，帮助他们在修复工作中获得最大利益，又有利于社会经济在不损害自然利益的条件下保持发展的态势。总而言之，效益主导型的土壤污染防治立法模式更能激励人们积极主动地参与土壤污染防治工作，也更符合可持续发展的要求。

综观部分国家和地区土壤污染防治法律体系的发展过程，在应对环境主导型的土壤污染防治立法模式与效益主导型的土壤污染防治立法模式的取舍问题上主要有三种情况：始终以效益主导型的土壤污染防治立法模式为主；始终以环境主导型的土壤污染防治立法模式为主；开始以环境主导型的土壤污染防治立法模式为主，后来在积累经验后逐渐转为以效益主导型的土壤污染防治立法模式为主。以下笔者将分别介绍有代表性的国家与地区。

（1）英国属于第一种情况，即始终以效益主导型的土壤污染防治模式为主的典范。英国的传统政治哲学崇尚实用主义，而这种哲学也深刻影响了英国的土壤环境保护体系。自诞生以来，英国土壤环境保护法律就极为重视防治工作中成本与收益的平衡，并将土地的再开发利用视为土壤污染防治工作中的重要一环。1993年的英国土壤污染白皮书将"适合使用"原则与"成本—效益"原则规定在英国土壤污染防治工作的主要原则之中。而其《环境保护法》的"Part ⅡA"更是在"成本—效益"原则的指导下建立了成熟的土壤污染防治制度体系，从中我们可以看出效益主导型的土壤污染防治立法模式在英国根深蒂固。

（2）荷兰是第三种情况的典型代表，即由环境主导型的土壤污染防治立法模式逐渐发展为效益主导型的土壤污染防治立法模式。荷兰在早期采取的是环境主导型的土壤污染防治立法模式，其环境保护法要求所有对污染土地的治理工作都必须将土地恢复到一个固定的环境质量标准，而不考虑土地的特殊性以及该土地未来的用途。这种高成本且缺乏灵活性的做法很快就被土壤污染防治实践证明是不可行的。目前，荷兰基于风险管理的原则建立起了自身的土壤环境保护体系，完成了从环境主导型的土壤污染防治立法模式向效益主导型的土壤污染防治立法模式的转变。

目前，绝大部分国家或地区采用的都是效益主导型的立法模式，即在确定防治土壤污染的目标时"向前看"，而非一味顾及该土地原先的状态。这种做法符合城市化发展所带来的越来越大的土地需求，也符合利益最大化的要求，同时也与经济、社会、自然可持续发展的目标十分契合。

综上所述，我们可以看出目前主流的土壤污染防治法律的立法模式是效益主导、单一的专门型立法模式。这种立法模式在保证土壤环境安全的同时力求实现社会经济的发展，在保证法律的可实施性的同时力求构建出一个系统、有序、准确而符合逻辑的土壤污染防治法律体系。对于至今仍未建立成熟的土壤环境保护体系的中国而言，这种立法模式值得借鉴和学习。

二、国外流域水污染防治法律评析

（一）构建较为完善的水环境保护法律体系，加强水环境执法

许多国家已经构建了较为完善的水环境保护法律体系，并通过加强执法来确保水资源的可持续利用和水环境的保护。以下是一些国家在水环境保护方面的法律体系和执法措施。

（1）美国于1972年通过了《清洁水法》，该法旨在恢复和维持美国水体的化学、物理和生物完整性。其规定了污染物排放的标准，并设立了国家污染物排放消除系统（NPDES），要求任何向水体排放污染物的行为都必须获得许可。另外，美国于1974年通过了《安全饮用水法》。该法旨在确保公共饮用水系统的安全，规定了饮用水中污染物的最大允许浓度。在美国，由环境保护署负责执行这些法律，并对违法行为进行处罚。环境保护署与各州合作，确保水环境标准的实施和遵守。

（2）欧盟于2000年通过了《欧洲水框架指令》。该指令旨在保护和管理欧盟的水资源，确保水体的生态和化学质量。它要求成员国制订流域管理计划，并采取措施防止水体的进一步恶化。另外，欧盟还制定了《城市污水处理指令》，该指令要求成员国对城市污水进行处理，以减少对水体的污染。欧盟委员会主要负责监督成员国对水环境保护法律的执行情况，并对未履行义务的成员国采取法律行动。

（3）日本于1970年通过了《水污染控制法》，该法旨在控制工业和生活污水对水体的污染，规定了排放标准和对违法行为的处罚。另外，日本还制定了《水质保全法》，该法旨在保护湖泊、河流和地下水的水质，规定了水质标准和监测要求。日本主要由环境省负责监督和执行水环境保护法律，地方政府也参与执法工作，确保企业和个人遵守相关法规。

（4）澳大利亚于1999年通过了《环境保护和生物多样性保护法》，该法旨在保护澳大利亚的环境和生物多样性，包括水资源的保护。另外，澳大利亚还制定了《国家水质管理策略》，该策略为澳大利亚的水质管理提供了框架，要求各州和地区制订和实施水质管理计划。澳大利亚各州和地区政府负责执行水环境保护法律，联邦政府则通过环境与能源部进行监督和

协调。

（5）加拿大制定了《环境保护法》。该法旨在防止污染和保护环境，包括水资源的保护。另外，加拿大还制定了《渔业法》，该法规定了保护鱼类栖息地的要求，禁止任何可能对鱼类栖息地造成有害影响的行为。加拿大环境与气候变化部负责执行水环境保护法律，并与各省和地区政府合作，确保水环境标准的实施。

（6）德国制定的《水法》详细规定了水资源的保护和管理，并要求对水体进行监测和保护，防止污染。另外，德国制定的《废水排放法》规定了废水排放的标准和要求，确保废水处理设施的有效运行。德国联邦环境、自然保护、核安全和消费者保护部负责监督水环境保护法律的执行，地方政府负责具体的执法工作。

国外在水环境保护方面的法律体系通常包括对水质的监测、污染物的排放控制、水资源的管理和保护等方面的规定。执法措施通常由国家级的环境保护机构负责，并与地方政府合作，确保法律的实施和遵守。这些法律和执法措施有效地保护了水环境，确保了水资源的可持续利用。

（二）水环境信息公开，鼓励公众参与

各国流域水污染治理经验千差万别，但水环境信息公开却是它们共同遵守的准则。对于水环境的污染及治理状况，公民具有知情权，自然有权要求政府共享此类信息。环境管理机构通过公开信息，加强执法者与被管理者的交流与沟通，促进、鼓励公众参与环境立法和执法。这种非强制性的措施很好地维护了公民与政府之间的关系。在水环境保护领域，由于个人、法人和社会团体往往仅顾及自身利益与局部利益，而此种利益相对于水环境保护利益存在排他性，此时政府需要运用自己的行政权力作为公共利益的代表来对此进行权衡。然而，当个人利益与社会利益、短期利益与长期利益之间都存在着严重矛盾时，政府如果一味依仗其政治权威，运用强制性、制裁性措施对生态环境问题进行监督、管理、维护，反而难以达到良好的效果。虽然行政权非常重要，但其应该非常巧妙地存在于各个社会主体与利益集团之间，而不是实行霸权主义。相关执法者应及时引导对方向有利于水环境保护工作的方向发展，促使其在法律规定之下开展各项活动，并且使得公民能够以更为民主的方式参与其中。

（三）运用市场调节机制

在国外流域水污染防治中，市场调节机制已成为重要治理手段，其通过经济杠杆引导排污主体行为。其法律框架如下：

1. 排污权交易制度

美国《清洁水法》第 402 条建立了"水质交易计划"，允许点源与面源间污染物信用交易，化学需氧量（COD）、氮磷等纳入交易范围。[①]

《欧盟水框架指令》（2000/60/EC）第 4 条要求成员国建立"流域经济激励机制"，德国莱茵河流域实施跨行业氮配额交易。

澳大利亚《2007 年水法》设置了可交易水权制度，墨累—达令河流域交易额年均超 30 亿澳元。

2. 生态补偿机制

法国 1992 年修订的《水法》规定了"流域间财政补偿"，塞纳河上游保护地区每公顷森林每年获 1200 欧元的补偿。美国《农业法案》第 7 章设立了"环境质量激励计划"，农户采取水土保持措施可获 85% 的成本补贴。

3. 环境税费体系

荷兰《地表水污染法案》规定征收"污染当量税"，化学需氧量（COD）征税标准达 6.5 欧元/千克。日本《水质污浊防止法》规定了按污水排放量分级征税，超过标准 3 倍的企业税率提高 50%。

这些市场机制通过明晰产权、价格发现、风险分配等经济原理，将流域治理转化为可持续的市场行为，其制度设计的精细化程度与科技赋能水平值得重点关注。

第六节　国外流域治理相关法律制度的总结以及对我国的启示

一、国外流域治理相关法律制度改革

（一）美国流域治理的相关法律法规

美国颁布的大多数流域法律法规都体现了全面的管理思想，在水资源的治理中发挥着重要的作用。

第一部：《田纳西河流域管理局法》。该法于 1993 年颁布，成立田纳西河流域管理局作为权威性的流域管理机构，简称 TVB。田纳西河流域经过多年的实践，其开发与管理取得了辉煌的成绩，田纳西河落后的面貌从根本上得到了改变，TVB 的管理也成为世界瞩目的一个独特和成功流域管理的范例。

---

① 吴健、熊英：《美国污水处理业监管经验》，载《环境保护》2013 年 12 期。

第二部：《水资源规划法案》。该法于 1965 年颁布，要求通过协作促进水资源及有关土地资源的开发利用和保护，该法确认不影响各级政府在水资源开发及管理方面的权限、责任或权利，也不代替或修正州际间及州与联邦之间的有关协议，水资源规划、土地资源规划或者规定的确定和评价，以及依照本法设立的机构仅适用于区域或者江河流域的编制和检查。从流域整体利益出发，要求优化国家自然资源，协调水土资源规划。水资源委员会和流域委员会主要负责流域水资源的综合开发和水资源的利用。

第三部：《清洁水法》。该法于 1948 年颁布，其中在 1972 年和 1977 年进行了较大的改动，内容包括：为水处理工程建设拨款（自 1987 年修正案逐步废除）；限制有关污水及污染物的排放；制定严格的水质标准，从技术、实施、运行层面等对各州污染源进行严格的治理控制；防止石油和其他有害物质进入流域和邻近海域，制订非点源污染控制计划；规范排污、疏浚、填方许可证；确认各州对其辖区内的水域拥有分配权，并对湿地的治理作出规定。

除此之外，还有两部法律对流域治理产生了巨大影响。

《安全饮用水法》，该法于 1974 年颁布，1986 年和 1996 年对该法进行了两次修正。其中，涉及流域治理的有授权各州建立水源地保护计划和防治地下水受到污染。

《濒危物种法》：该法于 1986 年颁布，规定了其所在流域最小流速的各种标准，从而保护了流域内的水环境。

（二）日本流域治理的相关法律法规

日本的流域治理法律体系以《水资源开发促进法》为主，主要包括《河川法》等 17 部法律。其中，《河川法》《水资源开发促进法》《水源地域对策特别措施法》在流域管理中发挥了重要作用。

《河川法》于 1964 年颁布，该法规定流域管理由中央和地方政府分工，同时对流域利用规则和流域综合评价体系等进行了详细的分析和管理，是非常重要和有价值的参考。

《水资源开发促进法》于 1961 年颁布，流域水资源综合开发利用合法化取决于水资源开发流域的指定，水资源开发的基本规定，水资源开发委员会制度的协调和综合土地开发计划特别强调流域的完整性。

《水源地域对策特别措施法》于 1973 年颁布，其规定对水库周边地区的居民进行利益补偿，同时提供法律依据。

（三）欧盟流域治理的相关法律法规

欧盟出于经济发展计划和流域总污染物管理等方面的流域整体考虑，要求进一步强化流域国家所有污水单位的责任，同时着力加强参与者之间的合作；共同承担污染控制责任，加强流域国际合作。欧盟国家正式启动了水资源管理统一法律文件——WFD框架指令（欧盟水框架指令）。流域综合治理是法治的核心内容之一。

法国政府在1992年修订了水法，将水资源明确为国有。水资源开发利用和保护为公众利益，综合流域管理，严格遵守自然平衡规则，实现水资源的可持续性。

西班牙水法在序言中强调，"水资源的使用必须小心，不要破坏环境和资源本身，特别是尽量减少社会和经济成本，并使其在整个水文作用的过程中所产生的费用和负担能够得到合理的分配。以此保证在所有情况下都能够做到对各用水方面公平合理，而不论是发源地、地表水或地下水"。

（四）英国流域治理的相关法律法规

英国政府通过国家环境保护局推动流域管理战略（CAMS），要求流域规划公平利用水资源，以实现盆地一体化管理，从而达到保护水资源生态平衡的目的。

（五）澳大利亚流域治理的相关法律法规

澳大利亚宪法将权力下放给各州的流域水立法。因此，澳大利亚各州制定了水资源开发和利用、养护和管理的综合水法，主要依据是其地理特征。例如，1881年制定了《维多利亚水土保持法》。其主要内容是灌溉，水土保持的发展和相关监管机构的建立；1886年推进水资源国有化，制定了《维多利亚综合灌溉法》；1905年制定了《维多利亚水法》，建立了水利和供水委员会的流域综合管理。1976年，南澳大利亚州颁布了一项新的《水法》，宣布对水资源的全面管理，涵盖地表水、地下水和水质各个方面。

另外，澳大利亚在流域综合管理实践中取得了一定的成就，形成了自己独特的全流域管理（TCM）方法。其中，一个较为成功的例子就是墨累—达令河的流域管理。为促进与协调全流域的有效规划和管理，采取了一系列政策与措施，包括《墨累—达令河流域行动》、自然资源管理战略的制定以及土地关爱与社区参与等。同时2001年为了保护河流、生态系统与流域健康，制订了《2001-2010年墨累—达令河流域综合管理战略——确保可持续的未来》，以此作为新的自然资源管理战略。

二、国外流域治理相关法律制度改革的导向性绩效

综观国外流域水环境治理的法律制度的发展，大都经历了从部门各自为政到跨部门、跨地区综合治理的治理模式的转变，主要为以治理模式机构的设置为主，制定相关法律法规制度为辅。

我们通过国外的先进成功经验可以得出这样一个结论：首先应当明确政府的角色定位以及相关职能，要重视对流域的水环境治理；同时要创建流域机构，给予其相应的权责及地位，完善流域治理体制；制定相应的法律法规明确各方与流域治理有关的责任，从而合理分配水量，制定水质标准以及纠纷的相关解决途径等。其次要通过行政手段和经济手段相结合的方式，利用政府部门做决策、私营企业具体承包实施的方法；鼓励创设新技术、开发应用新设备；作为地方社会经济发展资源，流域应分配和使用低成本、高效的方式。再次要建立流域水环境的科学信息网站，及时公开发布流域水环境信息。最后要提高公众对流域保护治理的意识，及时向政府反映公众的想法和要求，在流域治理的重大决策作出前吸纳广大公众的意见。

随着流域水环境治理模式的转变，出现了一系列亟待解决的新问题。例如，在现行体制下，利益冲突和权力整合的流域治理模式将涉及该地区的许多部门，如何建立流域机制在流域权威和执行能力上就显得尤为重要。例如，如何协调区域内各国政府之间的合作，同时考虑到流域的综合管理和地方区域控制等问题，具体的解决办法如下：

（一）在流域相关部门间进行综合治理

流域水环境的综合治理涉及部门众多，容易滋生权力、利益冲突等一系列的问题。以渭河流域为例，黄河水利委员会陕西黄河河务局、咸阳市渭城区渭河生态区建设管理局、陕西省水利厅等部门负责处理相关情况，一旦发生大范围内的水污染事件，流域有关机构没有足够的行政权限去处理，需要上报上级机关，乃至需要上升到国务院一级。处理进度缓慢、效率低，非常不利于环境问题的及时控制和解决。然而设立繁多的机构部门实际上并不能起到实效，反而会造成政府机关的人员冗余，对社会的高效发展非常不利。

（二）在流域内进行地域综合治理

流域环境是一个总体，2016年修订的《水法》确定了流域管理和行政区域相结合的流域管理制度，区域规划要求服从流域规划。长期以来，政府一直以行政区划为主导，而行政区划只为该地区的经济增长服务。根据中央发布的相关文件，将从过去的区域管理逐步过渡为流域管理，这不仅为流域水环境综合治理提供了条件，同时也对基层政府机关提出了挑战。那么，如何使得区域管理与流域管理相配合又不排斥，如何赋予区域机关合理的行政权限，如何从法律层面规范区域机关适当的地位，这些都需要在实践中逐步调整。

（三）在流域治理内容上进行综合治理

流域综合治理是一项复杂的系统工程，旨在通过统筹生态、经济和社会要素，实现流域内水资源的持续利用、生态环境改善和区域协调发展。目前的流域立法体系和流域机构设置将流域要素都作了具体化的规定，分别针对流域内局部的某种特定功能可能产生的问题提出相应的解决方案。解决流域上下游、分支流之间的关系问题。

（四）对流域开发利用市场化进行综合治理

无论是防洪减沙措施，还是灌区水利工程节水措施，都要做到生态环境与经济社会发展的平衡。不能避重就轻，要在二者之间寻找到一个平衡点。上级政府应当逐步下放水环境治理权力，通过政企分开的方式传递给下级政府、部门、机构、企业和公众组织等。这是一个长期工程，显然在短期内很难有成效，在经济发展的同时如何保证流域水环境的稳定，在治理流域水环境的同时如何兼顾经济社会的发展，流域水环境治理措施如何还能收到经济效益，这些问题都非常值得关注。

三、国外流域立法对我国的启示

如前文所述，在经过长时间的发展后，大部分国家均已建立起适合其自身国情的、较为成熟的流域污染法律体系，并依据自身的法律体系实现了对本国流域污染较为有效的控制与治理。我国经过多年的努力，逐步构建起了适合本国自身情况的流域污染防治法律体系，但是仍然需要继续研究相应的法律保障机制，以期为我国长江流域生态环境治理添砖加瓦。

目前，我国长江流域污染防治的法律规范主要集中规定于《长江保护法》中。其余与流域环境保护相关的规定散见于环境基本法、其他领域的专门法、流域环境保护的外围法和一些行政命令中，这些法律法规包括：《环境保护法》《固体废物污染环境防治法》《土地管理法》《大气污染防治法》《基本农田保护条例》《土地管理法实施条例》《土地复垦条例》《农药安全使用规定》等。这些法律法规虽然都在自身负责的领域对流域环境保护起到了一定的作用，但其缺点也是显而易见的。首先，《长江保护法》实行年份较短，与既有规定存在衔接不畅的问题。这使中国目前的流域污染防治法律体系缺少系统性、可靠性、专门性与逻辑性，各个法律法规间相互龃龉的情况并不鲜见，难以相互配合发挥其应有的功能。其次，大部分在国际经验中被认为是必要的制度，如流域污染防治基金制度，在我国并未得到重视，在相关法律中也难寻相关规定。最后，即使有些规定已经被写入了相关法律中，相关的用语也大部分为原则性和概括性的，具体的可操作性规定很少，并未形成具体可行的制度，也未达到在流域环境保护领域有法可依的目标。流域污染中最为严重的便是跨界的流域污染，牵涉其中的各个地方应就各自流域内的监管信息实现互联互通，以求达到跨流域污染的有序有效解决。

在通常的情况下，跨界流域污染防治法律是阻止污染蔓延并处理已发生的污染的最好途径，但中国严峻的污染状况与流域联动机制建设经验缺乏同时出现，使流域污染带来的破坏成倍增加，这是由于没有有效的手段预防污染，没有及时的方法治理污染，没有强硬的措施处理相关责任人，这些情况不仅使流域污染难以遏制，同时还在一定程度上使污染排放者有恃无恐，起到了负面的刺激效果。这些情况造成的严重后果主要如下：（1）严重影响水质水量资源。严重的流域污染必然使得流域水质大幅下降，能用淡水资源紧缺。（2）威胁人民的生命健康。我国是人口大国，长江流域有众多的大型城市，城市的取水口大都也在长江流域，一旦长江流域水质受到影响，造成损害的污染物便会在人体内富集，产生严重的后果。（3）对其他环境要素的破坏。因长江流域水资源的流动性，污染物会随之转移到他处，对其他环境要素造成间接破坏。（4）对社会经济发展的阻碍。一旦水源发生问题，极易造成社会问题，对社会经济可持续发展造成严重阻碍。

可以看出，建立一套符合我国国情的流域污染防治机制已经刻不容缓，而由于我国严重缺乏相关经验，借鉴其他国家在该领域的经验是一条捷径，接下来笔者将详细介绍环境保护领域其他国家值得我们学习的先进制度与原则以及我们应该引以为鉴的不足之处。

一是建立流域污染防治的专门性机构，实行统一的跨流域管理。如前文所述，流域污染防治是一个系统性的工程，各部门之间的联系与配合十分紧密，因此更加具有系统性、逻辑性、专门性的流域污染防治机构成为目前国际社会的主流，大都是围绕流域污染防治机构（可能是形式上的，也可能是实质上的）通过附属性契约、条例的补充与配合建立自身的流域环境保护体系的。而目前中国专门性的流域污染防治机构处于缺位状态，对各个附属性契约、条例也并未达成意向，各地地方政府相关的治理与预防工作基本上各自为政。同时，过于分散与部门化的管理也使地方政府之间的矛盾加大，不利于流域环境保护工作的展开。因此，有必要建立专门的流域污染防治机构，并以其为核心形成适合中国的流域污染防治体系，使流域环境保护工作真正有序进行。

　　二是预防为先。如前文所述，流域污染由于其自身的特点，治理难度大、成本高，因此事前的预防就成为最为经济的选择，也是最为可行的选择。目前，在中国实行以预防为主的流域污染防治既符合客观规律，也适合中国国情。符合客观规律是因为流域污染治理工作的长周期、高成本与高难度，以及环境伦理方面的要求，这在前文中已多次详细阐述，此处不再赘述。适合中国国情主要有以下两个方面：第一，中国目前依然处于经济快速发展的阶段，对流域资源的开发利用需求极大，可能对流域资源造成损害的生产生活活动也数量巨大，如果不对可能产生的流域污染加以预防，那么不断产生与积累的流域污染将是天文数字，对今后治理工作的展开将是巨大的挑战。第二，中国缺少一个流域污染防治方面的专门性管理机构，在治理已发生的流域污染时缺乏相关契约、条例，但中国进行了大量的外围立法，从水、大气、固体废弃物等方面对流域污染的来源进行遏制，即在流域污染预防方面有较为充分的法律依据。因此，在独立的流域污染防治管理机构尚未成立的这段时期内，不能依然无所作为，而应充分发挥其他相关污染预防法律的作用，遏制流域污染的进一步扩大。综上，无论从现实主义的角度出发还是从理想主义的角度出发，中国都应当将"预防为先"作为进行流域污染防治、开展流域环境保护工作所必须遵循的原则。

　　三是坚持效益主导的治理模式。流域污染防治模式分为环境主导型与效益主导型，环境主导型遵循环境伦理，力图将污染土地恢复到污染前的原始状态，是一种"向后看"的治理模式；而效益主导型遵循经济效益原则，将土地未来的再开发利用作为流域污染治理的出发点与落脚点，是一种"向前看"的治理模式。目前各国的治理经验表明环境主导型的治理模式太过理想主义，在实际操作中难以实行，这从荷兰、美国等国由环境主导型向效益主导型的转变可以看出，而中国也应该从中吸取经验，遵循效益主导的原则，因为这不仅符合客观规律，也与中国的国情相符：（1）中国在现代化过程中积累了面积巨大的受污染流域，全部将其恢复到污染前的状态是不切实际的想法，应当做的是以再开发利用为目标进行修复；同时，面积巨大的受污染流域使得对所有目标流域进行同时治理有很大的困难，因此英国"需要时治理"的风险管理原则值得我们学习。（2）中国虽然流域面积辽阔，但适宜开发利用的流域并不多，并且目前中国正处于经济发展的快车道，这些因素相互影响、相互结合，决定了我国的流域污染防治工作必须与社会经济发展的需求相结合，与创造新的国内经济增长点的要求相适应，而不是仅以恢复流域质量、保护流域环境为目的。综上，中国的流域污染防治应遵循效益主导的原则。

四是完善流域污染调查与风险评估制度。流域污染调查与风险评估制度是流域污染防治工作的基石，只有对流域污染信息进行实时的监控与全面的掌握，才能保证下一阶段的各种工作的有效展开，可以毫不夸张地说，流域污染调查与风险评估制度是整个流域环境保护工作在操作阶段的基础。如上文所述，包括美国、日本、德国、英国在内的各个已经建立了较为完善的流域污染防治体系的国家均把流域污染调查与风险评估制度作为其流域污染防治体系中的首要内容，并对其进行了极为详尽的规定。而反观中国，相关的制度却极为薄弱。由于流域环境质量监测的技术难度大、成本高，而且流域污染不像水污染与大气污染那样一目了然，长期以来中国在流域环境监测领域的投入始终比不上水污染监测与大气污染监测，相关的工作也远远落后，已经无法适应中国越来越严峻的流域污染形势。事实上，中国直到2013年才完成全国范围内的第一次流域污染状况调查，与同时期的上述国家相比已经远远落后。另外，中国的流域环境标准已经落后于国际平均水平，这主要体现在：（1）流域环境标准种类不齐全，中国目前的环境标准相对缺乏，不符合现实的需求。（2）流域环境标准中的污染物质过少，对一些新的污染物，如有机污染物的规定不足，已经无法满足现实的需要。可以看到中国的流域污染调查与风险评估制度已经严重落后于时代，无法满足现实国情的需要，制定一套完备的流域污染调查与风险评估制度已经迫在眉睫。

五是完善流域污染责任机制。流域污染责任机制是保障流域污染受害者的利益，并对其损失进行救济的最重要手段之一，也是对环境法"污染者付费"原则的有力贯彻，同时也是对污染场地进行治理与修复的重要途径。中国的流域污染责任机制需要关注的重要问题主要有以下两个：第一，对责任主体的确定。就目前的国际经验来看，上述国家普遍采取的是严格责任制度，即污染的制造者、处理者、管理者等主体均有可能成为法律追究的对象。同时，这种责任制度一般具有溯及力，即法律颁布前的污染行为同样会被行为后颁布的法律追究。这种极为严厉的法律责任是因为流域污染具有潜伏性与积累性，在污染刚发生时难以发现，而在发现后原污染制造者难以追寻，这时受害者的利益难以得到救济，因此采取了能够扩大责任主体的严格的有追溯力的责任。中国目前的流域污染形势严峻，只有采取严格的有追溯力的责任才能保证流域中受到污染的土地和水源得到充分的治理。当然，这种严格责任也应当是有限度的，不能无限制地扩大责任主体的范围，否则将有违公正原则，同时也将成为土地再开发利用的阻碍，这方面最好的例子就是美国。

例如，在土地污染防治中，美国在《超级基金法》中规定的过于严格的责任使得开发者对于"棕色地块"望而却步，严重阻碍了污染土地的再开发利用，最后只能制定修正案《小规模企业责任减轻和棕色地块再利用法》来限制严格责任的范围。中国也应当吸取美国的经验，在制定严格责任的同时不能打击潜在开发者的积极性，以防止其起到负面效果。第二，责任类型的确定。流域污染责任主要有民事责任、刑事责任与行政责任三种，目前中国的流域污染责任主要是民事责任，刑事责任与行政责任稍显不足，这与目前我国的实际国情不相符合。现今我国由于流域污染责任追究工作难以落实，这种情况刺激了很多污染制造者进行肆无忌惮的排放。目前我国的流域污染立法应当学习英国的经验，加强流域污染防治领域的刑事责任立法，加强对流域污染行为的惩治力度，以震慑不法排放者。同时，也应当吸取日本的教训，加强流域污染行政责任方面的立法，对于公权力机关在流域污染方面产生不利后果的作为或不作为都应当依法追究责任。

六是建立流域污染基金制度。在流域污染防治这类成本极高的事业中，资金是开展相关工作的保障，没有经济上的支持，即使有再完备的法律体系也毫无效果。因此，在各国的流域环境保护实践中，保障充足的资金来源是重中之重，而其中最常见也是最重要的就是流域污染基金。由于流域污染治理的巨大成本，绝大多数私人责任主体都无力承担污染土地的调查、评估、治理与修复的费用，如果没有经济上的支持，既有违公平原则，没有让流域污染的其他受益者承担治理费用，又会阻碍污染场地的治理。因此，建立为流域污染治理活动提供经济支持的流域污染基金是十分有必要的。制定流域污染基金制度主要要解决的问题是资金的来源及筹措方式、使用的标准、管理者以及管理的方式等，其中基金来源以及管理是重点。中国的流域污染治理基金来源可以参考美国"超级基金"的经验，由中央政府、地方政府与污染排放企业共同出资，通过合理的比例建立基金。同时，管理者及管理方式是必须重视的方面。美国的"超级基金"由环境保护署单独管理，权限极大并且缺乏监管，这就使"超级基金"在适用过程中出现了诸多浪费。根据调查，"超级基金"在过去大约30年间支出的资金只有不到一半用在了土壤污染的治理与修复工作上，其余大部分都用在了调查评估与其他的行政管理工作上，造成了很大的浪费。因此，在制定我国的流域污染基金制度时，应当注重对管理规则的制定以及对管理者的监督，以防基金被滥用。另外，美国、日本等国的经验表明基金总额与治理所有被污染土地的预期成本相比总是显得很渺小，因此对受污染流域面积在时间上进行无差别的治理并不明智，这会使有限的资金无法被集中到有急迫需要的地方。在这方面我们应当学习英国的经验，遵循"成本—效益"原则，即在需要再开发利用时对污染场地进行治理，以节约有限的资金。

七是完善行政主导的流域环境保护工作领导体系。在我国流域污染防治工作的实践中，由谁来领导一直是个难以明确的问题，农业农村部、生态环境部、林业和草原局等部门均对流域污染防治工作享有权限，但究竟是哪方面的权限，又有多大的权限，这些均无明确的规定，由此导致了目前中国流域污染防治工作中"九龙治水"的局面，即每个部门都有权治理，但都相互推卸责任，导致治理效率低下，又难以追究行政过失。参考其他国家的流域污染防治体系，我们可以看出单一明确的行政主导制度是目前的主流模式。例如，美国在土壤污染防治中，与"超级基金"相关的一切工作，包括基金的筹集、管理、使用，污染土地的调查、评估、治理、恢复等全部由美国环境保护署一个部门负责。这种做法虽然使环境保护署缺乏监督，在"超级基金"的使用上造成了较大的浪费，但也保障了美国在流域污染防治工作实际开展方面的高效率，有力防止了相关机构在工作中的扯皮与推诿，是美国土壤污染防治体系得以顺利运行的重要保证。为了解决实践中的领导不明问题，中国也应该划清各部门的权限范围，在确定一个领导核心的基础上，让其余各部门配合与辅助核心部门的决策和行动，由此提高相关防治工作的效率。同时，中国应充分发挥自身独特的体制优势，加强各级人民代表大会与各级政府的监督职能，防止因权力滥用而产生的资源浪费。另外，在划清权限的同时也应该授予相关行政主管机关相应的权力，如对流域污染展开调查、进行风险评估、采取治理与修复行动、要求相关责任人尽相应的义务、对流域污染治理工作中的具体问题颁布具体的行政命令或章程等。这些权限是一个真正有执行力的流域环境保护部门所应当具备的。

八是完善公众参与制度。如前文所述，流域污染防治工作是依赖社会公众的工作，在民主法治日益完善，公众环境意识日益加强，参政议政水平不断提高的今天，公众的参与程度已经成为一项流域污染防治工作是否成功的重要指标。公众参与流域污染防治工作的基础是流域污染信息的公开，目前绝大多数发达国家均已建立了较为完善的流域污染信息公开制度。例如，美国的综合环境反应、责任与赔偿信息系统与日本的"台账"制度均是对全体公众开放有关污染土地的信息，以防止公众在土地交易中因标的土地存在污染而遇到不必要的麻烦，同时也敦促相关责任人加快履行治理与修复的义务，另外也希望通过此种坦诚的方式获得社区公众对治理与修复活动的支持。而反观我国，在流域污染信息公开上的投入显然是严重欠缺的，最明显的例子就是中国始终没有建立环境评价结果的公开制度。这种严重不透明的信息体系造成了极为严重的后果，首先就是民众的焦虑感增加，对政府的不信任程度上升。近年来我国出现了多起受当地政府高度重视的对二甲苯工业项目（PX项目）或是垃圾焚烧站项目遭到当地民众的强烈抵制，最终不得不下马的严重事件。这些事件本来是可以通过及时的信息公开、民意采集与宣传避免的，但当地政府在这些方面的严重失职最终导致了这些事件的发生。更为糟糕的是，如今的民众已经从之前的对信息缺失的焦虑发展到对一切政府机构发布信息的不信任，以至于出现目前的"逢PX必反"的荒唐现象。其次，民众参政议政的愿望正在不断加强，但由于信息公开制度的缺位，空有满腔热情却由于不了解相关信息，缺乏参与的途径而难以将愿望转化为实际的动力，长此以往将会是对我国刚刚培养起来的公民参政环境的重大打击。最后，力量再强大的政府也不可能是全知全能的，仅仅依靠政府不可能做到对所有污染排放者的实施监督，而在公开相关信息后，民众将会扮演监督者的角色，实现对排污企业与个人的全方位监督。

公众参与制度以信息公开为基础，而其核心就是参与的途径。我国可以建立相应的公民参与制度，例如：（1）及时将环境评价报告、开发计划等与流域环境保护直接相关的资料予以公布，以方便一切利害相关方查阅；（2）对于可能对流域环境造成重大影响的行政决策，应当召开听证会或其他形式的民主集会，充分听取各方面的意见，尤其是基层民众的意见；（3）建立流域环境保护热线与快速反应制度，对于民众反映的流域环境破坏行为，应当在第一时间予以反应。只有建立了能让民众真正参与到流域污染防治工作中的民众参与机制，流域环境保护体系才可以真正高效运行，流域污染防治工作才能真正获得民众的支持。

综上所述，我国的流域污染防治体系尽管已经取得了长足的发展，但仍需不断根据本国国情进一步完善，建立符合我国国情的流域治理法律体系。

‖ 第五章 ‖
长江经济带建设中生态环境
协同治理优化要点分析

第一节 长江经济带建设中生态环境协同治理
构建路径选择的价值目标

一、实现服务型政府

（一）服务型政府概述

2003 年 10 月，党的十六届三中全会通过的《中共中央关于完善社会主义市场经济体制若干问题的决定》中提出"深化行政审批制度改革，切实把政府经济管理职能转到主要为市场主体服务和创造良好发展环境上来"。以此为前提，时任总理温家宝首次提出了"服务型政府"的概念，之后在党和国家的会议上，"努力建设服务型政府"被不断重申，其内涵也不断丰富。习近平总书记在党的十九大报告中再次强调要"转变政府职能""建设人民满意的服务型政府"，深化了服务型政府的内涵，为其发展提供了明确的方向和手段。

服务型政府不可简单归结为西方社会为适应工业化社会所产生的"有限政府""民主政府""责任政府"等概念，它诞生于中国的特殊国情之中，是中国在改革开放、工业经济迅速发展与全球经济进入后工业化时代的背景下作出的及时应变。

作为一种面向后工业化现实的政府模式，服务型政府强调政府提供社会服务这一职能，与之相对应的是"管制型政府"，以强调以政府管制手段控制管理社会为特点。服务型政府是在政府改革与角色重塑的过程中提出的概念，体现了一种动态发展的状态。有学者认为："服务型政府是一种基于民主政治，适应于现代市场经济并能够服务社会和服务公众的政府模型。"还有学者认为："服务型政府是以公共服务为主要职责的政府。将政府的职责重心逐渐转移到公共服务上来，是建设服务型政府的内在要求。"①

本书总结服务型政府的共同特征有以下几个：

1. 强调政府职能重心的转移

改革开放以来，中国以经济建设为中心，大力发展生产力，政府长期以来在经济建设和政府监管方面起着重要作用。经过多年的发展，目前经济增长逐渐放缓，政府深化内部改革，逐步转变为服务型政府。与之相对应的是政府职能从经济领域向公共服务领域转移。其中，服务于民应当作为政府行政行为的一种基本理念与价值追求，作为规则制度制定的主要依据。政府将自己定位为服务者，贯彻服务精神，调节资源配置时将其所掌握的大部分社会资源用于社会服务，满足公众对于公共产品的需求。

2. 提倡民主，注重公民参与机制的构建

服务是政府的职能，就"服务型政府"中的服务而言，具有政府本质意义上的服务和职能意义上的服务两方面的含义。②就服务行为的发生而言，主体为政府，客体为社会组织与个人。在这个意义上，本书认为建设服务型政府，不仅要认识到政府主体改革和有所作为的必要性，也不能忽略公民和社会组织的回应与反馈，并以此作为政府改革的指南针。因此，构建服务型政府应建立公众反馈机制，坚持公众参与原则。这包括三个方面的内容：第一，保护公众的知情权。第二，维护公众的决策参与权，即公众有参与政府决策、表达自己的利益诉求的渠道和权利。第三，保障公众监督权，包括对政府及其工作人员的行政行为进行公众监督的合法性，以及公共利益受损时寻求行政或司法救济的权利。

3. 信任与合作是服务型政府的要素

服务型政府的意义在于政府与社会之间的关系不是自由放任，也不是干预管理，而是引导与被引导、服务与被服务。例如，在准生态公共产品的供给中，政府没必要完全介入供给链条的各个环节。在生产阶段，与社会成员如企业合作共同提供生态公共产品，在维护和治理阶段亦可适当地将部分职

---

① 朱光磊、侯绪杰：《论服务型政府的建设逻辑》，载《南开学报》（哲学社会科学版）2023 年第 3 期。

② 竺乾威：《服务型政府：从职能回归本质》，载《行政论坛》2019 年第 5 期。

能分解外包给其他市场主体。可以看出，政府的主要角色是引导者、服务者和监督者。在这一行为模式下，政府既高效地履行了社会服务职能，又将社会利益归还给社会成员，与社会成员形成平等互利的平行关系。

（二）服务型政府与长江生态流域公共产品供给的政府责任

亚当·斯密认为，政府职能包括了国防、建立和维护以保护私人产权为核心的法律体系，以及提供公共产品与服务。除以上领域以外，无须政府干预，在自身利益驱使下的个人能够自发地参与交易，实现资源的最优配置。服务型政府的构建遵循了斯密的理论，且政府职能的侧重点在于公共产品与服务的提供与保障，这其中就包括生态公共产品的提供。提供和生产生态公共产品是政府环境保护职责的重要组成部分，体现着政府从重视经济与社会管制向提供社会服务职能转型所作出的路线调整与价值突破。同时，是否能够有效地向公众提供生态公共产品也成为检验服务型政府职能履行好坏的又一指标。

生态流域公共产品供给的政府责任机制应以实现服务型政府为根本目标与价值导向。

现场检查制度、环境保护目标责任制和考核评价制度、总量控制、排污权许可管理制度、"三同时"制度等是我国现有的政府环境管理机制。以上环境保护的方式多为行政管理手段，可见在环境保护领域，公权力特别是国家公权力通常以行政管理手段进行环境的保护、监督。不可否认，这是由于环境本身具有非竞争性与公共性的特点，市场无法对这一公共资源进行有效配置，因而需要代表公共利益的政府来治愈这一缺陷。然而，这是建立在国家机器本身完美的假设之上的，政府干预不到位、政府干预错位、政府干预不起作用也挑战着公众对公权力权威的信任。并且，在现实层面，环境管理部门所采取的强制性行政干预措施，诸如行政命令、直接干预、强制执行往往缺乏灵活性。由"管制型政府"导出的政府干预方式已不能满足公众对生态公共产品、环境保护的期待，在生态公共产品的供给中，政府常常出现供非所求、供不应求的情形。各级政府提供的生态公共产品质量参差不齐，部分作为形象工程和政绩工程存在，无法满足公共利益的需要，更有甚者从自身利益出发，建设不达标的工程，极大地浪费社会资源。

制度设计源于顶层的执政理念与原则。我国自 20 世纪 70 年代起所推行的管理型政府模式使在环境保护领域所采取的多为行政强制手段，公权力干预、渗入，并以管控社会秩序、发展经济为目标，公共服务和产品供给让位于经济发展，由此造成生态流域公共产品供给迟缓、低效的现状。服务型政府理念的提出表明了经济建设、生态建设、社会建设被党和国家提至同一水平高度。这一价值理念指导并监督着政府的职能、工作方式的转变，在政府内部形成高效民主的职责运行模式，减少政府失灵。并且，服务型政府理念为满足日益加剧的公众环境需求，政府需要不断增加生态公共产品和公共服务供给。

服务型政府本身内含民主与平等的价值理念，这将使政府与公民的纵向管理控制关系转变为横向沟通合作的模式，而且符合政府经济运行规律的市场经济规律作用于生态流域公共产品的供求关系，供求双方能够有所预见地进行交易以寻求目标实现。这一模式推动着政府转变单一、低效的流域生态公共产品供给模式，主动向社会提供高质量的流域生态公共产品以满足双方各自的利益需求。具体影响可显现为流域生态公共产品的供给主体呈现多元化、供给方式呈现多样化、供给过程的透明化以及之后的信息反馈及时性。

制度的保障是将构建服务型政府作为价值目标的生态公共产品政府责任机制必不可少的组成部分，构建具有法律约束力的公共服务供给关系应当首先明确政府在保障公共服务供给方面的法定职责。因此，在立法上加强生态流域公共产品供给的政府责任，包括民事、行政和刑事责任，以及责任监督和追究机制，是生态流域公共产品政府责任机制构建的题中之义。

二、体现公权性特征

(一) 公权与私权

公权亦被称为公共权力，与私权相对应。公权与私权在法律上体现为由公法与私法进行调整，建立在传统的公法与私法二元法律机构划分基础之上，这是从法理学角度出发得出的结论。① 公法和私法的划分最早是由古罗马法学家乌尔比安提出的，《查士丁尼法典》中的"法"——论法学阶梯写道："整个法律涉及罗马帝国，私法涉及个人利益。"由此，在法律上，国家活动与私人活动之间划定了一条比较明确的关系。法律调整范围和调整关系的区分奠定了公权与私权的划分基础。

近代自然法学派以霍布斯、洛克、卢梭为代表的法学家提出的"自然状态""社会契约"为公权与私权的区分提供了强大的理论依据。在他们看来，先于国家而存在的个人生活在自然状态之中，为了自我保存，人们争夺有限

---

① 张锐智：《罗马法学家关于公法私法划分的意义与启示》，载《辽宁大学学报》2013 年第 1 期。

的资源而进入了战争状态，单个人对单个人的战争导致的死亡违背了自我保存的生命本能，因此人们开始寻求一种内在生发的力量以克服自然状态中的阻力——组建一种结合形式，将个人权利部分让渡给这个共同体，使这个共同体既能够维护每个共同体内人们的生存又不至于侵犯到他们的自由。在这一过程之中，人们所让渡出来的个人权利组成了公权，而这一共同体在现代社会形成了国家。

因此，不难看出公权是原子式的个体让渡权利的结果，从一定程度上来说是一个个私权的集合，并由国家把控。国家的出现意味着公共权力的诞生。① 而国家作为一个抽象概念，需要由职能部门将权力实体化，因此通常由法律授权的政府来行使公权。

在这一语境之下，公权可以定义为：区别于公民个人权利的，主要由国家或国家通过法律授权的机关所行使的社会治理与国家管理的一切权力的总和。其主要特征有：

（1）以服务公共利益为目标。公权来源于公众，主要由政府机关行使。因此行使公权蕴含着服务公众、满足社会需求、维护公共利益的要求，否则难以解释公权成立和行使的合法性。同时，能否服务公共利益也检验着政府机关能否作为合格的公众代理人，也解释着政府机关本身存在与权力行使的正当性。

（2）具有一定的强制执行力。公权的强制执行力来自权利主体的机构设置、职能分布，主要诉诸专门的国家机构的强制实行。各国政府在利用公权履行社会管理服务职责时，或多或少地通过所设置的机构如司法执行局、警局等，凭借公权以及机关自身的权威，使公民为或不为某种行为或者为其行为后果承担相应的责任。

（3）由法律明确规定。公权天然地具有扩张性，并且掺杂了政府机关工作人员本身的意志，因此不排除公权侵害公民权利的潜在可能，又由于前述公权的强制性特征，使其对个人权利的危害后果有可能加剧。因此对公权的存在与运行，有必要通过法律的明文规定加以约束，让权力在制度与法律的框架下运行。

（二）生态流域公共产品的公权性

在实然层面，在生态公共产品的生产、消费、维护、治理阶段一般均介入了公权，生态公共产品的供给链条置于国家的宏观调控之下。例如，青海

---

① 王京：《论我国公证制度的公权性》，对外经济贸易大学 2005 年硕士论文。

三江源自然保护区，2000 年 2 月 2 日下发青海省的《关于请尽快考虑建立青海三江源自然保护区的函》，青海省人民政府同时下发了相应的规划意见，研讨会、实地考察等都在紧密进行。至 2010 年，长达 10 年的三江源的生态保护和建设工程已经取得了良好的成果，其中生态系统宏观结构局部得到良好的改善，与此同时初步遏制了草地退化的趋势，草畜矛盾渐趋和缓，逐步提高了湿地生态功能，湖泊水域面积也呈明显扩大趋势，水土保持功能得到了稳步提升，生态公共产品满足西部乃至全国的需要。

而在应然层面，本书主要从权力行使主体、权力来源、作用与职责三个方面论证生态公共产品的供给天然地包含着公权性特征且应当以体现公权性作为价值目标。

1. 从权力行使主体来看

自然型生态公共产品如森林、矿产等所有权主体已在法律中有明确规定，归国家或集体所有。① 国家或集体对自然型生态公共产品享有占有、收益、处分的权利，这是私法层面的权利，但由于自然型生态公共产品本身具有的生态效益与社会效益往往高于经济效益，并且国家所代表的是社会集体利益，因此国家在公法层面亦应当被授予维护、治理自然型公共产品的权力。同时，由于自然型生态公共产品，如生态保护区建设、退耕还林等项目需要长期投资，短期内难以得到回报等特点，企业或个人的供给意愿和能力较弱，因此自然型生态公共产品供给的责任往往由国家承担，并由政府进行有效供给。

与此相类似，对于制度型生态公共产品，现也亟待通过制度化和法律化使权力服务于环境公共产品供给、服务于环境权利的保障。② 而大多数的物质型生态公共产品具有非竞争性、外部性的特征，市场主体无法从中获得最大化利益，供给的积极性低，依托政府提供和生产也属常态。并且由于生态公共产品往往涉及公共利益，故应当由公众委托人——政府监督其供给。从权力主体来看，公权的行使主体是国家或者法律授权的国家机构（在此我们统称为政府）。根据生态公共产品的种类，政府在其供给过程中充当了不同但至关重要的角色，而政府的主要力量来源——公权也在权力主体行使权力时不断地渗入，成为生态公共产品政府责任机制的内核。

---

① 参见《宪法》第 9 条。

② 杜寅：《系统论视阈下环境法律认识论革新》，载《中国高校社会科学》2022 年第 5 期。

2. 从权力来源和目标来看

如前文所述，公权来源于公民，目标是为公共利益服务。根据"权责统一原则"，拥有了公民集体授权的政府在享受权力的同时也应当承担与权力相一致的职责，向社会有效供给生态公共产品是其职责的重要组成部分。生态公共产品的供给是否有效，公共利益是否得到最大化的实现，是检验公权存在的必要性与运行的合法性的重要标准。由于生态公共产品的受众往往为较大区域范围内的不特定多数人，它的有效提供也意味着公共利益的实现，体现了公权的内在目标。

3. 从作用与职责来看

公权的核心价值是维护公民利益，预防和解决纠纷。部分生态公共产品供给涉及的利益集团众多、关系较为复杂，政府这一生态公共产品的主要供给主体也牵涉其中，现在往往是经济贫困地区竞相利用生态公共产品作为招商引资的筹码，以区域内的生态资源作为代价换取经济的短期发展，破坏生态公共产品的供给。这一现实的矫正需依托公权维护公共利益的价值目标。这要求政府在提供和生产公共产品时需考虑长期的区域利益和公民利益，平衡生态公共产品的经济效益与社会生态效益。

从经济学的角度看，市场无法有效供给生态公共产品，而政府作为一个不以营利为目的的公共服务机构，能够以自身独特的国家利益视角和资源集中能力较好地解决供给问题，进而达到维护公共利益的最终目的。因此，从政府的职责出发，生态公共产品的供给蕴含着公权，体现公权性。

以体现公权性作为产品供给的价值目标，意味着强化政府等公权机关的生态流域公共产品供给能力和责任，并以公权的强制性为公共利益的实现护航。

三、两大价值目标在现行框架内的可行性

(一) 两大价值目标在现行框架内的政治可行性

构建服务型政府和体现公权性两大价值目标是在法治社会建设下，针对政府这一生态公共产品供给的主要责任主体提出的职责要求与权力限制，在符合建设美丽中国的基本纲领的同时体现着"人与自然和谐共生"的指导思想。

建设生态文明不但关系到人民福祉，更关乎着民族的未来。美丽中国建设体现出人与自然和谐共生、可持续发展和循环发展的战略思想。根据公共信托理论，当代人将环境作为标的委托给政府，政府代表本代人行使权利，

而环境权属不发生改变。因此，政府有介入生态公共产品供给链条的权力以保护委托人共同的环境利益，但这一公权的行使是在委托人的授权之下完成的。根据"权责统一原则"，政府还要尽善良管理人的义务，承担起为环境所有权人保护环境供给生态公共产品的责任。建设中国特色社会主义生态文明对于政府的要求是为当代人乃至下一代人提供良好的环境作为生态公共产品，并辅之以其他环境维护、治理的服务。

　　人民是国家的基本要素，有了人民才能形成一定的社会基本结构。同时，人民也是国家行使权利的对象，没有这一条件，国家就不可能形成和存在。服务型政府和公权性是"以人为本"的指导理念孕育出的价值目标。"以人为本"为两大价值目标贡献了牵制政府公权、建设有限政府的关键——人民群众的根本与切身利益。构建服务型政府是为了向人民提供高效的公共服务，与人民建立起合作、信任的平行平等关系，而体现公权性是为了实现和维护公共利益。其中，公共利益的本质是人民根本利益的集合。因此，两大机制目标符合我国的政治体制与治国理念，与我国的生态环境保护人与自然和谐共生理念以及"简政放权"的方针具有一致性。

　　（二）两大价值目标在现行框架内的制度可行性

　　宪法规定了保护环境的国策，环境法律制度和相应的行政法律制度的完善为两大价值目标的实现提供了制度保障。

　　宪法是我国法律规范体系中处于最高位阶的法律。《宪法》第 26 条作了原则性规定："国家保护和改善生活环境和生态环境，防治污染和其他公害。"在宪法层面对国家施加了保护和改良环境的职责。国家作为一个抽象概念，需要存在执行机构完成具体职能，因此这一为公众提供良好环境以及相关服务的任务就转移至政府之上，这为政府转变职能提供了宪法上的法律依据。相应地，在授予国家公权以履行职责的同时，又规定了民主集中制的原则限制公权的扩张，为体现公权性这一价值理念提供了合法性与界限。并且结合我国宪法的有关规定，① 对于公民意味着他们在宪法层面有权享受国家所提供的与环境保护有关的服务并享有知情权、参与权和监督权，这与服务型政府理念中的公众参与要素不谋而合。

----

　　① 《宪法》第 41 条第 1、2 款指出："中华人民共和国公民对于任何国家机关和国家工作人员，有提出批评和建议的权利；对于任何国家机关和国家工作人员的违法失职行为，有向有关国家机关提出申诉、控告或者检举的权利，但是不得捏造或者歪曲事实进行诬告陷害。对于公民的申诉、控告或者检举，有关国家机关必须查清事实，负责处理。任何人不得压制和打击报复。"

在中国的现有环境下，环境保护事业的主要推进主体是代表公共利益、行使公权的政府。因此，环境基本法和单行法通常对政府和其机关科以更重的责任，成为以服务型政府和公权性为价值目标的政府责任法律体系的重要组成部分，同时也为其提供了现实制度的支撑。我国的环境保护法中规定有环境保护目标责任制和考核评价制，地方各级政府务必采取有效措施，做到切实改善环境质量，考核政府的重要内容之一就包含了环境目标的实现。① 这两个制度将环境保护任务与政府及其主要负责人的工作绩效挂钩，结合理性经济人的基本假设，大大提高了政府的工作效率。而作为环境保护工作的主要主体，环境保护部门的主要职责包括：（1）编制环境保护规划；（2）拟定国家环境质量标准和污染物的排放标准；（3）建立健全环境实时监测制度；（4）及时审批建设项目环境影响评价文件，依法实施排污许可管理制度；（5）环境保护的日常执法工作；（6）依法公开环境信息。

行政法是调整基于公共行政权力行使而产生的各种社会关系的国家法律体系中一个重要的部门法。行政法通过设置、控制和规范行政权的运行以让行政权这种公法权力服务于社会、服务于民。因此，"权力控制"和"服务"是行政法的两个基本价值观，并配合两大价值观的核心要素。其中，行政法的先天基因是控权，行政法的后天品质是服务。② 行政权力理应根据法律规定并且以法定程序行使为控权理念的核心，而服务是指政府再也不应以管理者的身份自居，而应当转变职能为公民提供各种服务。控权作为达成服务目的的手段和基础，二者形成良性互动关系。③ 不难发现，现代行政是民主行政、法治行政、服务行政、科学行政、责任行政的统一体，这种行政法观念是构建服务型政府价值目标的根基，也为体现公权性这一价值目标提供了方向和界限。

（三）两大价值目标在现行框架内的经济可行性

本书第二章第三节已经提出了环境公共产品理论，在此不再赘述。

---

① 《环境保护法》第6条第2款规定："地方各级人民政府应当对本行政区域的环境质量负责。"地方各级人民政府应当根据环境保护目标和治理任务，采取有效措施，改善环境质量。未达到国家环境质量标准的重点区域、流域的有关政府应当制定限期达标规划，并采取措施按期达标。并且我国实行环境保护目标责任制和考核评价制，规定县级以上人民政府应当将环境保护目标纳入本级政府负有环境保护监督管理职责的部门及其负责人和下级政府及其负责人的考核内容，考核结果也应当向社会公开。

② 王学辉：《行政法与行政诉讼法学》，法律出版社2011年版，第2页。

③ 马怀德：《民法典时代的政府治理现代化》，载《现代法学》2023年第6期。

　　总之，环境公共物品的有效配置是公共的，市场很难进行外部资源的配置，因此提供公共服务（包括生态公共产品的作用）必须由政府承担。科斯第一定理的基础假设为，当交易费用为零时，市场会自动实现帕斯托最优，无须考虑产权的初步安排。其中，当事人未达成交易而进行磋商等活动所花费的成本为交易成本，亦称为"运用价格机制所需的成本"。根据这一定理，达到帕斯托最优的前提条件是交易费用（成本）为零，而无须考虑是否已建立了明晰的产权制度以及外部性问题。在现实中，交易成本为零，所以我们为了降低交易成本，实现系统的经济是不可能的。而构建服务型政府和体现公权性这两大价值目标所提倡的恰恰是降低市场交易成本的一种治理模式：在提供公共服务领域方面，将个体产权人的环境权益集中至一人手中，由其代表产权人与市场主体建立交易关系，并借助这一代表人即政府所拥有的公权对其加以监督，将极大地降低单个产权人相互之间讨价还价而花费的交易成本，或者由代表人自己为公民提供公共服务，由公民加以监督。这一模式使资源配置更为简洁高效，在解决市场失灵的问题的同时又提高了综合经济效益使之接近于帕斯托最优状态。

四、两大价值目标在现行框架内的合法性

（一）合法性概念界定

　　行为或状态符合法律法规的规定是合法性的狭义含义，又称为"合法律性"。合法性是建立在法律实证主义理论的基础之上的，以符合现实法律规定作为标准，为共同体中的公民提供行为规范，同时也为社会生活提供正当性的证明。从这个角度来看，政治科学家认为合法性是用来代表政府和公众认可的法律权威，而一个制度的合法性则取决于它是否被普遍接受。然而，有学者指出"合法性"的规范和社会学的双重意义。一个机构在规范意义上的合法性体现为是合法的，这就说明统治的权力被该机构所有，它具体包括制定和颁布法规，以强制力保障法规得到普遍遵守。当一个机构具有社会学的合法性时，条件是人们通常认为它有统治的权力。

　　狭义的合法性忽略了"恶法非法"的自然法学思想，广义的合法性则弥补这一漏洞。它融合了道德哲学的观点，指出合法性是指行为或状态符合某种规则，不仅包括实体法律规定，还包括习惯、逻辑等社会规则，最终符合普世的价值准则与道德标准，如公平、正义、理性等。

　　本书认为，广义的合法性基于现实的需要，是可以通过理论的诞生、逻辑的延展而不断被论证、推翻的，但它必将中止于某个点，以为人类社会提

供具有现实确定性、稳定性、可操作性的规范。至于狭义的合法性，作为一种无批判和怀疑的合法性，它将作为衡量一切善恶的最终标准，并可能导致多数人的暴政。因此，本书认为应当主要落脚于价值准则与原则，辅之以实体法规范，以力图论证"构建服务型政府"和"体现公权性"这两大价值目标在现行生态公共产品供给框架中的合法性。

（二）合法性论证

1. 两大价值目标符合现行框架下的宪法与宪法价值

宪法是国家的根本法和法律的"母法"，其中宪法价值是指主体在与主体相互作用的过程中，潜在主体的构成、价值需要（或价值期待）及其对主体的影响。① 以宪法的价值主体为分类依据，可将宪法价值分为国家价值、社会价值、公民价值。

指向国家的宪法价值是指宪法给国家所带来的效应。其核心是宪法所界定的国家权力与国家责任以及两者之间的关系。宪法以规制公权力（职权）为核心，如公权力的分配、运作与界限等。在以法规明文限制公权力的同时也赋予了国家行使公权力的正当性。构建服务型政府强调职能转移，由职能转移所带来的政府工作理念的变革是这一模式所带来的最大成果，由此政府部门内部权力与职责划分得更为清晰，拥有法律所授予的环境管理权，又应当担负起生态产品有效供给的职责，符合宪法所有的指向国家的宪法价值。而针对体现公权性这一价值目标，其构成要件中包含着由法律明文规定，可见它本身内含着合理授权和权力限制的要求。

指向社会的宪法价值是指宪法给社会所带来的效应，它的核心是宪法所体现的显著的公共利益与个体自由以及两者间的关系。大陆法系一般认为宪法属于公法，这是由于宪法以国家的公共政策为重点内容之一，在不侵犯公民个人权利的基础上，以保障社会的公共利益为价值目标。如前文所述，服务型政府意味着政府职能重心的转移，由"命令—控制"型政府改革为"服务—引导"型政府，这一转型的内在导向为公共利益，亦与公权性的目标不谋而合，恰恰也切合了宪法所包含的指向社会的宪法价值。

指向公民的宪法价值是指宪法给公民个人带来的效应，它的核心是公民权利与义务以及两者之间的关系。由于构建服务型政府与公权性两大价值目标所涉及的至少有一方具有公权属性，包括了国家组织或机构之间的关系、中央与地方之间的关系、国家或政府与本国公民之间的关系，与这一宪法价

---

① 宁凯惠：《宪法价值发生论》，载《政法论坛》2020 年第 4 期。

值联系并不紧密，因此不再赘述。

结合宪法第 27 条和第 26 条规定，① 可以看出在生态环境保护领域，包括生态产品的供给中，宪法授予国家的公权力包含"民主""服务""公共利益"的要求，这也正是两大价值目标所共同倡导的。

2. 两大价值目标符合现行框架下的环境法基本原则

环境保护法是环境保护的基本法，其第 4 条第 1 款规定，保护环境是国家的基本国策。构建服务型政府和体现公权性作为生态公共产品供给的价值目标，最终目标也是保护和改善环境、促进人与自然的和谐、使经济社会发展与环境保护相协调，实现可持续发展的战略目标是基本国策在实践中的重要环节。

环境保护法律原则具有普遍性、指导性和高度概括性特征，包括了保护优先、预防为主、综合治理、损害担责、公众参与的原则。其中，环境保护优先原则以环境保护为优先考虑，协调经济发展和环境保护。公众参与原则赋予了公众参与环境公共事务，监督环境管理部门、自然人等与环境有关行为的权力。

构建服务型政府要求政府将治理重心从发展经济转移至生产与提供社会服务，包括有利于环境的生态公共产品的供给责任，将保护和维护环境等社会公共职能确立为政府工作的重难点加以突破，与环境保护优先原则所传达出的理念相契合。前文已提及服务型政府提倡民主，具体表现为注重公民参与机制的构建，在环境治理的过程中可体现为重视以听证会、论证会等形式听取公民的意见与需求。以生态公共产品的供给为例，在前期充分调研和讨论、在供给过程中调动公众参与度、事后重视反馈提倡监督，充分实践了公众参与这一环境法基本原则。

国家是环境保护法律关系中的一个特殊主体，也是主要的主体之一，被称作公法人。在国内法律关系中，国家不以自己独立的身份参与，而是通过国家机关或授权的组织参与环境保护法律关系。国家作为主体参与法律关系的目的，也是公众参与原则所要实现的最终目标，即保障和实现环境公共利益，与公权性的目标相一致。并且，国家为保护环境所设定的"三同时"制

---

① 宪法第 27 条第 1、2 款规定，一切国家机关实行精简的原则，实行工作责任制，实行工作人员的培训和考核制度，不断提高工作质量和工作效率，反对官僚主义。一切国家机关和国家工作人员必须依靠人民的支持，经常保持同人民的密切联系，倾听人民的意见和建议，接受人民的监督，努力为人民服务。第 26 条第 1 款规定，国家保护和改善生活环境和生态环境，防治污染和其他公害。

度、现场检查制度等具有法律的强制力，环境保护法第 25 条明文授予了环保部门行政强制权，允许在符合前提的条件下，排放污染物的设施和设备是国家的公共权力，是公共权力的集中体现。

3. 两大价值目标符合现行框架下的行政法理念

如前文所述，行政法的存在，一是为了防止行政权肆意运行，使之在法律规范的框架内按照行政程序行使，简而言之为控权；二是为了让行政法更好地服务于社会，服务于民，简称为服务。构建服务型政府的核心即为政府运用行政权力提供公共服务，在此过程中构建公民参与机制，在公民与政府之间形成责任关系，符合现代行政"民主行政、法治行政、服务行政、科学行政、责任行政"的价值理念。而体现公权性的价值目标强调的是国家为保护公共利益进行宏观调控，这一公权力的行使要件之一是有法律的明文规定，否则就不具有合法性，这既与行政法"控权"的价值理念相呼应，又与行政法所强调的行政合法性原则即体现公权性相重叠，在行政法律关系中具体表现为行政合法性的审查。

第二节　解决长江经济带建设中生态环境协同治理构建的关键

长江经济带横跨我国东中西三个区域经济发展的重要轴线，作为"T"形发展战略，实现产业升级，中国的区域经济一体化和扩大内需具有重要的战略意义。基于对长江经济带发展现状的分析，并结合国外流域经济带开发建设的经验，解决长江经济带生态环境治理协调机制构建的关键在于以下几点：

一、加强流域间的配合，完善协调机制

构建跨流域多边合作机制是实现区域发展、生态保护和产业转移的重要途径。虽然长江经济带并不存在跨国沟通协商的问题，但其毕竟涉及 11 个省市，流域内部依然存在发展的重大问题，如规划冲突、产业趋同以及市场分割。跨越多级行政区的流域合作是大势所趋。此外，区域政府之间应该根据本地的自然资源以及区位优势，与邻近的省份建立互惠合作机制，尽快实现产业转移以及功能互补。类似流域的洪水管理、预警预报合作机制以及突发事件处理等也给长江经济带各省提供了宝贵经验。

二、重点建立流域管理机构，明确管理机构的法律地位

　　长江经济带流域管理机构存在着法律地位不明确、职能交叉分散以及缺乏自主管理权等问题，导致该机构无法充分发挥管理职能，省际合作矛盾难以调解；此外，包括交通运输部长江航务管理局以及水利部长江水利委员会在内的流域管理机构没有财政自主权，运营的所有经费均来自国家财政拨款，流域管理机构的职能受到严重影响，不能得到正常发挥。省际政府之间缺乏有效的沟通机制与信息交流平台，导致信息交流不畅，使得产业趋同、区际贸易壁垒以及市场分割问题日益严重，长江经济带区域经济一体化的形成受到严重影响，规模经济效应得不到有效发挥。成立权威的流域管理机构成为长江经济带流域开发与治理的当务之急，同时要明确管理机构的法律地位，保障流域管理委员会的执行权力，避免发生推诿扯皮现象。最后，应制定流域相关合作法律法规，通过立法的形式加强流域管理机构的执法能力，做到流域管理有法可依、有法必依，进一步突破行政藩篱的垄断。

三、把握长江经济带开发战略机遇，着重打造长江黄金航道

　　长江水系航道里程约 5.5 万千米，但是从目前长江航道的运力开发来看，也仅仅发挥了全部运输能力的 1/10 左右，开发潜力巨大。长江黄金航道建设工程势在必行，应将长江经济带上升到国家战略。首先，三峡工程的竣工与有效运行为打造长江经济带黄金航道创造了基础条件。三峡工程长江水道浅、急、险的历史随着三峡工程的竣工以及三峡大坝的蓄水结束了。蓄水成功之后，数据显示三峡大坝水深达到 135 米左右，而且长江航道运输成本降到原来的 9 成以下，大大提高了航运交通的便捷程度，如宜宾—重庆航段的时长由原来的 3 天缩短到 20 个小时左右，运输成本的大大降低为打造长江黄金航道创造了条件。其次，打造长江黄金航道应当成为进一步缩小东中西收入差距、促进区域发展平衡的重要战略决策。在西部大开发和振兴东北老工业基地后，长江经济带的区域发展成为国家战略，而对于长江来讲，航运业是充分发挥区域优势的重要产业。最后，长江黄金航道的打造有利于缓解我国运力紧张的现状。随着改革开放的不断深入与经济结构的不断调整升级，良好的交通基础设施要保障区际产业转移以及要素自由流动。但是由于我国铁路运力紧张，公路堵塞严重，成本低、运力大、投资少的长江干流运输便成为拓展我国交通运力的优先选择。

四、重点加强区域产业合作，推进区域市场一体化建设

长江经济带遍布 11 省市，不同的省市之间应该根据自身的优势以及资源来确立自身的主导产业，错位发展功能互补的产业。在长江经济带区域一体化的许多方面，包括基础设施整合、产业整合、市场整合、人力资源整合，我们应该不断打破行政壁垒，转变政府职能，减少行政干预，长江经济带的市场分割不仅要受财政分权、贸易开放度以及区域合作政策的影响，还要受到政府对于企业的干预以及国有企业比重等因素影响，应该着力简政放权，破解行政壁垒，通过不断调整审批制来减少政府权力寻租的行为，为有效促进区域合作打下坚实的基础。

五、开展生态环保建设与合作，引导公众树立环保意识

为保护长江流域水资源以及实行上下游生态补偿机制，应当成立对应的环保署等机构。在过去的 40 年间，对于长江经济带而言，沿岸经济快速发展造成了长江水质的严重污染，上游地区污染企业增多，造成生态环境不断恶化，导致河道淤积以及严重的水土流失等问题。围湖造田这一行为严重干扰着地区生态系统的恢复，给长江自净化功能造成严重干扰。因此，对于长江经济带的发展要引导树立强烈的环境保护意识，实现协调发展。

第三节　长江经济带建设中生态环境协同治理构建的优化路径

一、以保护国家利益为价值目标

（一）利益的定义

利益源于人的内心对特定事物的欲望和需求，体现了人在现实社会中对物质、精神的追求。利益大体上分为三种，一是财产利益，是人们在经济生产过程中创造、积累的，可以用货币计量的物质财富，分为有形财产和无形财产。二是人身利益，其是每个人最基础的利益，是与自身利益不可分离也不可转让的，是追求其他利益的前提和保障，如果人身利益受到侵犯却得不到及时救济，那么其他利益的实现也就无从谈起，人身利益的对象为生命和健康利益。三是秩序利益，社会和市场经济只有在良好的秩序中运行，才能

保证政治、经济、文化事业向着公平、自由、平稳的方向健康发展。①

（二）国家利益的定义

"国家"一词最早出现于 16 世纪的拉丁语，其含义是国家政权，体现了统治阶级的政治统治。随着民主思想的广泛传播，国家被赋予了人民的意志，是人民意志的集中体现。由于国家是由一定领土上一定数量的人组成的，所以其最基本的单位是人民。国家利益指的是可以满足国家需求的好处，国家的需求体现为组成国家的人民的追求目标。国家利益是个人利益的集合。从宏观上讲，国家利益可以分为安全利益、政治利益、经济利益、文化利益，每一种利益都与每个公民息息相关。如果仅仅把国家利益理解为统治阶级的利益，便会加深国家利益的主观色彩，那么实现国家利益的动力便会有所欠缺，只有让国家利益体现大多数人民的共同利益追求，才能实现国家利益的民族性和稳定性，才能长时间稳定地被人民接受、认可，并成为人民努力实现的目标从而推动国家历史的进程。②

（三）环境利益的价值性

在大规模工业化开始之前，人类的活动范围窄，影响小，生态系统的自我修复速率高于人类对自然的开采和利用速率，生产建设和生活起居对生态系统造成的损失往往可以忽略不计，因此人类活动不足以改变整个生态系统甚至威胁人类自身的生存。由于自然环境资源处于丰富状态，在当时人们还未形成生态保护意识，开采利用也往往是不计后果的。马克思在科学劳动价值论中提出劳动是创造价值的唯一源泉，这一理论认为只有经过劳动生产出来的东西才是有价值的。早期的工业生产认为资源是自然赋予的、无穷无尽的，价值性常常被忽略，因而并不重视对资源的保护。可是随着资源枯竭、环境恶化已经影响到人类自身的生活质量，优化保护措施日益增多和具体，如今按照该理论我们有理由推断出环境虽然是自然创造的但也是有价值的，由于资源枯竭、环境恶化，治理修复环境中包含了人工劳动，因此这种劳动创造的价值也就蕴含于环境本身。③

（四）环境污染的产生原因

19 世纪工业革命迎来了高潮，城市化进程加快导致环境污染加剧，资源

---

① 朱雯：《论环境利益》，中国海洋大学 2014 年博士学位论文。

② 高伟凯：《国家利益：概念的界定及其解读》，载《世界经济与政治论坛》2009年第 1 期。

③ 严法善、刘会齐：《社会主义市场经济的环境利益》，载《复旦学报》（社会科学版）2008 年第 3 期。

的过度开采破坏了大量的森林植被，医疗健康技术的跨越式发展虽然提高了人类的平均寿命，但是人口数量急剧攀升，对资源的需求也日益增强。人类文明进程逐步加快，信息化革命逐渐取代了大工厂时代，生活水平显著提高，温饱已经不是人们追求的目标，消费往往并不与实际需求相匹配，甚至过度奢华消费成了身份、地位的代名词。这种消费观念使物质资料过于集中在一部分人身上，而使其他人不能分享环境利益所带来的社会福利。

我国经济已由高速增长阶段转向高质量发展阶段，但是投入—产出的效率并不高，导致资源浪费、环境污染等问题，经济效益跟不上经济发展的步伐。而生态环境与经济发展常常是对立的，生态环境不仅为经济发展提供了生产原料，并且这些生产原料经过加工形成产品进入市场后，产生的残留物一部分进入再循环生产环节，一部分形成废弃物排入环境中，最终通过环境的吸附、降解功能所消化。环境利益转化成的经济利益越多，环境自身的承载力便进一步接受挑战，如果超过了环境承载能力，将导致经济、环境的双重破坏，因此自然环境的稳定是社会、经济、政治、文化事业协调发展的前提和保障，而社会、经济、政治、文化事业的发展与完善也会让人逐步意识到自然环境的重要性，因此会制定相应的政策和战略以促进生态环境向着可持续方向发展。

（五）全球环境污染的严重性

由于生态环境的全球性、相关联性和污染的可转移性，不止在发展中国家产生了严重的环境污染、破坏问题，环境问题已经涉及每一个国家和地区，并对人类的生命健康造成直接或潜在的损害，严重阻碍了经济发展的可持续性。气候变暖导致冰川融化使海平面升高，威胁着沿海低海拔区域居民的生存安全，如加勒比地区和马尔代夫的居民可能会面临被迫转移的困境。工业废水未经严格净化处理便排入河道中，农业灌溉用水中掺杂着农药残留，使得本来就不充裕的淡水资源更加紧缺。被污染的水体通过水循环系统扩大了污染范围，水卫生状况恶劣直接影响了人们的饮水安全，水中的有机化合物、碳化物、重金属含量升高后引发了很多健康问题，如痢疾、霍乱、肝炎等。石油和矿产资源是工业生产的血液和食粮，可是石油、矿产的过度开采不仅导致了资源短缺，而且破坏了土地结构，造成开采区的土地荒废和水土流失。植被覆盖率降低，在风力和降雨的侵蚀下，裸露在表层的岩石泥沙化，这些沙砾在大风的作用下被卷入高空从而形成挟沙风暴，使空气变得污浊。可以看出，每一个地区作为全球生态系统的一部分，环境遭到破坏就会影响生态平衡，最终影响人类自身的生存与发展。

环境状况的恶化影响了人们的利益，人们追求经济发展的根本目的是享受高品质的生活，实现生活的舒适和身体的健康，而生产生活中排放的废气、废水、废渣造成了空气、水质、土壤的污染，不仅影响了人们的生活环境，而且还通过食物链被人体吸收。如果在经济发展过程中无法保障生活在安全和清洁的环境中，那么提高生存质量便无从谈起。

（六）环境保护的重要性

环境给人类提供了赖以生存的物质基础，不仅是生产生活资料，还包括一些人工无法取代的服务。环境利益关系指的是在社会关系中人与环境之间的关系，而这种关系体现为环境利益主体在环境资源的利用中的分配协调关系。[①] 环境利益与每个人密切相关，它所代表的是一种生态安全利益，是社会整体所需要的，所以可视为国家利益，国家把安全利益放在首位，因此保障生态安全是国家不可推卸的责任。而如今的国家安全不仅局限于军事和政治方面，信息、科技、生态环境安全成为维持国家稳定的新领域，而生态环境安全为其他领域的稳定发展提供了一个基础平台。如果生态环境是稳定的，那么社会将会在一个健康、安全、和谐的氛围中向前迈进，社会的可持续发展将保障物质财富的不断积累和增长，最终实现经济利益。

二、强化国家对生态环境保护的协调与监督功能

环境属于公共资源，每个人都处在利用环境资源、分享环境利益之中，由于私人的逐利性，对环境资源的争夺会导致分配不均，因此为了让环境利益可持续地作用于公共大众身上，应该由具有公共属性的国家行政机关进行管理、控制和监督。国家行政机关由于掌握了公共权力，有义务按照法律规定的职权合理行使行政权力，如果行政机关及其公职人员违反法定规范，不履行法定义务，侵犯了法律规范、社会秩序所蕴含的价值利益目标，那么将产生否定性后果。[②]

环境作为人类共有财产，具有公共性的本质属性。环境并不被某些人所有，而应被所有人分享，甚至被下一代人继续享用，即使是对环境保护未付出努力的人也可以从他人的行动中获得收益。但是，在世界上人总有强弱之分，对环境资源的占有程度也各不相同，如果没有任何约束激励机制，那么

---

① 袁红辉：《环境利益的政治经济学分析》，云南大学 2014 年博士学位论文。

② 贾圣真：《公法上的可问责性概念及其展开——以中央政府组织为分析对象》，载《浙江学刊》2023 年第 6 期。

强者便会为了抢占更大的环境利益份额而没有任何顾忌。由于环境的不可分割性和资源的有限性，最终会通过生态循环系统影响他人，侵犯他人既有的环境利益，将自己的违法成本转移到别人身上，形成发展的负外部性。而环境监管行政部门便是制定和实施约束激励机制的主体，代表了社会大众的普遍利益，同时行使公共权力，可以调动、配置社会上最多的资源和力量，因此有责任和义务参与环境污染治理和监管，为公民营造一个健康、美丽的生态环境。

2023年，习近平总书记在出席全国生态环境保护大会时指出，总结新时代十年的实践经验，分析当前面临的新情况新问题，继续推进生态文明建设，必须以新时代中国特色社会主义生态文明思想为指导，正确处理几个重大关系。一是高质量发展和高水平保护的关系，要站在人与自然和谐共生的高度谋划发展，通过高水平环境保护，不断塑造发展的新动能、新优势，着力构建绿色低碳循环经济体系，有效降低发展的资源环境代价，持续增强发展的潜力和后劲。二是重点攻坚和协同治理的关系，要坚持系统观念，抓住主要矛盾和矛盾的主要方面，对突出生态环境问题采取有力措施，同时强化目标协同、多污染物控制协同、部门协同、区域协同、政策协同，不断增强各项工作的系统性、整体性、协同性。三是自然恢复和人工修复的关系，要坚持山水林田湖草沙一体化保护和系统治理，构建从山顶到海洋的保护治理大格局，综合运用自然恢复和人工修复两种手段，因地因时制宜、分区分类施策，努力找到生态保护修复的最佳解决方案。四是外部约束和内生动力的关系，要始终坚持用最严格制度、最严密法治保护生态环境，保持常态化外部压力，同时要激发起全社会共同呵护生态环境的内生动力。五是"双碳"承诺和自主行动的关系，我们承诺的"双碳"目标是确定不移的，但达到这一目标的路径和方式、节奏和力度则应该而且必须由我们自己作主，决不受他人左右。同时习近平总书记还强调，建设美丽中国是全面建设社会主义现代化国家的重要目标，必须坚持和加强党的全面领导。各地区各部门要不断增强责任感、使命感，不折不扣贯彻落实党中央决策部署。地方各级党委和政府要坚决扛起美丽中国建设的政治责任，抓紧研究制定地方党政领导干部生态环境保护责任制，建立覆盖全面、权责一致、奖惩分明、环环相扣的责任体系。相关部门要认真落实生态文明建设责任清单，强化分工负责，加强协调联动，形成齐抓共管的强大合力。各级人大及其常委会要加强生态文明保护法治建设和法律实施监督，各级政协要加大生态文明建设专题协商和民主监督力度。要继续发挥中央生态环境保护督察利剑作用。可见，部门协同、政府间协调是流域协同治理的关键。就政府环境监督与协调责任相关内容，不同国家或地区以不同的法律形式进行规定。我国从宪法和环境保护的基本法出发，规定了政府有义务和责任采取措施对环境质量负责并负有保护生态环境和资源的责任。2014年修订的《环境保护法》第6条第2款规定了地方政府的环境责任，细化了我国政府环境责任的实施规则。通过这种国家根本大法和基本法的法律权威和法律地位，能够保证政府在经济发展中对环境资源责任的承担，起到限制政府和监督政府的环境职责和环境职权的作用。《环境保护法》第20条规定，国家建立跨行政区域的重点区域、流域环境污染和生态破坏联合防治协调机制，实行统一规划、统一标准、统一监测、统一的防治措施。前款规定以外的跨行政区域的环境污染和生态破坏的防治，由上级人民政府协调解决，或者由有关地方人民政府协商解决。从此条规定可以看出政府在跨区域、流域环境治理过程中要强调互相协调，统一协调。

作为国家"环境资源"的代管人，法律还赋予了政府拥有生态环境损害赔偿诉讼的起诉资格。最高人民法院《关于审理生态环境损害赔偿案件的若干规定（试行）》是我国生态环境司法保护的重要规范性文件，自2019年6月5日起施行，并于2020年修正。该规定明确了政府机关作为原告提起生态环境损害赔偿诉讼的程序规则、责任认定及执行机制，旨在通过司法手段强化生态环境修复与责任追究。但适格的原告仅限于以下主体：首先是省级、市地级人民政府及其指定部门或机构（市地级包括设区的市、自治州、盟、地区等）；其次是受国务院委托行使全民所有自然资源资产所有权的部门（如自然资源部委托的机构）。但是对其适用限制了严格的条件，如需满足以下条件之一：发生较大、重大或特别重大突发环境事件；在国家和省级重点生态功能区、禁止开发区发生环境污染或生态破坏事件；其他造成严重生态环境后果的情形。同时还作出了一些排除适用规则，如因污染环境造成人身损害或财产损失的案件，适用《民法典》等普通侵权规则；海洋生态环境损害案件，适用《海洋环境保护法》。另外，对于该规定还明确政府机关起诉前必须与责任方进行磋商，磋商未达成一致或无法磋商时方可提起诉讼。例如，铜川市生态环境局通过磋商促成赔偿协议，体现了程序的实际应用。所以，可以看出我国赋予了作为环境公共资源的"公法人"的政府更多保护社会公共环境资源的权利，这都是我国多年来在环境公共产品保护方面作出的有益探索。

三、适合中国国情

（一）当下国情

国情是一个国家的基本情况，体现了一定历史时期的政治、经济、文化和自然资源的客观发展状况，反映了社会所处的发展阶段。只有根据国情清晰地了解实际处境并科学地制定、调整政策战略，才能符合经济发展的客观需要。当前，中国仍处于社会主义初级阶段，但已进入高质量发展新阶段。随着全面建成小康社会目标的实现，社会主要矛盾转化为人民日益增长的美好生活需要和不平衡不充分的发展之间的矛盾。区域协调发展取得显著进展，中西部地区 GDP 增速连续 10 年高于东部，但城乡差距（2022 年城乡收入比为 2.45：1）和南北经济梯度差异仍需突破。新时代"双循环"战略正推动改革开放成果向县域经济和乡村振兴领域延伸，通过东西部协作、数字新基建下沉等举措，使边疆地区共享发展红利。

中国经济转型经历了三次历史跨越。一是工业化奠基期（1949-1978年）。毛泽东同志创造性地提出"四个现代化"目标，通过 156 项重点工程构建完整的工业体系。这一时期工业产值年均增长 11.2%，为后续发展奠定了物质基础，但计划经济体制的局限性也催生了改革需求。二是改革开放腾飞期（1978-2012 年）。邓小平同志把握全球化窗口期，实施沿海开放战略。2001 年加入 WTO 后，中国深度参与国际分工，制造业增加值占比从 1978 年的 17.3% 跃升至 2010 年的 32.5%，成为全球最大的货物贸易国。这种"两头在外"的模式虽创造了年均 9.8% 的增长奇迹，但也积累起产能过剩、环境代价等问题。三是高质量发展转型期（2012 年至今）。面对人口红利拐点（劳动年龄人口在 2013 年达到峰值）和"中等收入陷阱"的挑战，党中央提出新发展理念。研发投入强度从 2012 年的 1.91% 提升至 2022 年的 2.55%，数字经济占比超 40%，高技术制造业增加值占比从 9.4% 升至 15.5%。通过"中国制造 2025"和双碳目标，推动产业链向智能制造、绿色能源等高端领域攀升。

当前中国正经历从"世界工厂"向"创新工场"的转型。出口结构显著优化：新能源汽车、光伏组件、锂电池"新三样"出口增长 67%，研发人员总量稳居世界首位，PCT 国际专利申请量连续四年全球第一，在 5G、量子通信、特高压等 30 个领域实现并跑或领跑。但"卡脖子"技术攻关仍需突破，芯片等 35 项关键材料国产化率不足 20%，凸显出创新体系升级的迫切性。

长江经济带生态治理的范式创新。在"共抓大保护"的战略指引下，在长江流域实施：第一，智慧监测：布设 4.2 万个水质监测点位，建立"空天地"一体化监测网络;第二,系统治理:推进"十年禁渔"和岸线修复工程,生态航道占比提升至65%;第三,制度创新:试点生态产品价值实现机制,2022年完成首单湿地碳汇交易;第四,产业转型:沿江化工企业关改搬转超9000家,绿色经济占比突破50%。这种"生态优先、绿色发展"的模式为全球大河流域治理提供了中国方案。

目前中国经济正处在加快转型升级步伐、奋力推进高质量发展的关键阶段,不断实现质的有效提升和量的合理增长,中国已逐渐发展成为各领域的领头羊。从2025年开始,中国经济正在积蓄更多发展力量。北京围绕"首发经济"加大引进优质品牌企业入驻力度;云南昆明不断完善旅居养老配套设施,为康养群体提供一条龙服务;海南三亚在春节期间推出大型演艺、体育赛事,以"演艺热"开辟文旅产业新赛道……中国经济向好的增长态势体现在车间的机器轰鸣、市场的热闹喧嚣、建筑工地的热火朝天和港口的繁忙景象中。

《环球时报》发布的一项面向46国、5.1万民众的全球民意调查显示,九成多受访者认为未来10年中国经济会持续增长,近六成认为中国是世界经济增长的主要动力源;63%的受访者对中国有好感;近七成受访者期待中国未来更多参与国际事务或发挥更大作用。美国彭博社基于国际货币基金组织最新预测计算得出结论,未来5年中国仍将是全球经济增长的最大贡献国。

2024年以来,中国经济总体平稳、稳中有进,高质量发展扎实推进,主要目标任务顺利实现,中国式现代化迈出新的坚实步伐。在全球经济增长动能不足的背景下,中国经济在战胜挑战中发展,在风雨洗礼中成长,在历经考验中壮大,成为世界经济版图中的一道独特风景,发展成绩令人鼓舞,社会信心有效提振。

(二)我国经济发展中的困境

以经济为第一目标的社会发展模式虽然在一定时期造成物质财富的极大丰富,但由于我国发展起步较晚,经济管理方式尚未从计划经济体制中走出来,经济监管方面的配套性法律法规并不完善,一些企业钻了"摸着石头过河"的发展初级阶段的法律漏洞,而一些地方政府为了完成绩效考核指标,只能为这些纳税大户敞开大门。加之科学技术水平落后,没有掌握核心技术,招商引资的对象大多是国外落后的污染产业,形成了资源消耗、环境污染型的粗放式的经济增长方式。改革开放之前,我国长期以来处于农耕文明之中,生态环境趋于平稳,自然资源也没有大规模开发,人们因此没有切身感受到环境与自身的联系。随着城市化和工业化进程加快,环境恶化,不仅阻碍了经济的可持续发展，而且降低了生活质量，甚至危及人类健康和环境安全。目前我国还处于第一代的环境污染和生态破坏阶段，大多是由于工业、生活产生的废弃物排放到环境中造成的直接污染破坏。

1. 空气污染：结构性矛盾与治理进展

我国空气污染问题仍以煤炭依赖为核心。尽管 2024 年全国地级及以上城市 PM2.5 平均浓度已降至 29.3 微克/立方米（连续 5 年稳定达标）①，但工业燃煤和机动车尾气仍是主要污染源。煤炭燃烧释放的二氧化硫、氮氧化物等污染物与大气中的水汽结合形成酸雨，全国仍有近 40% 的城市空气质量未达二级标准。京津冀地区通过"散乱污"企业整治和移动源污染防治，PM2.5 浓度显著下降，2025 年将进一步深化工业污染治理和环保绩效创 A 行动。②值得关注的是，新能源转型初见成效，内蒙古"风光氢储"一体化基地的实践表明降碳与经济增长可实现协同发展。③

2. 水污染：资源短缺与治理突破

我国人均水资源仅为世界平均水平的 1/4，北方地区尤为严峻，600 多个城市中 400 多个面临供水不足。2024 年的数据显示，全国地表水优良水质断面比例首次突破 90%，但工业废水排放和农业面源污染仍存在隐患。以长江流域为例，通过"十年禁渔"和排污口整治，水生态逐步恢复，2025 年将重点推进黑臭水体治理和入海河流总氮管控。农村污水治理率达 45%，但管网覆盖率不足仍是短板，需通过政策激励（如碳普惠机制）和区域联动（如京津冀横向生态补偿协议）提升治理效能。④

3. 土壤污染：农业困境与修复路径

我国耕地面积仅占全球的 7%，却承载着 14 亿人口的粮食安全。过量使用化肥农药导致 30% 以上耕地出现酸化板结，土壤重金属超标问题在长江流域化工腾退地块尤为突出。2025 年将完成重点县农用地重金属污染溯源，并通过生物技术修复土壤。绥宁县林下草珊瑚种植模式提供了新思路：利用森

---

① 寇江泽：《如何持续深入推进蓝天、碧水、净土保卫战》，载《人民日报》2025 年 4 月 5 日。

② 吴苗苗：《2025 年京津冀生态协同确定八大重点任务》，载《河北经济日报》2025 年 1 月 11 日。

③ 郭兆晖：《协同推进降碳减污扩绿增长、开启绿色转型新篇章》，载《光明网》2025 年 3 月 18 日。

④ 寇江泽：《如何持续深入推进蓝天、碧水、净土保卫战》，载《人民日报》2025 年 4 月 5 日。

林生态系统改善土壤环境，每亩年收入可达万元，实现生态与经济双赢。此外，农业面源污染治理被纳入"净土保卫战"核心任务，通过精准施肥和有机农业推广缓解土壤退化。[①]

4. 固体废弃物：消费升级与循环经济挑战

我国每年产生工业固废超 40 亿吨，危险废物年产量达 1 亿吨，但综合利用率不足 60%。2025 年政策聚焦三大方向：（1）完善危险废物"白名单"跨省转移机制，推进京津冀处置中心共建；（2）推广垃圾分类，杭州"地铁+共享单车"模式减少塑料污染；（3）发展循环经济，如福建厦门仿野生紫灵芝种植项目，将林业废弃物转化为高附加值产品。值得注意的是，电子垃圾年增量达 1400 万台，需通过"以旧换新"政策和绿色设计标准引导可持续消费。面对我国的生态环境状况，结合经济发展目标和社会阶段，应适当调整经济与环境的协调发展关系。如果把生态环境比作支撑经济发展的软实力，那么只有当软实力和硬实力相互平衡时才能更加稳健地发展。[②]

（三）政策协同与转型路径

我国的环境治理已从单一减排转向"降碳、减污、扩绿、增长"协同推进。首先，我国促进了制度方面的创新，在全国碳市场倒逼企业减排，2025 年将推动能耗双控向碳排放双控转型。其次，在技术驱动方面，中科院的"液态阳光"技术实现将二氧化碳转化为甲醇，为碳循环提供新方案。再次，在区域联动方面，京津冀通过大气联防联控、潮白河国家森林公园建设等八大任务，打造生态协同样板。最后，在产业重构方面，钢铁行业短流程炼钢技术降低能耗 30%，新能源汽车产业带动电池回收体系完善。当前环境治理需突破"先污染后治理"的惯性，通过绿色金融、科技创新和全民参与重塑发展逻辑。绿色转型是"团体赛"，需政府、企业、公众形成合力。2025 年作为"十四五"收官之年，既要守住 PM2.5 浓度下降、水质达标等硬指标，更需构建山水林田湖草沙生命共同体，实现环境治理从量变到质变的跨越。[③]

① 寇江泽：《如何持续深入推进蓝天、碧水、净土保卫战》，载《人民日报》2025 年 4 月 5 日。

② 封龙仪：《绥宁县：植树造林与林下草珊瑚种植共绘生态经济蓝图》，载《邵阳日报》2025 年 2 月 26 日。

③ 郭兆晖：《协同推进降碳减污扩绿增长、开启绿色转型新篇章》，载《光明网》2025 年 3 月 18 日。

‖ 第六章 ‖
长江经济带建设中生态环境协同
治理构建的未来设计

第一节　长江经济带建设中生态环境
协同治理的理念与原则设计

一、生态公共产品理论

生态公共产品理论应该建立在我国国情基础之上。我国公共服务的职能尚在改进之中，还没有完善的体系与平台，政府的政策是推动公共服务进步的主要因素，所以生态公共产品理论的构建需要将政府作为主力，生态公共产品供给的主要责任由政府承担。

理论的设计应当符合实际，我国的行政体系虽然可以囊括每家每户、每个人，但是要求政府在提供生态公共产品的过程中事无巨细，没有差错，也是不大切合实际的。所以，可以采取私人主动融资、政府配合的方式。由私营部门承担生态公共产品的设计、施工、运营任务，政府购买这样的产品，并以政府的名义推广。以承包的方式减轻政府巨大的生产、施工责任，同时带动私营企业的发展，促进各个地区基础设施的完善、经济的发展，一举多得。在此过程中，需要政府强有力的宏观调控和责任监管，并且此过程关乎国计民生，涉及千家万户，应当绝对公开。

首先，政府应当公开承包的过程。当下，政府要想杜绝招投标或是使用其他方式将生态公共产品的提供承包给私营企业过程中的"暗箱操作"现象，就一定要举行听证会或是记者座谈会，使政府和人民都清楚地看到此过程，既便于政府开展工作，也可以增进人民群众对政府的理解。况且在如今我国越来越开放、民主的背景下，我国公民的参政议政水平和权利意识不断增强，尤其是高校的学生都在通过政府的行为推测国家的方针政策，以此提高自己的政治修养，测试自己的政治敏感度。而且，如今科学技术的进步使人民群众获取信息的渠道更加广泛，知晓信息更加及时，人民群众更乐意关心国事、天下事。政府应当做好将自己完全呈现于阳光之下的准备。

其次，私营企业应当公开自己的经营状况、财务收支状况。一般企业的经营情况不会对外公开，因为企业的商业秘密或者经营情况是一种潜在的竞争力，对外公开可能会在市场上失去竞争优势。但是，也正是由于没有迫使企业公开经营信息，没有将监管落到实处，才导致企业生产出不合格产品，甚至是对人体健康有害的产品。由于生态公共产品面向广大公民，受众面广，日后可能会像食品一样不可或缺，所以在生产初期一定要保证产品的安全性和环保性，生产让人民群众放心的生态公共产品。

只有企业尽到公开义务才能便于群众了解生态公共产品的提供过程，便于政府监督购买的生态公共产品的生产过程。而且可以给其他私营企业作出示范，使更多企业加入到生态公共产品的提供行列中来，让这个领域形成良性的竞争，通过生态公共产品的提供带动相关产业的发展，形成一条坚固的产业链。这需要政府强制推行，或者将其作为招标时的一项条件。

在企业的公开过程中，可能会涉及商业秘密，这部分内容是不需要公开的。因此，对于什么是商业秘密，应当在承包给企业之前说明，否则日后的监管和公开都是空谈。

再次，政府要和企业共同承担风险。在生态公共产品提供初期，私营企业的规模和资金可能都不理想，如果完全由企业承担风险会使企业丧失积极性，生态公共产品的提供之路会更加曲折。在此过程中，可能会产生引进外资的风险、国际格局的变动、外交政策的变动、汇率变动、通货膨胀等问题，这些都会影响企业的资金链，进而影响生态公共产品的研发与生产。因此，政府应当在工程结束前主动承担一部分资金，由人民银行安排融资，使私营企业有坚实的后盾，放心大胆地专注于研发、提供生态公共产品。

在项目进行过程中，可能会出现技术难关、产品质量不达标、市场需求不足、项目失败等各种风险，这些困难是所有企业参与市场经济需要考虑的问题，所以这部分风险主要由私营企业承担。政府将此工程承包出去，就是需要企业攻克技术等难关，提供质优价廉的生态公共产品，为政府向全国推广、提供生态公共产品创造更好的条件。这些问题主要是企业应当解决的问题，应当由企业在参与竞标之前予以考虑。

在项目结束或运行过程中，可能会出现当地居民反对、政府财政紧张拒付资金、环境政策的改变、财产立法的变更、合约的修改等风险，以及水灾、火灾、台风、地震等自然灾害，这是企业正常的考量不会涉及的问题，这部分需要政府承担主要责任。生态公共产品的提供应当是企业与政府互利共赢，最终服务于社会的过程，在企业遇到政策性、法律性、自然性的难题时，政府应当出面解决，主动承担这些较大的风险，动用强大的公权力支持受灾企业，这无疑会增强企业的信心，使生态公共产品的有效供给长期稳定地进行下去。

最后，各方均可以将项目在担保公司和保险公司投保。保险公司的赔付能力强、赔付范围广、迅速及时，是长期以来有效规避风险的选择，企业、政府将项目投保，可以有效地规避风险，减轻可能承担的重大责任，减少高投资、高风险的压力。并且在实践中保险公司愿意接受这样的投保。因为与建筑工程合同保险类似，这样的保险标的遭受损失的风险不大，但是需要交纳的保费是不菲的。更何况这是由政府作为一方当事人的合同，政府会在它的控制范围内尽量降低风险，并且政府防范风险的能力是高于普通民众和一般企业的。就算因为各种不可预见的风险发生了保险事故，保险公司及时理赔，会给保险公司树立一个良好的形象，形成它的软实力。

担保公司是新型投资方式，其承担风险的能力很强，通过担保公司转移不容易控制的风险是一个明智的选择。担保公司可以有效地改变生态公共产品投资面临的风险高、收益低的不利情况。在担保过程中，企业可以放心地改进技术，提高生产，为担保公司降低风险。担保公司也会积极寻求其他想要转移的风险，双方达到互利共赢，从而起到稳定国家经济发展的效果。

生态公共产品理论注重风险分散化，有企业、政府各自承担的风险，也有企业、政府相互配合共同承担的风险，还有保险公司、担保公司可供转移风险。有了这样完整、配套的风险控制方式，生态公共产品的提供会有一个比较平坦、相对顺利的前行之路。除此之外，政府市场化的行为会带动整体经济的发展，一举多得。

在这个过程中，最大的问题是各方协调配合的强度，不同主体出于自己的利益，相互之间可能会缺少"默契"。因此，需要政府作为公权力主体，加强政府调控。

二、加强政府调控与合作

调控是政府运用一系列经济手段对市场经济进行干预，是社会主义国家经济管理的方式之一，主要是运用政策、法规、计划等手段，优化资源配置，全面部署国内的现有及可开采的资源、能源，最终实现市场商品的供需平衡，保持经济持续、协调、稳定增长。

关于宏观调控是权利还是权力，不同的专家学者有不同的看法。

有学者认为，政府的宏观调控是行政行为，是一种公权力，具有强制性、非营利性、可执行性，调控不当时，决策者还会承担引咎辞职、降职等责任。而有的学者则认为，调控是一种权利。在政府的调控过程中，政府是作为平等的民事主体参与到经济活动中的，特别是在生态公共产品的供给中体现得尤为明显。在生态公共产品理论中，政府将一项生态公共产品供给承包给某一企业，双方是以签订合同的方式达成合意的，而政府也负担必须履行合同义务的责任。例如，通过直接购买商品、刺激投资、刺激经济增长，以及用自己的贸易做法来引导市场，美国政府常常利用增加武器购买量来刺激经济增长。

本书认为，尽管政府宏观调控的行为有民事行为的特征，但是其属性仍然是公权力。政府的行政行为具有多样性，有行政许可、行政强制、行政指导、行政合同等，政府行使行政权力并非都是强制性很明显的行政强制措施。特别是在我国法治社会建设日趋完善的当下，政府职能转变明显，多以服务为主要任务，相对于以往的行政行为温和了许多。此外，宏观调控调节的是市场失灵的领域，而不是私人领域，国家在市场机制资源配置失灵的领域、在生产和消费无效率的领域发挥着有限的调节作用。所以，不能以在生态公共产品的供给中政府的强势地位不明显就混淆了权利与权力的界限，认定政府调控是一种权利而非权力。

生态公共产品的公益性需要政府的调控。政府需要统筹规划生态公共产品的生产、运营、建设、修理。

市场经济有着固有的弊端和瑕疵，存在盲目性、滞后性、自发性等缺点。市场主要靠供需调节，当某一产品供不应求时，很多商家会自觉地大量生产供不应求的产品，希望获得利益。可是往往会适得其反，使市场上原本供不应求的商品变得供过于求，造成市场资源的白白浪费，人力、物力、财力得不偿失。而要纠正这样的错误，也许要等到问题发生之后，可谓亡羊补牢，为时已晚。因此，政府需要通过及时监管来弥补市场监管的不足，克服市场监管的缺陷，促进经济的健康有序发展。

在生态公共产品的提供中，只靠市场调节会产生不利的影响。在生态公共产品提供初期，市场上的生态公共产品有限，而且技术多不成熟，处于供不应求的时期，会有大量商家为了牟利而研发生产。但是，到了产品供给中后期会出现供过于求的现象，大量商家会撤出这个生产圈，从而导致生态公共产品供给市场的萎缩，使国家遭受重大损失。

此外，根据市场经济的一般规律，商家提供商品和服务是要谋取经济利益的，逐利性是市场经济主体行为的出发点和落脚点。在生态公共产品的供给领域，由于提供的生态公共产品属于公共性质的产品，在市场交易中获利不多，这就使在生态公共产品提供的初期，一般的市场主体都不愿意提供生态公共产品，生态公共产品的发展空间有限。只有政府这个庞大的体系才能承担提供生态公共产品的任务，也必须承担调控生态公共产品供给的任务，还要协调生态公共产品提供过程中各方的关系。只有国家集中人力、物力、财力，才能完成这项关系国计民生、成本高昂的计划。

政府实施宏观调控的影响有双重性。一方面，调控合理会让经济稳定增长、供需平衡、市场秩序稳定，至少不会出现因为生态公共产品的出现而损害人民利益的问题。另一方面，调控失误，各方主体利益失衡，会造成国家经济秩序混乱。因此，政府调控是一个讲方法、讲策略的政府行事方式。

宏观调控是一个受主客观因素影响的过程。客观上经济的发展态势决定着宏观调控的方向、方式、方法，主观上决策者对于经济变化的分析是一个主观的认识过程，掌握市场信息的质量、数量，对数据的分析能力、决策水平都会影响理性的判断。社会经济的运行瞬息万变也给决策者带来了挑战，政府调控也不可避免会有一定的滞后性。

政府调控是政府行使行政职权的方式，作为一个行政行为，其应当受到法律的监督，其作为调整经济的一种方式更应当受到限制。

在世界经济的运行过程中，各国大都奉行以市场经济为主，由市场自动调节经济，国家只会适当地干预、调节。在我国社会主义市场经济的背景下，同样应当尊重市场经济的主体地位，这是由我国的基本经济制度决定的。

政府调控是一项权力，而权力的最大弊端就是容易滥用，这在我国的社会背景下是很容易滋生的问题。特别是关于经济的事件中，权力无限扩大有其生长土壤。在生态公共产品的供给过程中，很多企业为了更简便地拿到政府的许可，缩减其经济成本，而向政府"寻租"，政府人员可能会为了牟利而滥用手中的权力。所以，对于政府调控，需要一个监督的笼子，起到规范、约束、限制作用。这就决定了政府调控需要有一定的制度保障。

　　首先，在调控的实施过程中必须对绩效进行考量分析，并根据结果不断地调整决策，使其适应经济的发展变化。只有经过对调控结果的分析才能发现调控过程中的问题并及时修改，也才能让决策者感受到正确调控的重要性。只有对结果进行评论分析，我们才会对决策尽到该有的注意义务，而不是敷衍了事。生态公共产品的供给偏向于公共服务，而提供公共服务对于政府人员来说直接现实的经济回报是很少的，这会或多或少地影响办事人员的热情与积极性。因此，只有将其工作结果纳入考核标准，给予其一定的外部压力，才会激发无限的动力。只有在最开始的决策环节严格把关，才能确保之后的供给过程走对方向。并且，在绩效考核的过程中要做到客观公正，否则会造成决策久而不决的拖沓现象，影响经济生产的过程。

　　其次，要将法律的规范、制约、保障、导向、调节功能纳入调控过程。我国是一个依法治国的国家，政府行为只有符合法律法规的规定才会充分发挥其效力和威力。在生态公共产品供给的调控过程中，政府的行为应当符合民法、刑法、行政法等法律规范。在政府与企业签订承揽合同时，应当遵守签约前保守商业秘密、协助合同履行等义务，否则承担缔约过失责任，对于企业造成损失的应当赔偿损失。在合同履行过程中，应当遵守诚实信用原则，及时履行义务，如支付价款，按时收货，在合理的期间内检查产品的数量、质量，不能以其国家行政机关的身份欺诈、胁迫企业。在政府行为失当，触犯刑法时，对政府单位要处罚金，其主管人员和直接责任人员也要被追究刑事责任。最直接的调控过程应当合法合理、程序正当、诚实守信、高效便民、权责一致。调控要公开听取意见，保障行政相对人和利害关系人的知情权、参与权和救济权。行政机关违法或是不当行使权力应当承担相应的法律责任。如将某一生态公共产品供给承包给某企业，政府的承包过程需要对外公告，让相关居民了解具体情况。政府也应当保护相关企业的利益、隐私。

　　最后，对政府的调控需要有监督机制。没有监督或是自己监督自己都无法避免腐败。生态公共产品的供给是关乎国计民生的大事，与每一个公民都有利害关系，一旦其中出现暗箱操作的行为，都会直接损害公民的合法权益；一旦政府滥用权力、扩张权力，市场经济便会无法容忍。因此，由行政机关外部的机关进行监督是一个可供选择的方式。立法机关可以针对政府调控的方式制定法律，规范政府的调控，同时限制政府的权力。

　　全国人民代表大会及其常务委员会是我国的立法机关，也是产生行政组织的权力机关。立法监督是最基本、最有效的监督方式，它构建了政府权力行使的框架。行政机关的行为也必须对立法机关负责。政府行政最基本的要求就是依法行政。由法律规定、限制政府行使权力的范围、方式、程序会缔造出一个井然有序的政府组织。

立法监督是最有效的，但是立法是滞后于市民生活的，完全依靠立法来规制政府的行为会造成国家法律朝令夕改的混乱现象。因此，除此之外，我们还需要更加及时有效的司法监督。

司法机关对于政府调控中的违法行为可以审查，责令其改正并赔偿受害人的损失。司法监督是最后一道防线，也是最强有力的救济方式。虽然我国采取不告不理的诉讼原则，但是针对政府这个权力特别大的机关，敢于挑战其权威的人少之又少，司法机关应该主动审查其行为，为其更加规范地行使权力作出贡献。

此外，为了保证政府的调控行为合法、合理，取得良好的社会效果，被广大人民理解、接受，执政党、政协、公民、企业都应当监督政府的调控行为。

共产党是我国社会主义的领导核心，政府的行为除了受到法律的规制外，还要接受党的领导，特别是领导成员，因为正是共产党的"党管干部"原则，并且任何领域不存在"帽子王"，才铸就了我国今日的辉煌。所以，在生态公共产品的供给过程中，政府的行为要接受共产党的领导。对于官员的违法乱纪行为，不仅要受到法律的制裁，还要接受党的党纪处分。

政协组织作为参政议政的组织，承担着评议行政行为的任务，这也是政协的权利。对于国家的大政方针，我们需要政协组织出谋划策，当行政机关的行为出现不合理之处，我们也需要政协组织适时地提出。

公民可以通过市长信箱、新闻媒体行使监督权。需要注意的是，公民行使监督权应当是合法、有序的。不能无故扰乱政府正常的行政行为。之所以对公民行使监督权有这样的顾虑，是因为作为个体的个人，理性程度是有限的，特别是自己的权利遭到侵犯的时候，很可能在情绪失控的情况下扰乱政府的正常行为。所以，公民的监督权的行使要合理，不能滥用监督权。

企业既可以作为合同的一方当事人，对于政府的违约行为提出不满，也可以作为行政相对人，对于政府的行政行为提起行政之诉。但是，无论采用何种方法，企业在行使自己的监督权时都要注意方式方法。企业具有享有权利、承担义务的双重身份，行使权利的同时不能忘记自己还身负义务，也不能以权利受到侵害为理由不履行自己的义务。

只有构建了完整而全面的监督机制，我们的政府的行为才会更加规范、有序。

三、兼顾环境保护和经济发展平衡

（一）环境与经济之间的关系

环境是人类社会赖以存在的基础，经济活动是人类满足自身存在与发展的手段，是人类最基本的实践活动，人类的全部经济活动是以既定的环境条件作为基础的，经济活动的方式和内容受到环境的制约。在不同的环境条件影响下会出现不同的生产方式、生活方式和产品。经济活动的目的是获取人类生存和发展所必需的物质财富，而物质财富的取得是人类通过对自然环境中的自然物质加工而来的。这样人类在获取物质财富的过程中就不知不觉地改变了已有的环境状态。由于人类的经济活动是连续的，所以经济活动对环境的影响也就是连续的。但是，无论环境在人类活动的影响下怎样变化，既定的环境对人类活动的制约是无法避免的。丰富的自然资源为经济的发展提供了物质支持，但是自然资源却是有限的，于是在环境变迁与经济发展之间产生了纷繁复杂的关系。

环境变迁和经济发展的关系说到底就是人地关系，只不过对这里的"人"要做广义的理解，既包括有生命的自然人，也包括各种人类行为和整个人类社会。关于人地关系，无论是西方学者还是东方学者都在探索它、解释它。

古希腊思想家柏拉图、亚里士多德等是地理环境决定论的创始者。他们认为，地理位置、土壤、气候决定着一个民族和社会的发展。他们在环境和经济问题上曾经说：人类的发展与环境的承载力相适应，人口应当保持在相对适度的范围之内。柏拉图在《对话》中记录了雅典土地发生的变化："先前肥沃的土地现在只剩下一副病怏怏的骨架，所有松软的土壤都被冲蚀殆尽，剩下的只有裸露的骨架。可耕作的土地变成了荒山，遍布沃土的平原现在变成了沼泽。一些现在已经荒芜的古神庙，就坐落在那曾经喷涌喷泉的地点，它们证实了我们关于土地的描绘真实性。"柏拉图以其敏锐的洞察力深刻地认识到生态环境的破坏将会导致文明的衰落。

17世纪，英国经济学家威廉·配第提出"土地为财富之母，而劳动则为财富之父和能动的要素"。基于这种认识，他认为人口少是真正的贫穷，人口的增加有利于财富的增加，而利用土地则是增加财富的方式。由此可见，他是从生产要素的角度观察人的劳动对经济发展的作用，而忽视了土地资源对人口的限制。在他的认识中，资源是无限的，只要劳动就可以获得大量的财富，显然这样的认识是不利于环境保护的。

19 世纪，德国哲学家黑格尔从历史哲学的角度概括了地理环境在人类社会发展中的作用，他从地理环境决定人类的经济生产方式，经济生产方式决定一个国家和民族的社会关系和政治制度来说明地理环境对人类的影响。

由上可见，马克思主义以前的学者只看到了地理环境对人类社会的影响，没有说明人类活动，尤其是人类的经济活动对地理环境的影响。他们大都陷入了"地理环境决定论"的片面之中。不过，我们也不能否认他们的功绩，他们为后来的环境与经济关系的认识奠定了深厚的基础。

马克思主义不仅从宏观上科学地说明了自然环境与人类社会发展之间的关系，同时也指出人类的具体的经济活动对环境的破坏，提高了人们对人类与自然环境的关系的认识。"我们不能过分陶醉于我们对自然界的胜利。对于每一次这样的胜利，自然界都报复了我们。每一次的胜利，在第一步确实都取得了我们预期的结果，但是第二步和第三步都有了出乎意料、完全不同的影响，常常把第一个结果都取消了。希腊、小亚细亚、美索不达米亚等地的居民，为了耕地，把森林都砍光了，他们没有想到，没有森林的储水能力，得到的耕地如今都变成了荒芜之地。"

恩格斯不仅看到了农业经济对自然环境的影响，他在《英国工人阶级状况》中也谈到了工业化给英国带来的巨大污染以及被污染的环境造成大量居民的健康问题。书中既充分肯定了工业革命带来的巨大的经济效益，给英国带来了翻天覆地的变革，也真实地记录了工业化初期的环境问题，真实地描写了在污烟笼罩下、污水环绕下的居民们的生活。他以这样的方式告诫我们经济发展对环境的污染不容小觑。

自古以来，我们的祖先也在时刻关注着周围的世界，探究着"天"与"人"的关系，司马迁的"究天人之际"就表明了先人对"天""人"关系的高度重视和不断探索。于是，在人们的生产发展过程中，我们的先人总结出了人与自然环境的关系——天人合一。先民们看到，衣食之需、生产之用都源于山林泽薮。自然资源一旦丧失，我们便无以为生。所以我国先民对自然的畏惧不仅源于对自然的崇拜，还源于对自然的依赖。因此，在社会的早期，在生产生活中主动对自然环境进行保护是一种本能。另外，自然资源的过度开采引发了人们的忧患意识，古人告诫："竭泽而渔，岂不获得？而明年无鱼；焚薮而田，岂不获得？而明年无兽。"

由先秦倡导的这种保护环境资源的意识在后来中国历史的发展中被继承下来，对于中国早期的农业经济的发展起到了很好的作用。作为珍贵的文化遗产，人与自然和谐共生的思想是中华文明源远流长，文明绵延不绝的重要原因。这对于我们当今处理保护环境与经济发展的关系有很重要的借鉴意义。

（二）环境变化与经济发展失衡

环境变化与经济发展失衡是当今全球面临的重大挑战，其本质在于传统经济增长模式与生态承载力之间的矛盾。失衡主要表现在以下几个方面：一是资源代际透支。全球每年消耗1.75个地球的生态承载力（全球生态足迹网络数据），化石能源占能源消费比例仍高达79%（BP世界能源统计数据）；二是污染经济外部性。全球有90%的人口呼吸超标空气（世界卫生组织数据），塑料污染造成每年800亿美元的渔业损失（联合国环境规划署数据）。三是气候经济悖论。气候变化导致全球GDP年损失0.6%~1%（瑞士再保险研究院数据），全球每年化石燃料补贴仍超7万亿美元（国际货币基金组织数据）。

（三）保护环境与经济发展平衡

保护环境与经济发展平衡指的是在经济发展过程中不能走先发展、后治理的老路，不能以牺牲环境为代价发展经济，也不能只维护环境不发展经济，而是要在保护环境与发展经济中找到一个平衡点。

如今，我国也正面临着能源转型升级的最佳机遇。

首先，能源革命正成为未来全球发展的重要方向。2011年，美国洛杉矶研究所出版的《重塑之火》（Reinventing Fire）研究报告阐述了美国21世纪前期的能源发展路线图。报告中认为，通过大幅度提高能源利用效率和开发利用新能源，采用市场化的面向工业、电力、交通和建筑的整体解决方案，美国完全可以构建起新型的国家能源供应体系。在2050年之前，完全可以不依赖石油、煤炭和核能，实现美国的能源体系的革命性发展。德国生态经济学家魏伯乐在其出版的《五倍级——缩减资源消耗，转型绿色经济》一书中认为，当今世界的技术和手段可以提高5倍的资源生产率，减少80%的资源消耗，从而实现全球经济向绿色经济转型。美国经济学家杰里米·里夫金在其所著的《第三次工业革命——新经济模式如何改变世界》一书中重新定义了工业革命，他认为第三次工业革命会以再生能源为主导，分布式的再生资源与分布式的通信和信息互联网技术互相融合，从而创建出一个一体化、以合作分享为基础的互动能源生态体系，并通过这一能源系统的变革实现整个社会经济发展模式的重大变革。

无论是美国洛杉矶研究所的"重塑能源"、魏伯乐的"五倍级"理论，还是杰里米·里夫金的第三次工业革命，都在说明高碳能源的时代没有市场，绿色、低碳能源将是未来的发展所需，这也是支撑未来中国社会发展的基石。能源革命正在成为全球发展的重要方向，这也为中国未来的经济发展提供了新的发展路径。

其次，鉴于我国国内环境污染状况，必须推动能源向绿色低碳的模式转型。由于我国长期坚持"以经济发展为中心"，缺乏对环境的重视，导致了一系列环境污染问题，并且污染正对人们的生活产生一定影响。

最后，能源绿色低碳转型的能源发展战略的政策是推动能源转型的保障。在我国这样一个人口众多、幅员辽阔的社会主义国家，国家的政策是我们发展经济必不可少的支持。经济的转型升级也需要国家政策的充分保障。2022年国家发展改革委、国家能源局发布《关于完善能源绿色低碳转型体制机制和政策措施的意见》，对完善能源绿色低碳转型的体制机制和政策措施提出了"完善国家能源战略和规划实施的协同推进机制""完善引导绿色能源消费的制度和政策体系"等具体措施，为我国能源绿色低碳转型提供了有力的政策保障和方向指引。

生态公共产品供给的最初目的是使我国经济发展走上一条生态友好的道路，而其作为经济活动，也必然会追求一定的经济目标，让生态公共产品的供给带动相关经济的更好发展。不忘初心，方得始终，所以生态公共产品供给要兼顾环境保护和经济发展。在生态公共产品的供给中同样会出现各种环境问题，其危害未必会小于重工业带来的，我们不能掉以轻心。

首先，在生态公共产品的生产过程中会需要燃料、原料这些基本的动力与材料。以燃料为例，中国各地的燃料种类不同，在北方地区，以燃煤为主；在"西气东输"工程沿线，以天然气为主；在沿海地区，以风力、核能为主。由于煤炭的不完全燃烧，会产生大气污染问题。在煤炭的开采过程中，会导致坑道的植被被破坏，难以恢复，造成土地退化、沙化的问题。在天然气使用过程中会发生泄漏爆炸问题，以及由于其无色无味，泄漏不易被察觉而导致中毒。在核能的使用过程中会产生辐射、核泄漏等问题。风能虽然清洁，可是其利用的范围有限，技术水平也有限。以原料为例，各地的生产技术水平不同，同样的原材料也会有好坏之分，次品中很有可能残留对人体有害的化学物质。

其次，由于生产技术水平的局限性，我国的生态公共产品未必是对人体完全无害的清洁、新型产品。而且我国幅员辽阔、人口众多的国情也决定了我们现阶段不可能生产出如此环保的生态公共产品。我们只能做到最基本的生态公共产品的有效供给，并且这是一个不断发展的过程，需要一步一步地完善。

再次，在运输生态公共产品的过程中，交通工具的选择也会对我们的环境产生或大或小的影响。无论是运输量巨大、成本较低的铁路运输、水路运输，还是运输量有限、速度很快的航空运输，运输过程中的不当处理都会产生环境污染问题。

最后，在当今信息化时代很多生态公共产品会以电子产品的方式呈现，而电子产品对空气、土壤、水源的污染是无形的、不易被察觉的，甚至是难以监测和修复的。

新的产品可能伴随新的污染方式，所以在生态公共产品的供给中要特别重视对环境的保护。先发展、后治理的方式对于重工业的发展有补救的可能，但对于新型污染可能难以补救。

四、加强政府监管四项指导思想

政府监管，又称政府规制或者管制，是在市场经济条件下政府对微观经济主体进行规范与制约，最终实现公共政策的目标。政府监管是我国管理经济的一种方式，生态公共产品的供给是我国发展经济的一种方式，其接受政府的监管理所应当。并且由于生态公共产品的供给涉及的利益群体广泛，会影响政府的公共政策，需要政府高度重视，加强对其的监管。政府对于生态公共产品供给的监管应当贯穿生态公共产品提供始终。通过生态公共产品供给中主体资格的认证、交易权益保护的监管、交易行为和秩序规范等方式来维护市场秩序中的公平竞争，提高市场竞争的效率。

在生态公共产品供给中，政府监管可以分为国家职能部门的监管和平等主体的监管。

作为国家行政机关，政府应当尽到最基本的监管责任和义务。例如，在与相关企业签订承揽合同时，政府应当依照法律法规的规定，审查企业是否具备主体资格，此过程主要是形式审查，如审查企业的营业执照等法人资格条件是否具备。在招标过程中，维护竞标秩序，保证公平公正的竞争过程，以合理的价格选择最合适的企业。对于在竞争中出现的诈骗、寻租等行为要依法给予行政处分。在签订合同以后，企业生产过程中，税收部门要注意监管企业的税收状况，对于逃税、骗税、抗税等行为要依法追究。安全监管部门要关注企业的生产作业是否符合国家的安全标准，工人的工作环境是否符合国家标准。验收部门要仔细查看产品的质量、数量，对于不合格产品一定要让企业返工，不可以因为时间紧迫等不正当理由而虚假验收。在此监管过程中，政府的着眼点应当是企业行为不损害公共政策、不危及公共利益，从而保障国家经济活动的有序进行，市场经济平稳健康发展。

　　而作为与企业签订合同的相对方，政府在一定程度上具有了平等民事主体的性质，其对于合同的履行还有更加具体的权利可以行使。例如，对于合同标的即生态公共产品的种类、数量、质量、价格的选择，合同履行期限的约定，合同交付地的选择，合同争议的处理方式的选择。政府有对企业的不安抗辩权：约定政府先支付价款的时候，政府有确切的证据表明企业履行提供生态公共产品的能力恶化时，在企业履行给付义务或者提出充分担保前可以中止先为给付。后履行抗辩权：先提供生态公共产品的企业履行合同不符合约定，政府有权拒绝受领不合格产品。在此过程中，不能以评价行政机关的行政权力来评价政府的行为，作为民事合同的一方，政府的权利是正当的，并非对市场经济主体的不正当干预、过分干预。与宏观调控不同，政府监管不是约束、限制政府的权力，而是注重政府对经济主体的监管职责，敦促政府履行其对经济的管理职责，使经济活动在政府的监管下安全、有效、平稳地进行，使生态公共产品的供给有效、高效。

第二节　长江经济带建设中生态环境协同治理之具体制度的构建

一、大气污染防治协同机制

　　大气污染防治协同机制包括目标协同机制、执法协同机制，是一个宏大的主题，需要建立一系列的运行机制来实现协同效果。运行机制的建立需考虑三方面的问题：首先是不管建立何种机制，都不仅是制定应急措施来应对某些紧急情况，都必须是常态化的；其次是制定的具体内容要具有可行性、可执行性以及可操作性；最后是区域内的规范内容、规范标准和规范效力应当做到协同一致，防止出现同制不同效的局面。

　　在对大气污染的协同治理实践进行思考的基础上，提出如下几个层面的意见，包括制度协调、立法协调、利益协调和具体运行机制协调等方面。

　　第一，重点形成具有实际约束力的区域协同治理机构，不仅需要为协同治理的合法性创造良好的基础，在跨区域大气污染控制中，还需要建立正式和正常的，同时具有实际约束力的区域协同治理机制。

　　第二，建立长江流域法治环境最重要的任务是为长江流域治理提供有效和必要的法律保障。可以从以下两个层面促进大气污染防治协调治理的立法建设：一是在立法层面上，应该在处理区域事务局限方面大胆突破，给予合法立法形式；二是长江流域的行政壁垒和地方保护主义必须打破，科学合理、公平、公正地探索立法主体，保证共同立法的权威性和有效性，确保所有大气污染控制领域的法律法规调整利益关系和法律责任等。在具体立法过程中，地方立法者应该遵循"共同研究、协商、起草，分开采用"的原则，注意立法意见的交流，制定定期的立法联络制度，大气污染控制要满足当地立法的需要，也要与其他地区的立法计划保持统一。

第三，长江经济带关键要平衡大气污染治理问题上的"利益差"，可行的选择就是建立协调利益机制。大气污染防治协同机制不仅是无国界和行政区划之间的冲突，也是区域"地方"利益的平衡与再分配。大气污染防治协同机制的主要目标之一是调和这种"利益差异"，实现大气污染控制效益的协同增效和分享。公平和效率是建立大气污染控制利益的协调机制必须首先考虑的两个要素，要实现区域污染控制成本，最大限度地减轻污染控制责任。

第四，优化和完善大气污染防治协同治理机制是确保共同治理目标实现的关键因素。

二、水污染防治协同机制

深入实施《水法》新划定的"国家水资源管理与区域管理体系管理"现已成为中国流域管理体制改革的重点。流域管理体系的区域间协调的建立，应从法制体系的高度来突出分水岭，进行整合。掌握国外水资源管理模式的演变：从区域管理向流域管理变迁，从分散管理向统一管理变革，更注重建立流域体系的目标。

通过对各国跨行政流域水污染治理机制经验的总结，我国可行的改革方案是维护基于政府层面结构的管理体制进一步优化，改革协调当前流域和区域不同部门的管理制度、不同层次的矛盾。主要包括以下三个方面：

第一，在体制设置方面，国务院的派出机构可以从我国可设立具有权威性的流域水资源综合管理部门（高于各行政区的层级）中选择，负责指导制定跨界河流域制度，该制度对上下游各行政区水资源治理科学合理、有约束力，不能受到任何政府机构的干涉。要形成以国家该部门为主的管理模式，在其领导下形成从集成管理到分散管理，改变以往流域管理局单纯负责制订规划、协调指导、检查监督的弊病。要避免"多头管水"的格局。要通过建立流域与区域相结合的运行机制，以此明确水资源管理权责，如此流域内水环境才能得以改善。

第二，设置流域综合水资源管理局，负责明确流域管理现状、加强流域治理部门协调、层次协调和区域协调的权威性。这样可以加强政府部门和地方政府的联系，积极沟通、有效协调，实施和协调区域管理。

第三，在法律保护方面，完善流域水环境管理行政法规，完善法律支持体系。由于我国流域管理体系的法律支撑体系（如新修订的《水法》《水污染防治法》）关于区域治理和流域治理中的水资源管理制度体系尚不清楚，《长江保护法》中规定的流域政府部门管理权不明确，导致流域水环境管理政策法规不能有效落实。因此，流域管理迫切需要进一步合理化部门的功能。

三、土壤污染防治协同机制

本部分内容主要侧重事后治理补偿机制，具体包括以下两个制度：土壤修复与复垦制度、生态补偿金制度。

（一）土壤修复与复垦制度

土壤修复与复垦制度本质上是末端控制的做法，是在污染发生之后才进行相关治理，是一种相当低效的做法。但应当看到无论事前抑制做得多么到位，土壤污染的发生都具有近乎必然的可能性。加之相较于大气和水，土壤由于流动性差，我国土壤污染现状之严重也是有目共睹。官方在 2014 年发布的《全国土壤污染状况调查公报》已经指明了这一问题的严峻性，因而对受污染的土壤进行修复具有相当的紧迫性。

土壤修复制度的最终目的是使土壤恢复正常功能，而土地复垦制度的最终目的则是使土地达到可供利用的程度。应当看到土地复垦具有更多的功利性，但是在实践中二者是统一的。根据我国《土地复垦条例》第 4 条第 2 款的规定，复垦的土地应当优先用于农业。[①] 同时，这一条例也在第 19 条对将复垦土地用于农业和建设设置了相关的激励措施。可以明显看出土壤复垦制度更多针对的是作为农业用途的土地，其功能也就是基本的生产功能。因而土壤复垦实际上是土壤修复的一个十分重要的组成部分，只是鉴于我国土壤破坏主要集中于矿区和农业用地破坏，其地位在防治工作中的重要性就显得十分突出。由于土壤修复制度能够涵盖土壤复垦制度，于是从土壤修复的角度来探讨其具体制度架设。但是由于我国整体土壤恢复的核心是农业生产型用地，因而复垦制度还是会占很大的篇幅。

我国目前没有一套完整的土地修复法律体系，各种规范性文件散落在各个部门法之中，同时也有相当比例的行政法规、部门规章乃至行政法意义上

---

① 参见《土地复垦条例》第 4 条。

的其他规范性文件。其中，以我国《土地复垦条例》和与其搭配的《土地复垦条例实施办法》最为体系化。本书认为《土地复垦条例》和《土地复垦条例实施办法》能够较好地作为我国土壤修复制度研究的样本，同时这也是本节内容主要参考的内容。

首先，由于不考虑在污染发生之前的事前抑制机制，直接进入土壤修复的过程，那么确定土壤修复工作的承担主体是首要问题。在我国现行的土壤修复制度中，以《土地复垦条例》为代表的制度设计是以"谁损毁，谁复垦"为主，政府负责为辅。而《关于加强土壤污染防治工作的意见》则规定，由有关人民政府承担治理和修复责任①。简而言之，我国的规则原则就是传统的"谁污染，谁治理"的环境法原则的延伸，同时政府负担相应的公益职能，修复土地污染。虽然环境保护法确立了"谁污染，谁付费"的原则，但是应当看到由于土壤污染往往由对被污染土壤拥有一定所有权的人造成，其至少对这片土地有占有之权利，加之土壤修复是一个长时间的工作，修复工作只能由占有土地的造成污染的人进行。但是这并不代表市场主体无法被引入土壤修复机制。

本书认为，推动市场主体进入土壤修复领域可以通过缴纳土壤修复保证金的方式实现，这点在后文中会谈及。令人担忧的是，我国现在土壤修复市场化的趋势虽然发展迅猛，注册公司的数量飞速增加，但是毕竟是由提供项目的政府主导经济发展策略。在政府财政压力不断增大，地方政府财政风险增大的情况下，这样的模式恐难持久。这样的做法实际上使政府承担了大量的土壤修复的责任，实际上突破了"谁污染，谁治理"的原则。结合我国的现实情况，政府是否能够承担起相应的责任是值得怀疑的。在研究我国现状后，把视角投放到国外，则会发现在这个问题上其他国家采取了不同的措施。这里以美国为例。虽然美国是英美法系国家，但是在环境法这个全新的领域则采用了法典为主、判例为辅的做法，加之其曾经面对的情况与我国类似，故其在环境法方面的经验具有极高的参考价值。美国在土壤污染确认责任主体方面的原则和我国区别不大，依然是适用"谁污染，谁治理"的原则，同时其通过判例的做法对这个原则做了少许突破。其突破点在于把土壤修复责任主体扩大化，使一些仅仅是对这片土地拥有相关权利的主体（诸如对这片土地拥有抵押权的银行）也被纳入可能责任承担主体，只有在承担不能的情况下才会有超级基金介入接盘。

---

① 参见《关于加强土壤污染防治工作的意见》。

可以看出美国在责任归结的制度设计上所遵循的理念在于尽量少让行政力量承担具体责任，即使要承担也是通过金钱给付的形式介入，而不会承担具体的工作。这一制度的问题在于寻找承担这一责任的主体，但在实践中美国司法机关肯定遭遇了找不到承担责任的主体的情况，要不然也不会在判例中将那些实际上和污染毫无关系的主体纳入治理责任的范围。

本书认为，美国在确定责任主体方面的做法是有问题的，过分强调政府的不介入性以至于把不相关的主体纳入责任主体的范围。从整体社会层面来看这是不妥的，但这并不妨碍我们发现其中的一些优点：首先，政府并不承担直接的治理责任，尽可能使用金钱给付的方式介入土壤恢复工作。这种方法能够避开政府可能因为官僚主义等问题出现的效率低下的问题。其次，尽可能地找到民间主体承担起应当承担的责任，不能因为负不起责任而逃避责任。这种方法实际上发挥了类似刑法一般预防的作用，是行政责任有效发挥作用的表现。可以看到美国的实践经验在很多方面能够解决我国土壤修复责任主体方面的问题。

综上所述，在现有的责任主体确定架构体系下做太大的改动并没有必要，但是应当对以下几个方面作出调整：

首先，强化现有的"谁污染，谁治理"原则，不能把一切推给政府。在实体规定上，尤其是在土地复垦的问题上，有必要扩大土地复垦承担主体的范围。《土地复垦条例》仅仅在第10条通过列举的方式确定了少数责任主体，这是不够的，完全有必要扩大承担责任主体的范围。在程序上则应强化追责机制，尽可能地找到污染责任人。当然，切不可像美国那样为了寻找主体而寻找主体。实际上，我国在追责方面的制度架设还很薄弱，责任确定也十分困难。无论是出于一般防治的角度，还是出于政府经济的角度，都有必要再制定一个更为完善的追责体系。

其次，将政府从具体土壤恢复的责任之中释放出来，将其作为间接主体而非直接的执行者，尽可能通过金钱给付的方式介入土壤污染防治。当然，这需要相应的资金管理制度支持，这点会在以下部分谈及。并且这也需要有效的追责才能实现，在没有其他资金来源的情况下，结合我国政府财政的现状，仅仅由政府承担金钱给付的工作实在是有难度。

再次则在于确定最终土壤修复之目标与规划。参见我国的《土地复垦条例》，我国采用的机制是负有土壤修复职责的主体在事先设定的标准下制定目标和规划，并由政府相关职能部门审查。这种手段实际上是把评估的责任交由修复主体负担。这种做法确实能够有效减轻政府的负担，但是由于政府职能部门的审查容易沦为纯粹的书面和形式审查，这一目标与规划是否与土壤所真正需要修复的情况相契合是值得怀疑的。目标制定者和执行者是同一主体，作为一个理性的行为主体，自然要把自身治理成本降到最低，那么最简单的方法就是直接适用最低限度的一般标准，所谓评估也因此形同虚设。而在国际上则有两类做法：一类以欧盟国家为代表，在一个特定的地区适用一个相同的标准。另一类则以北美国家为代表，对每块土地进行特定的评估，为其作出相应的规划。这两个制度的背景是不同的。欧盟国家由于国土面积大多比较狭小，加之其亦将标准制定权下放到地方，每个标准所适用的范围其实不大，强制适用问题也不会太大。相反地，美国与加拿大则因为幅员辽阔，就算把标准制定权下放到州或省，其最终的适用范围也是十分巨大的。因而不得不对相应的土地进行评估，否则最后很容易产生标准与土地现实不相适应的情况。由此来看，我国确实应当采用和北美相同的模式。

然而，本书认为北美评估模式的成本过高，在我国土壤保护还只是处于起步阶段，其所需要的成本不是我国现有行政资源能够提供的。现有的制度在很长的时间内不会有太大的变化，在我国行政改革进入下一步之前，这个制度还会延续下去。在此制度的基础之上，应当让履行审核职能的机关介入土壤评估和目标制定过程中。换句话说，就是由行政机关和行为主体共同承担评估的成本。同时，引入市场化的环境评估第三方，通过市场化的运行，尽可能降低总体的评估成本。这个做法可以基于现有的环境评估制度进一步延伸。由于我国近年来土壤保护的相关企业呈现爆发式增长，部分企业已经可以提供矿区复垦"一条龙"服务，其中必然包括相应的评估服务。但是正如前文所述，基于利润最大化要求其肯定会适用最低标准，从这个意义上来说是缺乏规制的。因而设置一个能够实现外部性内化的人工的土壤修复评估市场是有必要的。

最后，由于我国现阶段土壤缺乏统一标准，本书认为有必要对全国范围的土壤标准做一个梳理，建立一个较为统一完善的土壤质量标准。只有在存在一个统一标准的基础上才有可能实现以上多种设想，进而作出一个符合实际的最终规划。

另外，还有监督的问题。参见《土地复垦条例》，我国适用的是年终审查，最终验收同时伴有不利后果的做法。这种做法的好处在于可以发挥履行修复义务的主体能够最大限度地发挥自己的主观能动性，实现最优化目标。政府仅仅守好最后一道防线足矣，无须过多干涉，对于其他环境方面的违法行为则纳入一般监控，而这个监控的做法笔者已经在前文有所论述，在此不再赘述。同时，通过行政责任乃至刑事责任对其进行规制。可以说只要其他制度构建得当，监督的方面就不会有太大的问题。

综上所述，只要主体确定、目标和规划确定、强有力的监督这三个环节能够协同运行，并有来自生态补偿金制度的支持，土壤修复制度自然能发挥其应有的作用。同时，这一制度是整个土壤保护制度之中的重要一环，前文所提到的指导思想、管理模式，尤其是公众参与的模式也是适用于这一制度的。并且这一制度也只有与其他制度协同运作，才有可能发挥相应的作用。

（二）生态补偿金制度

生态补偿金制度是土壤修复与复垦制度的最终经济保障，也是贯穿整个土壤污染防治制度的核心。这里所说的生态补偿金制度不仅是我国现行的土壤补偿金制度，还应当有类似于美国超级基金所负担的一部分功能。同时，其管理也与现在的生态补偿金有所不同，应当是相对独立于政府财政而不是同现在的生态补偿金一样，仅仅是打着政府补助的名义。

土壤补偿金制度不仅有实现正外部性内化的作用，还有着实现负外部性内化的作用。而我国现有的生态补偿金还停留在基本的正外部性内化层面，而且从某种意义上来说连这个最基本的目的都没能实现。我国目前规模较大的土壤生态补偿工作应当是退耕还林还草和森林生态效益补偿活动。在这项进行了多年的工作中，我国采取了相应的生态补偿金的做法，收效颇丰，但是也暴露出很多问题。首先，我国的补偿金虽然被计入整体财政支出之中，但是其使用规制不够明晰，由各地政府和相关职能部门使用，一旦涉及多个部门，情况就变得更为复杂。各地做法不同，缺乏统一的制度构建。其次，在发放对象的问题上不够明确，在确定生态补偿的范围上首先就出现了模糊不清的问题，而在实践之中很多因生态恢复而受损失的农民群体也未得到相应的补偿。最后，补偿标准十分低下。如果考虑到整个工程的范围和只有国家承担给付这两点，对于最后一个问题的产生是可以理解的，但是这种做法明显是有问题的。对于因生态修复工作而受影响的主体并不能从中实现正外部性内化，而要是连这点也无法实现，那么整个生态补偿金制度就是存在问题的。

将视角切换到国外。由于我国所面对的大规模生态补偿工作的情况，而在各国生态补偿金制度实践中，只有美国曾经面对过这种规模的生态补偿工作，所以这里以美国的生态补偿金为例。由于美国的超级基金制度所涉及的不仅是纯粹的资金管理制度，还涉及各种监测管理制度，与前文相关制度是相同的，在此仅对其生态补偿金的管理和使用做相关探讨。美国的生态补偿金制度起源于罗斯福新政中用于调控农产品价格的休耕政策。这一做法的初衷并不是通过生态补偿金的做法实现生态恢复，其开创了生态补偿的第一次尝试。这一次尝试使 1800 万英亩的农田得到休耕，这种规模的生态补偿工作以及相应的生态补偿在其他国家都是前所未有的，因而其也对我国的实践有极大的借鉴意义。随着社会实践的发展，美国最终发展出超级基金制度。美国超级基金的资金来源主要有以下几种：（1）一般政府财政拨款；（2）对特殊主体所征的环保税，尤其是对石化公司所征的原料税；（3）与污染相关的罚款和污染发生后的损害赔偿；（4）基金运营的利息。

超级基金的范围如下：（1）政府需要支付的有害物质的费用；（2）任何其他个人为实施国家应急计划所支付的必要费用；（3）对申请人无法通过其他行政和诉讼方式从责任方处得到救济的、危险物质排放所造成的自然资源损害进行补偿；（4）对危险物质造成侵害进行评估，开展相应的调查研究项目，公众申请调查泄漏，对地方政府进行补偿以及奖励等一系列活动所需要的费用；（5）对公众参与技术性支持的资助；（6）对 1—3 个不同的大都市地区中污染最为严重的土壤进行试验性的恢复或清除行动所需要的费用。① 同时，在超级基金制度下，由于其严格的回溯责任，使其能够从污染主体一方获得大量资金。由于可以通过事后的诉讼手段拿到相应资金，甚至是实现 3 倍的罚款，资金来源可谓丰厚。然而，现行的超级资金由于特别环保税的授权已经过期且美国国会并未对其再次授权，其运营也陷入了很大的困境。

本书认为，超级基金有以下几点可供参考的内容：

首先，超级基金相对独立于政府财政，同时由于其的半官方性质，可以从一些基本的金融渠道获取更多资金。其次，整合了污染罚款等相应资源，整体管理更为有效，一套制度通行全国，行政管理高效。并且其为因无法通过其他救济方式获得生态损害赔偿的主体提供了一个最终的救济途径，是十分有效的。这为我们提供了一个新的思路，即生态补偿金可以作为一种最终的救济手段，而不是一种首要的救济手段。当然，这种做法仅适用于特定类别的生态补偿，对于国家政策性主导的环境生态恢复是不适用的。最后，超级基金实际上承担了部分环境公益诉讼主体的相关职能，由于其受益主体和诉讼主体是相同的，因此在整体制度架设上更为清晰有效。

结合我国现实情况和美国超级基金制度的实践，本书认为应当对我国生

---

① 王曦、胡苑：《美国的污染治理超级基金制度》，载《环境保护》2007 年第 10 期。

态补偿金制度进行如下改革：

（1）在我国现行的整个环保体制下设立一个相对独立于环保机构又承担如此重大责任的资金管理机构是不可能的。换言之，照搬美国的超级基金法是不可能的。但是鉴于我国生态补偿金的现状，应该建立一个在体制内部独立核算的补偿金体系，同时这一制度应当实行垂直管理，由中央统一控制。

（2）生态补偿金制度应当是整合了相应的行政罚款的管理功能，同时基于我国排污费改税的情况，无论是原有的排污费还是现有的环保税最终都应当汇入这个管理制度，使环保资金的使用更为合理。并且随着我国治理保证金制度的逐步建立，在实践中也出现了一些乱象。本书认为，通过一个独立核算的环境补偿金系统能够较好地管理相应资金，实现有效监管。

（3）虽然环境补偿金是一种公共资金，但是也应当对其开放一定的金融融资渠道，当然这必须是可控的，从而通过一定手段减轻环保的经济压力。

（4）生态补偿金的发放应当规范化，其标准也应当相应地提高，当然这是土壤恢复制度应当进行的工作。同时其也应当担负起为其他具体环境恢复制度提供资金支援的工作，而不仅是现行制度下政府对因环境修复而受损主体的补助。

第三节　长江经济带建设中生态环境协同治理之政府机制的构建

一、建立高层议事协调机构

生态公共产品的有效供给需要由政府作为公共利益的代表出面进行有效的协调和控制，成立高层议事协调机构负责制定生态公共产品有效供给的政府责任机制相关政策，统筹协调各部门的工作，加大环境保护和资源管理力度。

我国行政机关实行垂直管理体制，政府各部门都由其上级机关直接管理，上级机关对下级机关进行着不容置疑的监督、指挥、协调、控制，下级机关必须绝对服从上级机关。所以，成立高层议事协调机构可以大大增强政府管理的权威性，也会使各部门的合作更加顺利。

我们知道环境问题是由企业生产的私人性，环境资源、生态系统公共性这两者的矛盾冲突导致的。只有借助公权力的力量，才能推动企业生产的社会成本和环境成本的内部化和最小化，最终彻底解决企业唯利是图的本性，解决企业内部经济效益和外部社会效用的脱离甚至对立的问题。只有政府成为生态环境的"道德代理人"，才能避免环境监管主体缺失的尴尬。这就使高层议事协调机构应运而生。

此高层议事协调机构不是为了政府的权威和政府的利益而工作，而是为了公共的利益而出面协调和控制生态公共产品的有效供给。为了让人信服，此高层议事协调机构的组成人员应当多样化。既需要政府的高级官员、法律工作者、环境专家，也需要企业精英、风险评估专家，还需要公益组织的工作人员。只有社会各界人员联合起来议事才能综合考虑各方面问题，有效地协调各方冲突，从而为生态公共产品的有效供给创造良好的环境。只有政府行政水平提高、行政能力加强，才能有保障生态文明发展的坚实基础，形成社会—市场—政治相互制约的有效的环境治理结构。

（一）高层议事协调机构的任务

高层议事协调机构主要起到统筹规划的作用，其主要任务有以下三项：

第一，制定生态公共产品有效供给的政府责任机制相关政策。全国人民代表大会及其常务委员会是我国的立法机关，其制定法律程序严格，制定出一部法律需要很长的时间，而生态公共产品的供给是一个已经启动并将长期进行的工作，其适用的法律应当具有长期的持续性和可预测性的特点。并且全国人民代表大会制定的法律以具有普遍适用性的法律为主，这样具有专门的针对性的法律可以先行由具有专业知识的人起草。而且全国人民代表大会一年只召开一次，审议事项繁多，如果没有通过，将继续等待。所以，等待全国人民代表大会制定法律势必会影响此段时间内政府权力的行使。并且政府的行为只有行政机关最了解，由行政机关内部制定相应的政策会对政府更有适用性。所以，由高层议事协调机构针对生态公共产品的有效供给制定相关政策会有更直接、更具体的约束力和执行力。在其制定政策的时候要综合考虑公众对生态公共产品需求的确认、政策优先次序的科学排列、生态公共产品项目的合理设置、生态公共产品的有效配置，保证生态公共产品的供给最大限度地满足公众需求。不仅如此，还要针对项目进行过程中出现的各种问题提出解决的办法。

第二，统筹协调各部门的工作。从以前申报创办企业需要上交各种材料、跑多个部门的情况来看，政府各部门之间的协调有待进一步加强，虽然现在有了"一个窗口对外"的便民措施，但是很多情况下各部门的合作还是不尽如人意。因此，需要一个更加集中统一的对外部门专门负责生态公共产品事宜——高层议事协调机构。

　　高层议事协调机构应当是一个兼具责任性、权威性、亲和力的机构。众所周知，中国社会的复杂情况对高层议事协调机构提出了非常严格的要求。高层议事协调机构的成员首先需要具有极大的人格魅力，待人接物要和蔼可亲，处事临危不乱，能在各部门之间保持很好的人际关系。这是高层议事协调机构能够很好地协调各部门的一项软实力。高层议事协调机构应当合理分配各部门之间的权利、义务、责任，尽量避免出现权利的重合和义务的缺漏，出现问题及时协调，不能久拖不决，更不能放任不管，让各部门自行协调，否则高层议事协调机构就丧失了其存在的基础。例如，在生态公共产品的供给中，高层议事协调机构要合理地分配生态公共产品的种类、数量、范围，各部门之间的任务量应当相当，不能出现有的部门每天起早贪黑都完不成任务，有的部门喝酒品茶也能轻松完成任务的现象。合理的分工会在各部门之间产生心理平衡，取得事半功倍的良好效果。

　　高层议事协调机构的意义就在于集中所有人的智慧，集中所有力量，冲着同一个目标一起建设生态公共产品供给体系。

　　第三，加大环境保护和资源管理力度。生态公共产品的供给主要是为了改善我们的生存环境，让我们的生态环境不再被进一步破坏，所以在其有效供给的过程中，高层议事协调机构要高度重视环境保护和资源管理。我们不能再以牺牲环境为代价换取经济利益，我们不能牺牲子孙后代的利益谋取眼前的利益。环境是我们生存的根本，没有良好的生活环境，我们的生存将难以保障，何以更好地生活？不合理地使用生态资源，终有一天地球会被我们掏空，我们不知何去何从，我们的子孙后代也将面临生存困境。

　　高层议事协调机构发现政府或是与政府签订合同的企业在供给生态公共产品的过程中有浪费资源、破坏环境的做法时应当解除合同，并根据《环境保护法》查封、扣押造成污染排放的设备、设施，造成严重后果的，可以责令其修复并处以罚款，或者限制其生产，责令停业关闭。

　　高层议事协调机构可以制定企业必须遵守的行为准则，限定优先使用清洁能源，规范污染物排放量、排放标准。虽然有国家统一的标准，但是在生产生态公共产品的过程中应当提高标准，做到自身的"生态化"，减少污染物的产生。除此之外，还要对环境质量对于公众健康的影响进行研究，评估环境与健康的关系，采取措施控制相关疾病。对于完全符合环境友好型要求的企业给予一定的奖励，如资金奖励、与之建立长期合作的关系，将其作为生态公共产品生产的坚实后备力量。对于不符合要求的，以后都不考虑与之签订生态公共产品生产的承包合同。

　　只有在经济发展的初期提出严格的要求才能保证以后不会出现大的问题，才能以此树立高层议事协调机构的威信，便于今后工作的有序开展。

　　(二) 高层议事协调机构的自我管理

　　自我管理能力是人们一直以来推崇的优良品质，不论是自然人还是法人、非法人组织，对自己事务的管理都是重要而且必要的。作为政府的高层议事协调机构，自我管理的能力更是必不可少。

　　高层议事协调机构作为一个相对独立的组织，应该有一个核心的带头人，该带头人不仅应该具备较强的行政能力，还应该具备较强的人格魅力，是组织内部通过真正的民主推选出来的，并由产生高层议事协调机构的组织批准，而不应该是直接由上级指名认定。

　　一个优秀的带头人可以让团队发挥很大的力量，但是这个带头人不应该是专断的，还应该有一个供大家交流讨论的平台——高层议事协调机构会议，在会议上集中行使权力。但是，该会议不能变成规避风险的形式，在经过会议充分讨论以后，并不由会议直接形成决策，而由相关的直接负责人决策，其他人如果有异议，可以在规定的时间内向会议提出，向带头人提出，或者向直接负责人提出。既要充分保证民主，也要防止"多数人的暴政"，还要避免无人负责的现象。这就对高层议事协调机构提出了很高的要求。

　　高层议事协调机构可以模仿公司，制定"公司章程"来规范各个成员的权利义务。不过，这只是一个形象化的比喻，行政规则自然不会像民事规则那样自由。只是针对高层议事协调机构的规则应当具体，并且有衡量的标准，而不应该像有些法律或者行政法规那样原则化、抽象化，没有可操作性。此章程可以部分参考《公务员法》的规定，采用定期考核与平时考核相结合的方式，规定职务升降的标准，规范奖励与惩戒的方式，集中培训职务技能，等等。具体而言，针对考核不应当仅仅由带头人考核评估，最好由全体成员集体评议，由带头人宣布，而且评议方式除了可以开座谈会，还可以用新型的方式，如利用网络匿名交流，会议成员畅所欲言并且敢于表达内心真实想法。针对职务升降，应该严格遵守其他法律和行政法规，不应该有特殊化对待。针对奖励，评选标准应当严格，并且更加具体化，增强可操作性，此外要物质奖励与精神奖励并重。在生态公共产品的供给过程中会有大量利益产生，为了有效打消成员的贪念，增强他们的责任感和荣誉感，高薪养廉不失为一个好方法。对于惩戒，也应当比一般的公务员更严苛、更具体，让成员不敢去触碰规则的底线。针对培训，应当给予成员充分的时间，不能赋予成员资格，又科以沉重的负担，导致培训空有其名。不仅如此，除了对基本的业务进行培训外，还应该丰富培训的项目，增强对个人素质、道德修养、团队意识这种软实力的挖掘。

高层议事协调机构虽然是为了提供生态公共产品而设立的，对其成员的选拔也是经过一定的程序的，但并非进入该机构就无法退出，高层议事协调机构还要设定相应的进入—退出机制。对于想要进入高层议事协调机构的公务员或者体制外的公民热烈欢迎，并且公开、公正、公平地选拔，吸收各界的精英和优秀的人才；对于不能胜任这项工作的成员，允许其主动退出或者与其沟通，找到更合适他们的岗位，妥善安排退出后的工作。

给予高层议事协调机构充分的权利是为了生态公共产品的有效供给，不能让它成为独立的小组织，脱离党和政府的领导。高层议事协调机构履行职责时应该以国民利益为自己的追求。

二、建立流域环境保护和资源开采的所有权制度和许可制度

环境保护和资源开采的归属是解决自然资源利用不当的根本问题。如果自然资源是无主物，归属于先占者，那么对自然资源的保护就无法实现，因为所有者对物具有占有、使用、收益、处分的权利，任何人不得干涉，而所有权人只会从自己的角度出发，按照自己的方式行使权利。而"国家所有"与"全民所有"具有内在的一致性，所以我国宪法和法律将环境保护和资源开采的所有权归于国家，国家是自然资源的所有者，这具有历史必然性，也是时代的要求。这既符合马克思主义的人与自然和谐相处、生态文明建设的科学理念，也为我国开发利用资源的基础提供了理论和现实依据。

自然资源的财产性表明了它是民法中的"物"，将对它的权利定义为物权是合理的，国家可以充分完整地拥有占有、使用、收益、处分的权能。

既然环境保护和资源开采的所有权归于国家，而自然资源天生具有公共性，那么国家就理所应当地对自然资源的合理使用承担责任。国家既不能为了保护而不开发资源，使其不能发挥最大的效用，也不能将之任意挥霍，随便承包给某企业。

（一）建立环境保护和资源开采许可制度

国家应在其享有完整的所有权的基础上建立环境保护和资源开采许可制度。许可可以从两个方面理解，一方面是在法律对某一行为禁止的情况下，相对人向行政机关提出申请，行政机关经审查后许可其从事该项被禁止的活动。另一方面，行政许可是对一般禁止行为的解禁，在特定活动被设定许可

之前任何人都可以从事，许可只是恢复自由的行为。

　　建立环境保护和资源开采许可制度是为了保障有限资源的合理利用，保障生态公共产品的有效供给。生态公共产品既是建立在有限的资源基础之上的，也是为了保护有限的生态资源。企业必须获得政府的许可才能开发、利用生态资源，是对生态公共产品供给来源的一定限制，也是为了充分保障生态公共产品供给的质量。高准入条件，保障高质量结果。

　　根据行政许可的学理分类，环境保护和资源开采许可属于特别许可、非排他性许可、附文件许可、附义务许可。环境保护和资源开采许可是针对自然资源利用的许可，由于自然资源的开发利用涉及公共安全、公民健康等事项的管理活动，对其许可的条件应当更严格。但这种许可的数量并非是有限的，它应当颁发给技术水平高、对资源利用率高的企业，彼此之间没有对抗效力。环境保护和资源开采许可需要附加文件对被许可的活动范围、内容、方式进行说明，否则即使建立了环境保护和资源开采许可制度，没有相应地对企业行为进行约束，企业拿到许可证之后为所欲为，任意开发资源，这样对生态资源的保护没有益处。环境保护和资源开采许可是附义务的许可，取得此许可的企业负有保护环境、合理使用、适度开发资源的义务，否则不仅会被吊销许可证，也会受到法律的追究。

　　根据《行政许可法》的制度设计，环境保护和资源开采许可属于特许，需要行政机关核准并登记。根据《行政许可法》第12条第2项的规定，特许指的是对涉及公共利益的公共资源的开发利用行为的特殊规定，需要赋予特定权利的事项所设定的许可。特许的功能在于分配有限的资源，根据《行政许可法》第53条的规定，除法律、行政法规另有规定外，行政机关应通过招标、拍卖等公平竞争的方式决定是否准予特许，且获得行政许可的相对人往往要支付一定的费用。环境保护和资源开采许可与一般的特许有细微的不同，它没有数量的限制，因为环境保护和资源开采技术是不断发展进步的，环境保护和资源开采许可应当授予不断改进技术的相对人，不能因为数量的限制而使更有优势的企业不能进入生态公共产品供给领域。在颁发环境保护和资源开采许可之前，要对相对人的设备进行细致的检验，预防社会危险，保障安全。此外，为了方便企业或者其他组织的管理，对具有市场主体资格的申请人通过授权建立的相关申请材料，审核后的行政主体，符合法律规定的条件，应当登记。①

在拥有了环境保护和资源开采许可制度以后，生态公共产品的有效供给企业就会被一定程度地规范，生态公共产品供给的稳定性、持续性、高质量就有了一定程度的保障。并且政府已经事先对这些企业有了一定的了解和记录，方便日后的深入了解与对比。

建立许可制度是为了方便企业和政府利用和管理资源，但是作为资源的所有人一定要有所保留才能长足发展，因此还要建立资源的战略储备制度。

（二）建立流域城市的资源战略储备制度

之所以要建立资源战略储备制度是出于长远的考虑。在我国，人口基数大，对资源的消耗量大，而资源的储备量的增速没有消耗量的增速快。资源的供应缺口日益增大，保障程度和供需形势日趋严峻。

资源战略储备就是将重要的、能够蕴藏的自然资源储藏起来，或者将已探明的资源所在地作为战略保留基地，不准进行商业性开发，仅供国家在非常时期使用。具体而言，就是将这些区域从资源开发的范围内剔除，或者进行专门的规定。在战略储备基地内，由国家投资进行普查，除非经特别许可，不向相关企业颁发环境保护和资源开采许可证。此外，对这些资源的释放也要做严格的管理，只有在紧急情况下才能有计划地释放。

制定关于资源战略储备的法律是实施储备的依据和保障。② 立法模式有行业储备立法、综合储备立法、战略资源单独立法，也可以兼顾三种立法模式。本书认为，对于资源战略储备，采用综合储备立法的模式相对较好。生态资源是一个外延广阔的概念，既包括大自然的水、空气，也包括绿色的技术，甚至绿色的理念。而为了生态公共产品的有效供给，资源的战略储备不能仅限于自然中存在的自然资源，还应该包括对于资源保护有辅助作用的材料。综合立法就可以将各个制度设计联合、各个工作部门联合、各项资源结合，共同保护，将资源储备立法置于国家立法中很高的位置，给予其权威性和可操作性，将来适用法律维护权利的时候就会更加方便。

资源战略储备立法可以根据我国的《矿产资源法》，建立一套对生态资源进行管理的制度。在开发使用生态资源的过程中，禁止任何组织或者个人用任何手段侵占、破坏生态资源。由国务院统一行使所有权，并且地表或者地

---

① 王学辉：《行政法与行政诉讼法学（第二版）》，法律出版社 2015 年版，第 151 页。

② 宋红旭：《国家粮食和物资储备法律法规体系综述》，载《中国粮食经济》2023 年第 3 期。

下的资源所有权不因为土地的所有权或者使用权的改变而改变。依法取得的
开采许可也不可以转让或以此来牟利。

　　资源战略储备需要最基本的立法保障，还需要设计储备方式。在世界战
略性矿产资源的储备方式中，主要有美国选择的国家储备，日本选择的以民
间储备为主，加入政府储备。本书认为，资源战略储备方式可以借鉴矿产资
源的储备方式。我国是一个地大物博、人口众多的国家，以国家为储备主体
会更合适。我国政府有高度集权的能力，有充分的人力、物力、财力去管理
被储备的资源，也可以充分利用这些资源，合理地分配这些资源。但是，作
为为了国民利益而作出的资源战略储备，引进民间储备也是一个很好的选择。
因为我国幅员辽阔，资源分布广泛，资源战略储备选址也会很分散，而大部
分战略储备基地会选在地广人稀的偏远地区。这些基地交由政府管理，可能
会出现管理不到位的局面，而交由民间组织管理，民间组织出于公益性或是
营利目的，不会让资源有所损害，或是为了避免损失扩大，发现问题，及时
纠正。并且也可以以此方式激发公民的强烈责任心，培养合理使用资源的习
惯。以国家储备为主，引入民间储备会是我国资源战略储备比较有效的方式。

　　资源战略储备要考虑资金的来源。为了获取长期稳定的资金保障，我们
可以将国有公司的盈利、道路通行费、社会抚养费等用于提供战略储备的资
金来源。在我国，这些税费的来源是广泛的，它们也本应用于社会公益性的
活动支出。用于资源战略储备基地的建设就是对这些资金最好的利用。此外，
国家还可以动用一定的外汇储备进行资源战略储备。资源的价值总体趋势很
大，价格逐步提高，动用外汇储备实际上会起到一种保值升值的效果。并且
将一部分储备资金投入商业活动的过程中还能间接地增加国家财政收入。但
这类资金的使用比例不宜过大，因为商业活动极具不稳定性，各个参与主体
都没有办法保证绝对的盈利，所以风险极大。在资源储备过程中，稳定是核
心，不能过于冒险。

　　资源战略储备需要有专门的机构负责管理，让市场也参与其中，起到降
低成本的作用，这就需要高层议事协调机构合理设定管理机构，既要给管理
机构充分的权力，也要在自己的掌控范围内，由其负责监督资金的管理方式、
使用方式。高层议事协调机构起到组织引导作用，制定管理规则，集中管理
资金，分配基地。资源战略储备基地的管理机构负责战略基地的具体活动实
施。首先对资源的供需进行分析，制作接下来一段时间内的分配安排。在总
体把握资源的市场供需之后，制订详细的分配计划，同时可以根据需要，在
储备基地的管理下，设立储备公司，由公司针对获准的资源开发情况进行实

地的勘察、保护。环境保护和资源开采所有权归国家所有，由国家颁发使用许可证。

三、强化行政执法

依法行政的中心在于执法，国家的执行机关、行政机关必须严格执法，不得随意变通，否则制定的法律将形同虚设，失去它应有的作用。[①] 行政执法的实质是行政主体的行政行为要有法律依据，受到法律的规范与制约。[②]

目前，还有许多尚待解决的问题存在于我国的行政执法中。

第一，生态公共产品提供中的执法不当。贯彻落实法律应该是行政执法的唯一目的，为人民服务应当是行政执法的唯一追求。在生态公共产品的供给过程中，涉及经济利益的方面有很多，从高层议事协调机构的设置、资源战略储备基地建设，到资源战略储备管理机构的设立，引进民间投资的设计，都会涉及经济利益。而不管是在资源储备过程中，还是在生态公共产品的提供过程中，都少不了行政机关与民间组织合作，在这样的官民合作中，如果过程没有达到足够程度的透明，就有可能发生"索贿""行贿""寻租"这样的不法行为。

第二，关注合同的平等性。在生态公共产品供给过程中，政府如果利用职权任意解除合同、任意撤销许可也是一种不当的形式，我们需关注合同的平等性，不随意解除合同和撤销许可，严格执法。

行政执法中出现如此问题，其背后有着较为复杂的原因。

第一，执法经费不足。根据马克思主义理论，经济基础决定上层建筑，执法经费在一定程度上决定了行政执法的能力和水平。特别是经济欠发达的地区"逐利性执法"现象相对较为突出。《行政处罚法》第 74 条第 2 款规定，罚款、没收的违法所得或者没收非法财物拍卖的款项，必须全部上缴国库，任何行政机关或者个人不得以任何形式截留、私分或者变相私分。这样规定的目的在于打击"逐利性执法"，但在面临经费不足的情况下，"逐利性执法"仍然在一定程度上存在。在生态公共产品的供给中，如果没有充足的经费保障，所有的制度设计都将是一纸空文。

第二，一些执法人员素质有待提高。执法是一种综合性的活动，涉及对

---

① 王青斌：《论执法保障与行政执法能力提高》，载《行政法学研究》2012 年第 1 期。

② 徐运凯：《新行政复议法的理论解读》，载《法律适用》2023 年第 12 期。

抽象法律法规的理解、法律背后的目的，以及运用比例原则。行政行为是将这些抽象的思维活动外化，这不仅需要执法人员具备深厚的法律素养，更需要具备良好的沟通能力，合理地处理现实问题。但执法人员的执法水平参差不齐，有些执法人员相关专业及相关法律知识欠缺，法律意识淡薄，很难做到秉公执法。于是在生态公共产品提供方面就会出现以权谋私的行为。将生态公共产品的供给承包给与自己有亲属或者朋友关系的人，既能显示自己的地位，也能带来经济收益，这样就会给行政机关带来负面影响，给国家的经济发展造成阻碍。

第三，比例原则未被遵守。在执法过程中需要遵守比例原则，即执法手段与追求的结果是相匹配的，执法人员不得因为追求一个合法的结果而采取十分严厉的手段，让行政相对人的合法权利受到侵害。在行政执法的过程中，行政执法人员要衡量处罚手段与违法行为是否匹配，处罚得当。只有遵循比例原则，才能保障行政执法与职责相匹配，执法行为既不超出职责范围，也没有怠于履行职责。而在现实社会中，一些执法机关为了追求执法行为的实施，时常会超出范围或是怠于行使职责。

为了规范我国的行政执法行为，同时为了我国法制更加完善，我们需要针对上述原因加强行政执法。

首先，要保障充足的执法经费和执法人员。众所周知，经济基础决定上层建筑，这不仅适用于"国家"这样的主体，在一个家庭里、一个行政机关内部，同样适用。缺乏执法经费会逼迫行政执法机关"自谋出路"，违反法律规定，以"逐利性执法"获取执法经费。没有足够的执法人员，却要完成巨大的任务，只会让行政执法队伍没有纪律地扩充，执法人员素质得不到提高，难免会出现暴力执法、放弃执法、拖延执法等情况。因此，国家需要保证充足的执法经费与执法人员。

其次，要保障行政执法人员的人身、财产安全。趋利避害是人类的本能，行政执法人员也是如此。只有执法人员自身的合法权益得到充足的保障，其才能无后顾之忧地秉公执法，追求法治建设的更加完善。

最后，要提高执法人员的素质，进行必要的法律培训。执法人员的素质在很大程度上影响依法行政的质量，只有执法人员的法律素养、道德素质达到一定的水平，才能具有相应的执法水平。这需要完善执法人员的录用机制。执法人员要有充足的法律知识储备，要有吃苦耐劳、不怕危险的优秀品质，因此要以公平、择优的方式录用最合适的执法人员，同时建立与执法人员相适应的考核、奖惩制度，在系统内部追求执法队伍的完善。加强执法人员的法治理念培训、思想政治教育，从思想层面抵制行政执法人员落后的、腐败的思想。

加强行政执法需要可行的制度设计，更需要有负责任的主体，而领导问责机制是加强行政执法的一道防线。

在生态公共产品的供给过程中，出现问题的可能性很大，我们要做好预防工作，执法人员对此事项不可轻视。而由各部门的直接领导负责对本部门人员的监督效果会更加显著。领导不仅要对法律负责，对自己的工作岗位负责，更要对自己的部下负责。

在生态公共产品的供给中也存在集体决议、集体负责但最终无人负责的问题。所以有必要对各部门的负责人建立个人的绩效评估。如果确实需要专业性、技术性很强的下属负责，需要领导签订全权委托书，将来出现问题，可以从轻、减轻对领导的处罚。

在行政系统内部也有相应的处分措施，如警告、记过、记大过、降级、撤职、开除。本书认为，在生态公共产品的供给中，这种非常正式、常规化的方式对负责人的责任意识强化作用不明显。结合我国的实际情况，在原则性的规定之外还需要有特殊的规定。

在政府严格执法、有强大的财政支持、企业诚信经营的情况下，生态公共产品会保持长期有效的供给。一旦企业或者政府违反了"游戏规则"，生态公共产品有效供给的链条就会中断。

四、制定相应的法律责任机制

人作为自然的产物，为了自己的生活与健康，不得不依赖身边的自然环境。为了保证基本的生活需求——洗漱、做饭、饮用，我们每天都需要一定量的水。同样地，我们需要一定的能量维持自身的健康，但是我们不可以像植物那样进行光合作用，而需要从外在的环境中吸收能量。我们所依赖的食物、水、空气都来自外部环境。如果环境遭受严重的破坏，我们的生存就会受到威胁。公元前7000年，在美索不达米亚平原，森林与草原相间，环境优美，气候宜人，古国文明源远流长，但是随着气候的变化、环境的恶化，美索不达米亚文明终结了。①

人类进入20世纪，随着科学技术的发展，环境问题日益明显，"八大"公害事件让我们更加清楚地认识到环境的毁坏就是人类的灭亡。这些环境污

---

① 胡中华：《环境保护普遍义务论》，法律出版社2014年版，第67页。

染事件都造成了大范围的财产损失，甚至生命损失。到了 20 世纪后半期，环境污染问题更是波及全球。例如，日本的核泄漏不仅给当地带来巨大的财产损失，而且在周边国家也引起了巨大的恐慌。所以，我们一定要高度重视环境问题，这不仅是为了使我国居民健康地生活，更是为了让人类更好地生存。

环境对我们如此重要，那我们究竟该如何对其进行保护呢？

有的学者提出了"环境权"的概念，主张将环境纳入我们的宪法性权利中，每个人都享有这样的权利不能被侵犯，并且每个人对他人环境权不得损害，否则承担侵权责任。[①] 但是，有的学者认为环境权的理论研究和法律实践面临种种问题。

第一，权利主体范围的不确定性。国际法文献中经常出现"人类环境权""人民环境权""未来人环境权"的概念，是一种道德宣誓和社会理想，无法落实到各国的法律中。如果将环境权赋予每一个地球公民呢？那么将会打开诉讼的闸门，造成国家法律的混乱，也会给经济带来巨大的损失。可见，学界无法达成一个体系化的理论。

第二，权利内容的模糊性和冲突性。环境的内容一般表现为两个方面：人人享有在一个健康适宜的环境中生存和合理利用自然资源的权利。但是，具体什么样的标准可以被称为"健康适宜"，在不同的地区标准也是不同的。而且，环境权利究竟是实体性的权利还是程序性的权利也不够清晰。以侵害环境权提起诉讼，会因为和其他的权利界限模糊而引起冲突。最后，关于环境权是经济性权利还是生态性权利，也没有达成一致。

第三，权利客体的不确定性。权利内容的模糊性导致权利客体异彩纷呈，包括了环境要素、生态利益、福利、尊严、健康、安全等。这种混乱也导致了研究路径的偏失。

第四，环境概念的不确定性。环境法所使用的概念是环境科学上的概念还是生态学上的概念，抑或是宗教学上的概念。概念不确定让我们对其的救济也无法跟进。

第五，环境权难以入宪、难以司法化。在法治国家，宪法是母法，是权利的宣言书，但是是不是将环境权纳入宪法就是对环境权的最好保护呢。是不是纳入了宪法就能够对环境权进行保护呢，是不是一定要从权利的角度出发保护环境呢。在我国，我们没有办法援引宪法作为裁判的依据，若想将保护环境上升到法律保护的层面，还需要制定具体的法律。但是，以法律来规

---

① 陈真亮：《环境保护的国家义务研究》，法律出版社 2015 年版，第 23 页。

定环境权是对我们权利的保护，还是对我们自由的限制呢。

学界似乎有一个共识：传统基本权利无法满足现代环境保护的需要。但是，为了我们的生存基础，我们又不得不设计一套完整的体系去保护我们的环境。对此陈真亮老师提出了"环境保护的国家义务"理论。环境公共权力是国家和政府进行环境决策、执行环境法律法规、管理环境公共事务的专门权力。在整个公共环境的领域内，我们虽然强调权力，但是权力的最初来源并不是环境权本身，而是对环境保护负有义务。并且，这个环境保护义务是公民权利赋予的。所以，国家对环境的保护权实际上是公民让渡出来的权利，委托国家实行。

英国哲学家约翰·洛克认为，"政府是一种信托，其目的是保证公民人身和财产安全，当统治者失于职守时，国民有权撤销对他的信任"①。公共信托是指政府接受人民的委托，义务性地管理海洋、湖泊、湿地、森林等资源，维护特定的公共信托意图。因而不能同私人财产所有者那样，任意地处分这些资源。公共信托义务实际上是对政府权力的限制。究其本质，是通过法律拟制，在公民和政府之间就如何管理和保护环境确立一项信托契约，目的在于公众获得了公众的信任，对具体的自然资源和环境资源——姑且称之为"环境权"按照契约的约定，如果政府怠于履行自己的职责，公民即可以向法院提起诉讼，要求其履行信托义务，是希望通过"权利设定—权利主张—权利救济"的模式来达到保护环境与资源的目的。

保护环境是政府、非政府组织以及所有公民义不容辞的责任。在生态公共产品的供给过程中，企业和政府按照合同约定、法律规定履行职责是我们的最终追求。但是，我们仍然要制定相关措施，追究生活生产中的各种违法行为，加大对破坏环境、掠夺性开采自然资源行为的惩罚力度。

为了方便管理，我们将违法主体分为政府、非政府组织、企业、个人，并分别针对不同主体可能实施的违法行为制定一系列的预防措施。

（一）政府对环境质量进行监督

政府应负责本行政区域的环境质量。环境保护的任务是加强监督，防止污染，惩治排放污染。根据《环境保护法》第 67 条规定，环境保护主管部门对其工作人员的工作进行监督，上级部门监督下级部门，提出违法人员的处分建议。若有关机关包庇工作人员，没有及时地给予相应的处分，上级机关

---

① ［英］约翰·洛克：《政府论两篇》，赵伯英译，载丁一凡编：《大家西学：权力二十讲》，天津人民出版社 2008 年版。

可以直接作出处罚决定。根据第 68 条规定，监管部门有下列行为的，对直接负责的主管人员应当记过、记大过或者降级，造成严重后果的，给予撤职或者开除处分，其主要负责人应当引咎辞职。第一，许可不符合行政许可标准的企业。第二，包庇环境违法行为。第三，未给予应当被停产、停业的企业相应惩罚。第四，接到举报不及时处理超标排污、逃避监管排污、造成环境事故、进行生态破坏等行为。第五，违法查封、扣押企业的生产设备。第六，故意制造监测数据不实。第七，未公开需要公开的环境信息。第八，挪用征收的费用。第九，违反法律法规的其他规定。针对政府的职能，国家应当实行环境保护目标责任制和查核评估制度。各级政府需要将环境保护的落实情况及时纳入本级监管部门或下级政府的评估标准，并及时向人民代表大会及其常务委员会请示，并做到向社会公众公开。如果相关工作人员的行为达到了贪污罪、受贿罪、渎职罪的标准，将追究其刑事责任。如果因此造成相关行政相对人的经济损失，政府还要承担赔偿、补偿的责任。

此外，由于《公务员法》不适用于领导职务公务员，而非领导职务公务员直接受领导职务公务员的管理，《公务员法》的有效适用有限。所以，为了更好地约束政府工作人员的行为，提高环境保护能力，需要党的更好领导。对于领导职务公务员的渎职行为，不仅要予以记过处分，还需要予以党纪处分，这样可以更好地严格保护环境的职责。

（二）非政府组织有序活动

非政府组织是志愿性、非营利性的民间组织。世界银行将其分为运作型非政府组织和倡导型非政府组织。运作型非政府组织主要是设计和实现相关项目的发展。倡导型非政府组织主要通过游说、宣传等积极活动，呼吁更多的人参与行动，实现一定的目标。

我国的非政府组织在环境保护领域和扶贫开发领域发挥着较为重要的作用。就环境保护领域的活动而言，非政府组织积极宣传、教育、普及环境保护意识，推动和促进公众参与环境保护活动，资助环境产品的研究，推广环境保护产品，援助污染受害者，与国际环境保护机构进行交流等。虽然这些非政府组织是以保护环境为目的，但是在这些活动缺少法律规范时也会出现棘手的问题。首先，要充分保障这类组织的言论自由，尽可能地让他们靠自己的力量宣传环境保护理念。同时，要规范他们的宣传活动，避免大规模的活动带来的无秩序。其次，鼓励、支持他们的环境保护活动，为他们的活动提供便利，但是我们必须监控他们的活动，严格控制活动的秩序，避免出现借保护环境之名行非法之事。此外，我们还应该鼓励有专业技术和知识的人员加入这些组织，为技术的研究和开发做贡献，与国际组织接轨。最后，政府不能将责任完全转交给非政府组织承担，我们要为了他们的良性发展，在环境保护中积极承担责任。

在非政府组织的大型活动组织过程中，如果组织者违反安全管理规定，发生重大安全事故，我们要根据《刑法》第 135 条之一——大型群众性活动重大安全事故罪，依法追究直接负责的主管人员的刑事责任。如果出现非政府组织人员违反组织规定，与政府人员勾结，情节严重，将根据《刑法》分则第八章追究国家机关工作人员和非政府组织人员相应的刑事责任。此外，该组织还要对直接受伤害人员承担侵权责任。

此类非政府组织是为了保护环境而成立的，如果它们的行为反而破坏了环境或者造成了其他伤害，那么这类组织应该承担更严重的责任，只有这样才能让它们的责任心和使命感得到更有力的加强。

（三）企业清洁生产

无论是与政府合作生产生态公共产品的企业还是其他企业，在经济结构转型升级的大背景下都负有清洁生产的义务，应当优先使用清洁能源，选用污染排放量少、资源利用率高的材料，积极改进技术，对污染物进行无害处理。根据《环境保护法》第 22 条规定，企业达到排放标准，进一步减少排放，政府应该向其提供财政和税收优惠政策。对于违反规定，超标排放的企业进行处罚，建立这样严格的奖惩制度能够更好地规范企业的生产。根据第 42 条规定，对于排放污染物的企业事业单位，要指定具体的负责人员，明确其责任，配备检测设备，实时知悉相关企业的排污情况，防范通过渗井、暗管等方式或制造虚假数据来逃避合法的监管。另外，企业还需要制定关于突发环境事件的应急方案，并对可能受到危害的居民和单位及时通告，并报告政府的环境保护部门。

20 世纪 70 年代美国的"拉夫运河"事件就给了我们很大的警示。拉夫运河位于尼亚加拉大瀑布附近，是 1894 年为修建水电站开凿的一条人工河。当时那里气候宜人，景色优美，聚集了大量的工薪阶层。后来因为干涸而被废弃。1942 年，美国胡克化工公司购买了这段人工运河来储存工业废弃物。后来，胡克公司以 1 美元将运河卖给了当地教育委员会。当地政府在该土地上建立了小学。70 年代，原来那里被封存的工业废弃物开始泄漏，不仅导致当地出现了怪病，甚至引发了火灾。从这件事中我们发现胡克化工公司的行为并没有违法，它是在购买了土地之后，在自己的领域处分自己的财产，它行使权利的方式是正当的。但是，它却给当地居民带来了巨大的损害，而灾难发生之后并没有理由让胡克化工公司承担修复的责任，只能由当地政府紧急出台《超级基金法》，从超级基金中列支，清理、治理当地的污染。

虽然在我国土地为公有，不会出现工厂购买土地用于排污的问题，但是会出现更大的问题——将污染物排放到公共用地中，其造成的损失与胡克化工公司造成的危害相比有过之而无不及。所以，我国不仅要防范企业违反法律的风险，还要防范企业违反道德的风险。在企业的排污问题上，在没有确定我国的环境对某种污染的环境容纳量和自净能力时，绝不能像美国那样建立排污权交易制度。

对于企业生产行为造成环境污染问题，检察机关可以依法提起公益诉讼，要求其承担治理的责任，并追究相关责任人的刑事责任。我们不能像美国政府那样，为企业的行为买单。公民个人也可以因为环境受到污染而向法院提起侵权之诉，追究企业的民事责任，要求其承担损害赔偿责任。如果一个企业资不抵债，无法承担巨大的责任，这些惩罚措施就失去了意义。政府可以从该企业以前的税收中划拨一部分用于治理该企业造成的污染，在该企业重新走上正轨时，再令其补缴相应的罚款。

（四）公众保护环境

我国环境保护法明文规定所有公民都有保护环境的义务。一些环境法学者建议使用现有的《环境保护法》第 6 条作为公益诉讼的法律依据。他们的理由为"一切单位与个人"正是环境公益诉讼中原告的范围。这种观点没有被广泛采纳，因为我国法律已经规定提起公益诉讼的主体除了与公益直接相关的个人，只能是人民检察院和非营利性组织。另外有学者认为，我国环境保护法是对公民和其他主体履行义务的规定，"检举和控告"是单位和个人积极履行其环境保护义务的方式。

无论是个人应该享有提起环境公益诉讼的资格与相应的权利，还是个人提起环境公益诉讼本身都是公民履行环境保护义务的一种方式，在我国都没有其他理论支持。我国环境保护法并没有提出相关的制度支撑。尽管法律规定"公众有获得环境信息、参与和监督环境保护的权利"，却没有与之呼应的环境信息公开制度、公众参与环境决策制度等。并且这种权利化的方式对保护环境的力度是有限的，因为作为权利是可以放弃的。在环境领域，如果把某一环境的使用权授予某个具体的人，那么这个人就拥有了行使权利或者不行使权利（放弃权利）的选择权。当有人对环境进行侵犯时，权利人可以积极维护自己的权利，赶走侵权人，也可以不行使自己的权利，任由侵权人侵害。甚至在一些情况下，权利人将自己的权利让渡出去。支持环境权的人一厢情愿地认为，在自己的权利遭受侵害时，一定会积极主动地维权，甚至当看到别人的环境权受到侵犯时，还会积极主动地替别人维权。但是，他们忘了人是喜欢"搭便车"的，当希望权利人通过行使自己的权利去阻止他人对环境的污染、破坏时，他们应该知道权利人的这种维权行为带来的利益不同于其他完全只有个人利益的场合。在维护个人利益的场合，权利人最后得到的利益是充分的，由他自己完全地享有，没有任何人可以和他分享或分割维权后的利益。当然，维权的成本也只有权利人个人承担。而在维护环境利益的场合，权利人维护的是一种全体人类共享的利益，至少也是特定部分人的权利，因为环境利益具有非排他性。但是，权利人维权的成本却仍然是由权利人个人承担。看到自己辛苦维权的成果被别人共享，谁还愿意主动维权呢？无论如何，这种行为违背了一个自利之人的行为准则。如果权利人是一个冷静的人，他会等待其他权利主体维权，自己"坐享其成"。这种"搭便车"的行为造成的结果就是没有人主动维权，任由权利不断被侵犯，任由环境遭受更大的破坏，这实在是一种讽刺。但是人类历史上发生的"公地悲剧"一再证明了"搭便车"的恶果。[1]

为了防止这种荒唐的事情发生，各国环境保护法在规定公民享有某些环境权利的同时，还赋予他们履行保护环境的普遍义务。例如，美国的《国家环境政策法》规定每个公民都有保护生态环境的责任。一些国际宣言也为环境保护提供个人责任，如《人类环境保护宣言》要求全体公民平等努力改善人类生存环境。由此看出，保护环境靠全社会的共同努力，不能把保护环境只当作企业或是政府的义务。如果是这样，我们的环境将无法得到有效的保护，我们的地球会承受更大的压力。

因此，在我国的环境保护制度的设计中，不仅要将环境保护的任务分配给政府、非政府组织、企业，还要把这项任务分配给每一位公民。只有民众有了责任感，我们的预防、控制与治理才会是连贯的。

此外，义务的履行需要有与之相匹配的履行方式与履行程序，否则义务永远没有办法被履行，义务主体将永远违法。在我国现行的环境法中设定了一般的履行方式。对于与环境问题没有直接利害关系的公民履行保护环境的义务，没有设定具体的履行方式，也没有不履行义务所要承担的责任配置。这是未来环境法修改需要考虑的制度设计。

---

① 胡中华：《环境保护普遍义务论》，法律出版社 2014 年版，第 186 页。

总体来说，对于个人的环境保护方面的责任，应当以引导教育为主，严厉惩罚为辅。让每个公民都将保护环境作为己任。

综上所述，生态公共产品的有效供给主要是政府以承揽合同等方式承包给企业，在此过程中双方负有履行合同的义务。由于政府是生态公共产品有效供给的主体，要承担提供公共服务的职责，所以要完善政府的监督机制。对于企业来说，为了促使公共服务的更好发展，既要给予其充分的民事主体的自由，也要规范其行为。对于违反合同，破坏环境的行为，应严格按法律追究其责任。各方合作，共同维护我国的生态环境。

环境恶化影响着我们的身体健康，也影响着我们的子孙后代。因此，国家提出了可持续发展的理念，在经济发展的同时着力保护环境。生态公共产品是连接政府与企业的纽带，政府与企业共同致力于我国经济的可持续发展。

自 1968 年英国学者哈丁提出"公地悲剧"以来，自然资源的重要性越来越受到人们的关注。这提醒我们政府在提供生态公共产品时，不仅需要保证数量和质量，还要注意降低负外部性，规范使用人群的行为。

在对比观察了美国、欧盟、日本、澳大利亚等国家或国际组织的生态公共产品的提供机制后，我们发现共同点就是制定完善的法律法规，并且设立专门的环境保护机构来维持环境保护的日常工作，逐渐地取得环境改善的效果。这提示我们要更加重视保护生态环境，更加体现政府的服务功能。首先，我们要学习发达国家的环境立法，明确划定环境保护的对象和范围，制定科学的环保方式，确保环境保护有法可依，并且是具有科学性的法。其次，要明确执法主体，即明确执法人员的队伍，加强对他们的培训。最后，严格打击违反法律的行为，既要起到惩罚作用，也要起到警示、教育作用。

在保护生态环境的同时不能使经济发展裹足不前，要力求在经济发展和环境保护之间寻求平衡。经济的基础地位在短时间内是不会动摇的。要保障经济的良性发展，就需要企业承担起社会责任。作为经济领域最活跃的主体，企业在维持自身盈利的基础上还要遵守法律法规，承担保护环境的责任。

在我国，长江流域生态环境的治理需要社会各界的努力。可喜的是，本课题组在研究过程中已经发现越来越多的专家学者和政府工作人员开始关注环境的修复和保护，着手提供生态公共产品。希望在我们的共同努力下，有朝一日，我们的进步成为别国学习的榜样。

主要参考文献

一、专著

（一）中文著作

[1]《十七大以来重要文献选编（上）》，中央文献出版社 2009 年版。

[2] 王学辉：《行政法与行政诉讼法学》，法律出版社 2011 年版。

[3] 王学辉：《行政法与行政诉讼法学（第二版）》，法律出版社 2015 年版。

[4] 胡中华：《环境保护普遍义务论》，法律出版社 2014 年版。

[5] 俞树毅、柴晓宇：《西部内陆河流域管理法律制度研究》，科学出版社 2012 年版。

[6] 晁根芳、王国永、张希琳：《流域管理法律制度建设研究》，中国水利水电出版社 2011 年版。

[7] 乔刚：《生态文明视野下的循环经济立法研究》，浙江大学出版社 2011 年版。

[8] 吕忠梅：《环境法》，法律出版社 1997 年版。

[9] [美] 蕾切尔·卡逊：《寂静的春天》，吕瑞兰、李长生译，吉林人民出版社 1997 年版。

[10] 周婷：《长江上游经济带与生态屏障共建研究》，经济科学出版社 2008 年版。

[11] 张梓太：《自然资源法学》，北京大学出版社 2007 年版。

[12] [英] 亚当·斯密：《国民财富的性质和原因的研究》，郭大力等译，商务印书馆 1981 年版。

[13] 钟雯彬：《公共产品法律调整研究》，法律出版社 2008 年版。

[14] [古希腊] 亚里士多德：《政治学》，颜一、秦典华译，中国人民大学出版社 2003 年版。

[15] [美] 保罗·萨缪尔森、威廉·诺德豪斯：《经济学（第 14 版）》，胡代光等译，北京经济学院出版社 1996 年版。

[16] 阳斌：《当代中国公共产品供给机制研究——基于公共治理模式的视角》，中央编译出版社 2012 年版。

[17] 顾晓炎：《农村公共品供给模式研究》，武汉出版社 2012 年版。

[18] 郭冬梅：《生态公共产品供给保障的政府责任机制研究》，法律出版社 2016 年版。

[19] 孙佑海等：《可持续发展法治保障研究（上）》，中国社会科学出版社 2015 年版。

[20] 张卫国、于法稳：《全球生态环境治理与生态经济研究》，中国社会科学出版社 2016 年版。

[21] 袁周等：《绿色化与立法保障》，社会科学文献出版社 2016 年版。

[22] 刘小冰、张毓华：《生态法治评论》，法律出版社 2016 年版。

[23] 张贵玲、张兆成等：《环境法治问题研究》，人民出版社 2015 年版。

[24] 吕忠梅：《环境法原理》，复旦大学出版社 2007 年版。

[25] 汪劲：《环境法治的中国路径：反思与探索》，中国环境科学出版社 2011 年版。

[26] 万劲波、赖章盛：《生态文明时代的环境法治与伦理》，化学工业出版社 2007 年版。

[27] 马骧聪：《环境法治：参与和见证》，中国社会科学出版社 2012 年版。

[28] 付晓东：《中国城市化与可持续发展》，新华出版社 2005 年版。

[29] 肖松：《法经济学》，北京师范大学出版社 2014 年版。

[30] 张雷：《政府环境责任问题研究》，知识产权出版社 2012 年版。

[31] 胡培兆：《有效供给论》，经济科学出版社 2004 年版。

[32] 陈真亮：《环境保护的国家义务研究》，法律出版社 2015 年版。

（二）英文著作

[1] Alex Kiss, Dinah L. Strict Liability in International Environmental Law, Brill, Academic Publishers, 2007.

[2] Alex Kiss, Dinah L. Guide to International Environmental Law, Shelton, Martinus Nijhoff Publishers, 2007.

二、论文

（一）中文论文

[1] 廖晓明、黄毅峰：《论我国政府在公共服务供给保障中的主导地

位》，载《南昌大学学报》2005 年第 1 期。

[2] 王京：《论我国公证制度的公权性》，对外经济贸易大学 2005 年硕士论文。

[3] 崔旺来、李百齐：《政府在海洋公共产品供给中的角色定位》，载《经济社会体制比较》2009 年第 6 期。

[4] 杨筠：《生态公共产品价格构成及其实现机制》，载《经济体制改革》2005 年第 3 期。

[5] 王学辉：《对行政法学基础理论的思考》，载《西南政法大学学报》2002 年第 3 期。

[6] 吴家清：《论宪法价值的本质、特征与形态》，载《中国法学》1999 年第 2 期。

[7] 朱雯：《论环境利益》，中国海洋大学 2014 年博士学位论文。

[8] 高伟凯：《国家利益：概念的界定及其解读》，载《世界经济与政治论坛》2009 年第 1 期。

[9] 严法善、刘会齐：《社会主义市场经济的环境利益》，载《复旦学报》（社会科学版）2008 年第 3 期。

[10] 袁红辉：《环境利益的政治经济学分析》，云南大学 2014 年博士学位论文。

[11] 赫然、亓晓鹏：《论行政责任的理论基础》，载《当代法学》（双月刊）2010 年第 2 期。

[12] 关保英：《论行政责任的法律基础》，载《社会科学家》2007 年第 3 期。

[13] 潘秀珍：《西方国家责任行政的发展及其对我国的启示》，载《学术论坛》2008 年第 3 期。

[14] 陈征宇、肖生福：《新公共服务的行政责任观及其启示》，载《江西社会科学》2007 年第 4 期。

[15] 韩志明：《行政责任研究的历史、现状及其深层反思》，载《天津行政学院学报》2007 年第 2 期。

[16] 陈文满、周金华：《中国当前的基本国情分析》，载《重庆三峡学院学报》2006 年第 5 期。

[17] 郦建强、王建生、颜勇：《我国水资源安全现状与主要存在问题分析》，载《中国水利》2011 年第 23 期。

[18] 田丽丽、姜博、付义：《全国水污染现状分析》，载《黑龙江科技

信息》2012 年 9 月 5 日。

［19］李竹林：《农药化肥使用存在的问题及对策》，载《现代农业科技》2014 年第 16 期。

［20］侯小洁：《我国固体废弃物处理现状及对策分析》，载《中国高新技术企业》2014 年第 1 期。

［21］陶建格：《中国环境固体废弃物污染现状与治理研究》，载《环境科学与管理》2012 年第 11 期。

［22］王曦、胡苑：《美国的污染治理超级基金制度》，载《环境保护》2007 年第 10 期。

［23］王晓雪：《建立我国矿产资源战略基地储备制度》，载《财政研究》2009 年第 10 期。

［24］王青斌：《论执法保障与行政执法能力提高》，载《行政法学研究》2012 年第 1 期。

［25］姜明安：《论行政执法》，载《行政法学研究》2003 年第 4 期。

［26］［英］约翰·洛克著：《政府论两篇》，赵伯英译，载丁一凡编：《大家西学：权力二十讲》，天津人民出版社 2008 年版。

［27］孙海燕、王泽华、罗靖：《国内外生态安全屏障建设的经验与启示》，载《昆明理工大学学报》2016 年第 5 期。

［28］陈国阶：《长江上游生态屏障建设若干理论与战略思考》，载《决策咨询》2016 年第 3 期。

［29］刘志文：《长江上游生态屏障建设的投入机制研究》，载《林业经济问题》2003 年第 2 期。

［30］任耀武、袁国宝：《初论"生态产品"》，载《生态学杂志》1992 年第 6 期。

［31］朱久兴：《关于生态产品有关问题的几点思考》，载《浙江经济》2008 年第 14 期。

［32］杨庆育：《论生态产品》，载《探索》2014 年第 3 期。

［33］曾贤刚、虞慧怡、谢芳：《生态产品的概念、分类及其市场化供给机制》，载《中国人口·资源与环境》2014 年第 7 期。

［34］张瑶：《生态产品概念、功能和意义及其生产能力增强途径》，载《沈阳农业大学学报》（社会科学版）2013 年第 6 期。

［35］黄如良：《生态产品价值评估问题探讨》，载《中国人口·资源与环境》2015 年第 3 期。

［36］孙庆刚、郭菊娥等：《生态产品供求机理一般性分析———兼论生态涵养区"富绿"同步的路径》，载《中国人口·资源与环境》2015 年第3 期。

［37］华章琳：《生态环境公共产品供给中的政府角色及其模式优化》，载《甘肃社会科学》2016 年第 2 期。

［38］樊继达：《城镇化进程中的生态型公共产品供给研究》，载《经济研究参考》2013 年第 1 期。

［39］高丹桂：《公共生态产品探究——从内在规定性和经济特性的视角》，载《重庆第二师范学院学报》2014 年第 2 期。

［40］王建莲：《地方政府生态职能履行：困境与出路》，载《中共南京市委党校学报》2015 年第 2 期。

［41］蔡先凤、李晶晶：《论环境公共产品的政府法律责任》，载《2015年全国环境资源法学研讨会论文集》。

［42］阳晓伟、闭明雄等：《对公地悲剧理论适用边界的探讨》，载《河北经贸大学学报》2016 年第 4 期。

［43］袁庆明：《资源枯竭型公地悲剧的原因及对策研究》，载《中南财经政法大学学报》2007 年第 5 期。

［44］巩固：《政府环境责任理论基础探析》，载《中国地质大学学报 》（社会科学版）2008 年第 2 期。

［45］蔡守秋：《论政府环境责任的缺陷与健全》，载《河北法学》2008年第 3 期。

［46］彭斌 、陈端计：《马克思的有效供给理论研究》，载《广东教育学院学报》2003 年第 4 期。

［47］孙云文、纪召雷：《论政府环境责任的缺陷与完善》，载《法制与社会》2009 年第 4 期。

（二）英文论文

［1］Samuelson P. The Pure Theory of Public Expenditure, Review of Economics and Statistics, 1954.

［2］Paul Thiers, Mark Stephan . Differences in Regime and Structure within an Ecological Region：Comparing Environmental, 2011.

［3］Mary C. Wood, Ecological Realism and the Need for a Paradigm Shift, Environmental Law, 2012.

［4］Richard L. Revesz , Robert N. Stavins. Environmental Law and Policy,

NYU Law & Econ Research Paper, 2004.

[5] Cary Coglianese, Social Movements, Law, and Society: The Institutionalization of the Environmental Movement, University of Pennsylvania Law Review, 2002.

[6] Parveen Ara Pathan, Concept of Environmental Impact Assessment and Idea of Sustainable Development, Madhya Pradesh Samajic Shodh Samagrah, 2012.

[7] Stefan Konstańczak, Theory of Sustainable Development and Social Practice, PROBLEMY EKOROZWOJU – PROBLEMS OF SUSTAINABLE DEVELOPMENT, 2014.

[8] Aggarin Viriyo, Principle of Sustainable Development in International Environmental Law, 2012.

[9] Douglas A. Kysar, Law, Environment and Vision, Northwestern University Law Review, 2002.

[10] Jorge E. Vinuales, Foreign Investment and the Environment in International Law: The Current State of Play, Research Handbook on Environment and Investment Law, 2015.

[11] John C. Dernbach, Creating the Law of Environmentally Sustainable Economic Development, Pace Environmental Law Review, 2011.

[12] Burns H. Weston, David Bollier, Green Governance–Ecological Survival, Human Rights, and the Law of the Commons, Cambridge University Press, 2013.

[13] Christoph Knill, European Environmental Governance in Transition, 2002.

[14] Cento Veljanovski, The Economics of Law, Institute of Economics Affairs Hobart Paper, 2006.

[15] Paine Webber, New Strategies for the Provision of Global Public Goods: Learning from the International Environmental Challenge, 2001.

[16] Katharina Türpitz, The Determinants and Effects of Environmental Product Innovations, Centre for European Economic Research Discussion, 2004.

[17] Melinda Harm Benson, A Framework for Resilience–Based Governance of Social Ecological Systems, Ecology and Society 2013.

[18] Amy Sinden, The Tragedy of the Commons and the Myth of a Private Property Solution, Temple University Legal Studies Research, 2006.

[19] Aneel G. Karnani, Corporate Social Responsibility Does Not Avert the Tragedy of the Commons – Case Study: Coca – Cola India, Ross School of Business. 2013.

［20］ Jorge H. Maldonado, Does Scarcity Exacerbate the Tragedy of the Commons?, 2009.

［21］ Burns H. Weston , David Bollier , Reimagining Ecological Governance Through a Rediscovery of the Environmental Crisis, Edward Elgar Publishing,2015.

［22］ Jennifer Nash,Performance-Based Regulation:Prospects and Limitations in Health,Safety and Environmental Protection,Administrative Law Review,2003.